U0192522

唯寻国际教育丛书

VISION ACADEMY
唯寻国际教育

## 国际课程生物核心词汇

# Biology

唯寻国际教育 组编 ◎ 袁 方 编著

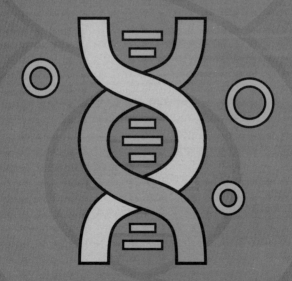

机械工业出版社
CHINA MACHINE PRESS

本书精选国际教育生物学科的核心词汇，按照通用词汇和高频专业词汇两个部分进行讲解，涵盖 GCSE、A-Level、IB-MYP、IBDP、AP 和美高等国际课程。第一部分通用词汇，涵盖近十年的考试真题中高频出现的词汇，采用字母顺序排列，单词配备词频、同义词、用法、例句和漫画等，以帮助学生熟练掌握并运用此部分词汇；第二部分高频专业词汇，是课程学习阶段的专业词汇，词汇编排与教材中的顺序保持一致，按照主题进行分类，配备 explanation、翻译、同义词、衍生词汇和图片等，帮助学生准确理解学科专业词汇，并建立用英语学习的习惯。本书采用便携开本，并配有标准英音朗读音频，愿此书能够成为学生学习生物的好帮手。

## 图书在版编目（CIP）数据

国际课程生物核心词汇 / 袁方编著 . —— 北京：机械工业出版社，2020.7（2025.1 重印）
ISBN 978-7-111-66118-4

Ⅰ . ①国… Ⅱ . ①袁… Ⅲ . ①生物－英语－词汇－教学参考资料 Ⅳ . ① Q1

中国版本图书馆 CIP 数据核字 (2020) 第 127587 号

机械工业出版社（北京市百万庄大街 22 号 邮政编码 100037）
策划编辑：孙铁军　　　　　　　责任编辑：孙铁军
责任印制：单爱军
保定市中画美凯印刷有限公司印刷

2025 年 1 月第 1 版第 6 次印刷
105mm × 175mm · 12.5 印张 · 1 插页 · 458 千字
标准书号：ISBN 978-7-111-66118-4
定价：49.80 元

# 唯寻国际教育丛书编委会

# 推荐序
## FOREWORD

2007 年，我前往英国就读当地一所国际学校，开始学习 A-Level 课程，亲身经历了从高考体系到国际课程的转变。如果问我最大的挑战是什么，一定是使用英文来学习学术课程本身，因为不仅要适应用英文阅读、理解和回答问题，还要适应西方人不同的思维习惯和答题方式。我印象最深的就是经济这门课，每节课都有非常多的阅读，大量生词查找已经非常麻烦，定义和理论也是英文的，更别说用英文来学习英文时还会碰到意思不理解的困难了。现在回过头去翻我的经济课本还可以看到密密麻麻的批注——专业词汇量不足和词义的不理解让我在之后长达一年的学习中备受折磨。

这段学习经历也成为了我们作为国际课程亲身经历者想要制作一套专业词汇书的初衷。如果有一套书能够帮助学生按照主题和难度整理好需要的专业词汇，再辅以中英文的说明，帮助学生达到本土学生的理解水平，将大大缩短学生需要适应的时间，学生也可以更加专注在知识积累本身，而不是分心在语言理解上。

唯寻汇聚了一批最优秀的老师，他们是国际课程的亲历者，也是国内最早一批国际教育的从业者。多年来，他们积累了大量的教学经验，深谙教学知识和考试技巧。除了专业的国际课程之外，我们将陆续推出"唯寻国际教育丛书"，帮助广大的国际课程学子。这套词汇书是系列教辅书的第一套，专业词汇的部分老师们按照知识内容和出现顺序进行了编排，并遴选了核心词汇和理解有困难的词汇，再反复揣摩编排逻辑，以帮助学生更好地学习、记忆和查找。

预祝进入国际课程学习的同学们顺利迈过转轨的第一道坎，实现留学梦想！

唯寻国际教育

创始人 & 总经理

吴昊

2020 年 7 月

# 前言
## PREFACE

在高中阶段同学们能接触到的理科科目中，生物是发展历史最短的一门，但是相应地生物在当代也有着极快的发展速度：从微观的分子生物学到宏观的环境科学，新的研究领域和应用前景在数百年间接连出现。生物学科的迅速发展带来了大量人类未曾接触过的新知识，为了描述这些前所未见的结构、物质，述说新确立的理论、概念，大量的专业名词在英语环境下被创造出来。这些专业名词为学科的发展垫定了语言基础，但同时也为入门阶段的高中学生，尤其是需要在外语环境学习生物的国际课程学生，筑起了一道高墙。无论是为了将来的工作机会还是对学科知识的追求，对生物学科感兴趣的同学每年都有不少，然而其中总有相当一批人对生物词汇的严峻挑战望而却步。生物学科词汇复杂难记而且量大，哪怕简单的概念也会因为单词的繁长而变得令人头疼，这为生物学科的学习带来额外的挑战。

为了给面对生物学科挑战的同学们提供一些支持，我们编写了这样一本专为生物学科词汇学习准备的工具书，望能减轻词汇学习给同学们带来的困扰。

本书分为两个部分：通用词汇和高频专业词汇。每个单词按照英式英语标注拼写和读法，单词的释义按照与考试真题和教材的相关性排序。

第一部分是通用词汇，收录了在各类生物学科考试中常见的必备单词，采用字母顺序排列。我们分析了大量国际课程的真题试卷，选出了其中出现频率高、同学常不认识或理解有问题的词汇。我们为每个单词配备用法，为第一个单词释义配备例句，并为部分单词配备有助于理解的同义词和漫画。具体设置如下：

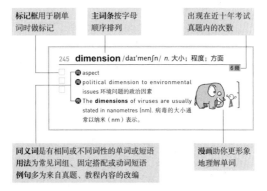

标记框用于刷单词时做标记

主词条按字母顺序排列

出现在近十年考试真题内的次数

同义词是有相同或不同词性的单词或短语
用法为常见词组、固定搭配或动词短语
例句多为来自真题、教程内容的改编

漫画助你更形象地理解单词

第二部分是高频专业词汇，分为 8~10 年级和 11~12 年级两个阶段的专业词汇，每个单词均选自教材，鉴于不同国际课程体系对生物学科的授课顺序与逻辑有较大差别，故本部分词汇以主题进行分类。我们为每个单词配备 explanation 和详细的翻译，为部分单词配备同义词和衍生词汇；衍生词汇可能是同根词，也可能是与本词条相关的词汇。另外，我们为词组类主词条中复杂、不易读的单词添加音标，不同词组中相同的单词只就近标注一次音标。具体设置如下：

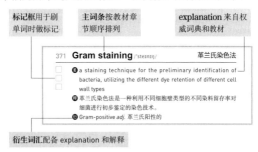

标记框用于刷单词时做标记

主词条按教材章节顺序排列

explanation 来自权威词典和教材

衍生词汇配备 explanation 和解释

此外，我们为部分节和小节配备了流程图或构造图，希望以这种图文结合的方式能让同学们更加生动有趣地记忆单词，如下图：

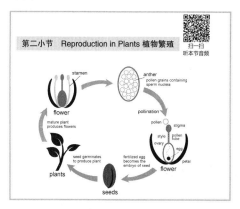

我们还为全书的单词配备了标准英音朗读音频，同学们可以扫封面或各节的二维码来收听和跟读，如下图：

本书涵盖了 GCSE、A-Level、IB-MYP、IBDP、AP 和美高等国际课程的通用单词，以及生物学科的专业词汇，其中 GCSE 和 IB-MYP 阶段相当于多数国际课程系统中的 8~10 年级，A-Level、IBDP、AP 和美高阶段则对应 11~12 年级，建议同学们根据自己的年级与水平分别使用。

下面对这两个部分的使用方法再做一些说明。

通用词汇部分——在单词的左侧有三个标记框，同学们可以在使用本书时根据自己的习惯在框中做标记，比如打勾的单词不用再看，或者打叉的单词着重看。学会这部分，同学们可以巩固基础词汇，再也不用担心考试的时候因为基础词汇匮乏而理解不了题意了。

高频专业词汇部分——GCSE 和 IB-MYP 阶段的学生可以先学习第二部分第一章8~10年级高频专业词汇，A-Level、IBDP、AP 和美高阶段的同学则可以直接学习第二部分第二章11~12年级高频专业词汇。本部分按照主题进行词汇的分类，同学们可以在目录查找相对应的章节，也可以利用附录一的高频专业词汇索引（用字母顺序排列）进行反查。我们在编写过程中将专业词汇词义的准确性放在优先位置，有时难免比课内释义更为复杂难记或有些许出入，望同学们能理解。学习不止于背和记，答题亦不必拘泥于默写定义，建立准确的理解才是学习生物学科的第一优先。词汇释义的功能应当是帮助大家对词义建立全面的理解，而非通过背单词来进行所谓的学习，望同学们在使用本书的过程中也不忘这一点。

目前语言翻译越来越唾手可得，查找词义不过是打开手机动动手指的事，然而专业词汇的复杂性却让这样简单的工具面临翻译失准、词义偏差的问题。编写本书就是为了解决这个问题。我们希望同学在试卷和教材上遇到生词时，不用太费力就获得一个比网络词典更准确、更详尽的释义，尽快建立更为全面而正确的理解。最后，愿迎难而上选择了生物学科的你能从学习中获得快乐和满足，收获新的知识，考出好分数。

编者

2020 年 7 月

# 目录
## CONTENTS

# 第一部分

# 通用词汇 A to Z

---

**001** **ability** /ə'bɪləti/ *n.* 能力；才能

62频

- ⊞ ability to do sth. 做某事的能力
- 例 Describe the effect of light intensity on the **ability** of sorghum plants to survive cooling. 请说明光照强度对高粱植株耐寒能力的影响。

---

**002** **abnormal** /æb'nɔːml/ *adj.* 异常的；畸形的

7频

- ⊞ abnormal heart rhythms 心律不齐
- 例 Two types of **abnormal** mitosis were seen in the observations of the chromosomes in these cells. 在对这些细胞染色体进行观察时，发现了两种类型的异常有丝分裂。

---

**003** **absent** /'æbsənt/ *adj.* 不存在的；缺席的；心不在焉的
　　　　　/æb'sənt/ *vt.* 使缺席

110频

- ⊞ be absent from work 缺勤
- 例 The only structure commonly found in animal cells which is **absent** from plant cells is the centriole. 在动物细胞中常见的唯一一种植物细胞没有的结构是中心粒。

---

**004** **absorb** /əb'zɔːb/ *vt.* 吸收（液体、光、热、能量等）；理解，掌握

11频

- ⊞ absorb oxygen 吸收氧气
- 例 Bacteria cannot **absorb** folic acid from their surroundings. 细菌不能从环境中吸收叶酸。

---

## 005 **abundance** /əˈbʌndəns/ *n.* 丰度；大量，充足

21 频

- 用 in abundance 大量地，丰富地
- 例 Describe how the **abundance** of the two plant species at higher and lower ground sites could be measured. 请说明如何测量这两种植物在高地和低地的丰度。

## 006 **accept** /əkˈsept/ *v.* 接受；相信（某事属实）

5 频

- 用 accept one's apology 接受道歉
- 例 Oxygenated haemoglobin **accepts** hydrogen ions from carbonic acid. 含氧血红蛋白接受来自碳酸的氢离子。

## 007 **accessory** /əkˈsesəri/ *adj.* 辅助的
*n.* 配件；配饰；帮凶

19 频

- 用 bicycle accessories 自行车配件
- 例 Outline the role of the **accessory** pigments in photosynthesis. 请概述辅助色素在光合作用中的作用。

## 008 **according** /əˈkɔːdɪŋ/ *adv.* 根据，依照

116 频

- 用 according to sth. 根据某事；按照某事
- 例 Enzymes are named **according** to the reaction that they catalyse. 酶是根据它们所催化的反应来命名的。

## 009 **account** /əˈkaʊnt/ *v.* 解释；视为
*n.* 描述；账户

16 频

- 用 account for 是……的原因；解释；占……比例
- 例 What **accounts** for this difference? 造成这种差异的原因是什么？

## 010 **accumulate** /əˈkjuːmjəleɪt/ *v.* 积聚；积累

11 频

- 用 accumulate a fortune 积累一笔财富
- 例 Within plant cells, the heavy metals **accumulate** mainly in the vacuole. 在植物细胞内，重金属主要积聚在液泡中。

## 011 **accurate** /ˈækjərət/ *adj.* 准确的，精确的

39 频

- 用 accurate description 精确的描述
- 例 Consider how you will obtain results which are as **accurate** as possible. 请思考如何使获得的结果尽可能准确。

## 012 **achieve** /əˈtʃiːv/ *vt.* 达到(某目标、地位、标准)，取得，完成

9 频

- 用 achieve success 取得成功
- 例 The disadvantage of the SEM is that it cannot **achieve** the same resolution as a TEM. 扫描电镜的缺点是无法达到透射电镜那样的分辨率。

## 013 **acquire** /əˈkwaɪə(r)/ *vt.* 获得；学到

7 频

- 用 acquire a good knowledge of English 学好英语
- 例 Natural immunity and artificial immunity can both be **acquired** in a passive or in an active manner. 自然免疫和人工免疫都可以通过被动或主动的方式获得。

## 014 **act** /ækt/ *v.* 充当；行动；表现

54 频

- 用 act on sth. 遵照某事行动
- 例 Metal ions can **act** as a non-competitive inhibitor of catalase. 金属离子可作为过氧化氢酶的非竞争性抑制剂。

## 015 **activate** /ˈæktɪveɪt/ *vt.* 激活，使活化

7 频

- 用 activate the elevator 启动电梯
- 例 The hydrochloric acid helps to **activate** the enzymes in the stomach. 盐酸有助于激活胃中的酶。

## 016 **active** /ˈæktɪv/ *adj.* 活性的；起作用的；积极的
## *n.* (语法中的)主动语态

339 频

- 用 active mind 活跃的思维
- 例 **Active** yeast suspension has a colour of pale cream. 活性酵母悬浮液是淡奶油色的。

## 017 **activity** /æk'tɪvəti/ *n.* 活性；活动

323频

- 用 outdoor activities 户外活动
- 例 The graphs show the effects of temperature and pH on enzyme **activity**. 这些曲线图显示了温度和 pH 值对酶活性的影响。

## 018 **actual** /ˈæktʃuəl/ *adj.* 实际的；真正的（用于对比主次方面）

219频

- 用 actual words 原话
- 例 Explain why the student used percentage change in mass rather than **actual** mass. 请解释为什么该学生使用的是质量变化百分比而不是实际质量的百分比。

## 019 **adapt** /əˈdæpt/ *v.* 使……适合；适应；改写

14频

- 同 adjust
- 用 adapt to a new situation 适应新形势
- 例 Which features **adapt** root hair cells for efficient absorption of water? 哪些特征使根毛细胞能够有效吸收水分？

## 020 **add** /æd/ *v.* 增加；补充

86频

- 用 add to sth. 使某事（物）数量增加或规模扩大
- 例 The reaction will start as soon as you **add** enzyme solution. 一加入酶溶液，反应就会开始。

## 021 **adjacent** /əˈdʒeɪsnt/ *adj.* 相邻的

94频

- 用 be adjacent to sth. 与某物相邻
- 例 Select one group of four **adjacent** (touching) cells. 选择四个相邻（接触）的细胞。

## 022 **adjust** /əˈdʒʌst/ *vt.* 调节，调整；适应

19频

- 同 adapt
- 用 adjust the volume 调节音量
- 例 **Adjust** the temperature of the water-bath so that it is between 35℃ and 40℃. 调整水浴的温度，使其保持在摄氏 35 到 40 度之间。

023 **adult** /ˈædʌlt/ adj. 成年的；成熟的
n. 成年人；成年动物

74频
- ⊕ adult population 成年人口
- ⑩ Calculate the mean annual number of **adult** natterjack toads counted from 1989 to 1997. 计算 1989 年至 1997 年间成年黄条背蟾蜍的年平均数量。

024 **adulthood** /ˈædʌlthʊd/ n. 成年

6频
- ⊕ childhood, adolescence and adulthood 童年、青少年及成年
- ⑩ The gene coding for the enzyme lactase was switched off before **adulthood**. 乳糖酶的编码基因在成年前就被关闭了。

025 **advantage** /ədˈvɑːntɪdʒ/ n. 优点；优势，有利因素
vt. 有利于

66频
- ⊕ have an advantage over sb. 比某人有优势
- ⑩ Suggest one **advantage** of the use of this new technique in the IVF procedure. 请说出在体外受精过程中使用这种新技术的一个优点。

026 **advise** /ədˈvaɪz/ v. 建议；提供咨询；通知

21频
- ⊕ advise sb. against sth. 建议某人不要做某事
- ⑩ You are **advised** to wear suitable eye protection, especially when using the potassium hydroxide solution. 建议戴上合适的眼罩，尤其是在使用氢氧化钾溶液时。

027 **affect** /əˈfekt/ vt. 影响；使感染（疾病）；（感情上）深深打动

68频
- ⊕ be affected by sth. 受某事影响
- ⑩ A scientist investigated how water loss from these roots was **affected** by the time in storage. 一位科学家研究了这些根的水分损失是如何受到储存时间的影响。

**028** **affinity** /əˈfɪnəti/ *n.* 亲和力，亲近；类似

- ⊞ have a natural affinity with... 与……有自然的亲近感
- ⑩ The Michaelis-Menten constant, Km, shows the **affinity** of an enzyme for its substrate. 米氏常数 Km 表示酶对底物的亲和力。

**029** **against** /əˈɡenst/ *prep.* 以防；与……相反；对……不利

120频

- ⊞ precautions against fire 防火措施
- ⑩ Suggest how a country-wide vaccination schedule can give protection **against** infection to unvaccinated children. 请说明全国范围的疫苗接种计划如何保护未接种疫苗的儿童免受感染。

**030** **aged** /eɪdʒd/ *adj.* ……岁的 /ˈeɪdʒɪd/ 年迈的

13频

- ⊞ the aged 老年人
- ⑩ Deaths from lung cancer in men **aged** 60-74 years increased up to 1970. 到 1970 年，60 至 74 岁男性死于肺癌的人数有所增加。

**031** **agent** /ˈeɪdʒənt/ *n.* 主体；（化学）剂；代理人

15频

- ⊞ oxidizing agents 氧化剂
- ⑩ What is the causative **agent** and method of transmission of smallpox? 天花的病原体和传播方式是什么？

**032** **age** /eɪdʒ/ *n.* 年龄；时代
　　　　　　　　*v.* 变老

11频

- ⊞ come of age 成年，成熟
- ⑩ Many deaths from measles occur in children under five years of **age**. 许多死于麻疹的人是五岁以下的儿童。

**033** **agile** /ˈædʒaɪl/ *adj.* 灵活的；敏捷的

5频

- ⊞ an agile mind 敏捷的思维
- ⑩ Monkeys are very **agile** climbers. 猴子攀登时非常灵活。

## 034 **agriculture** /ˈægrɪkʌltʃə(r)/ *n.* 农业

5频

- 搭 science of agriculture 农学
- 例 Large areas of land that once contained natural ecosystems are now used for **agriculture**. 曾经含有自然生态系统的大片土地现在被用于农业生产。

## 035 **airborne** /ˈeəbɔːn/ *adj.* 空气传播的；在空中的；空降的

18频

- 搭 airborne seeds 空气传播的种子
- 例 Which two diseases are transmitted by **airborne** droplets? 哪两种疾病是通过空气飞沫传播的?

## 036 **airtight** /ˈeətaɪt/ *adj.* 密封的，不透气的

6频

- 搭 airtight container 密封的容器
- 例 Attach the delivery tube to the nozzle to make an **airtight** fit. 将导管连接到管嘴上，使其紧密结合。

## 037 **allow** /əˈlaʊ/ *v.* 使能够；允许；听任

90频

- 搭 allow sb. to do sth. 允许某人做某事
- 例 New technologies exist to **allow** horse semen to be frozen in small plastic straws. 有了新的技术可以将马的精液冷冻在塑料细管中。

## 038 **alter** /ˈɔːltə(r)/ *v.* 改变，修改

6频

- 搭 alter the method 改变方法
- 例 Why do large increases in the temperature or pH **alter** enzyme activity? 为什么温度或 pH 值的大幅升高会改变酶的活性?

## 039 **altitude** /ˈæltɪtjuːd/ *n.* 海拔

59频

- 搭 an altitude of 6,000 metres 海拔 6,000 米
- 例 A person moves from sea level to live at a high **altitude**. 一个人从海平面迁徙到高海拔的地方居住。

**040  among** /əˈmʌŋ/ *prep.* 在……中；……之一

8频

- 用 a house among the trees 树林中的一座房子
- 例 Explain why cross-pollination produces more genetic variation **among** the offspring than self-pollination. 请解释为什么异花授粉比自花传粉在后代中会产生更多的遗传变异。

**041  amplify** /ˈæmplɪfaɪ/ *v.* 放大；增强；扩充

7频

- 用 amplify an electric current 增强电流
- 例 Glucagon signal is **amplified**. 胰高血糖素信号被放大。

**042  analyse** /ˈænəlaɪz/ *vt.* 分析

6频

- 用 analyse the data 分析数据
- 例 Name a statistical test that could be used to **analyse** the results of this study. 说出一个可以用来分析这项研究结果的统计检验。

**043  annotate** /ˈænəteɪt/ *v.* 给……做注释

33频

- 用 an annotated edition 附有注解的版本
- 例 A student was asked to draw a plan diagram of the plant tissue shown in the photomicrograph and to **annotate** two observable features. 一名学生被要求画出显微照片中显示的植物组织的平面图，并对两个可观察到的特征进行注释。

**044  anomalous** /əˈnɒmələs/ *adj.* 异常的，反常的

24频

- 近 abnormal
- 用 anomalous property 异常性质
- 例 Suggest a reason for the cause of these **anomalous** results in trial 1. 请说出试验 1 中出现异常结果的原因。

**045  answer** /ˈɑːnsə(r)/ *n.* 答案；解决办法
　　　　　　　　　　　　*v.* 回答；符合

73频

- 用 the answer to... 对……的答复或答案
- 例 Each correct **answer** will score one mark. 每答对一题得一分。

## 046 apparatus /ˌæpəˈreɪtəs/ n. 仪器；器官；机构

175频

- 用 Golgi apparatus 高尔基体
- 例 The diagram shows one **apparatus** used for this technique. 该图显示了这项技术所使用的一种仪器。

## 047 appear /əˈpɪə(r)/ vi. 呈现，出现；似乎

36频

- 用 appear to be... 看起来似乎……
- 例 The different molecules **appear** as coloured spots. 不同的分子以彩色斑点的形式呈现。

## 048 application /ˌæplɪˈkeɪʃn/ n. 施用；应用；申请

10频

- 用 application for sth. 对某事的申请
- 例 Why does the **application** of nitrate fertilisers cause an increase in crop production? 为什么施用硝酸盐肥料会导致作物增产？

## 049 apply /əˈplaɪ/ v. 适用；申请；应用

13频

- 用 apply for a passport 申请护照
- 例 Which features **apply** to both sieve tube elements and xylem vessel elements? 哪些特征同时适用于筛管分子和木质部导管分子？

## 050 appropriate /əˈprəʊpriət/ adj. 合适的
### /əˈprəʊprieɪt/ vt. 挪用，侵吞

346频

- 用 be appropriate for/to sth. 适合某事
- 例 For which cell component would nanometres be the most **appropriate** unit of measurement? 对于哪种细胞成分来说，纳米是最合适的测量单位？

## 051 arbitrary /ˈɑːbɪtrəri/ adj. 任意的；专制的

162频

- 用 arbitrary powers 专制权力
- 例 The maximum absorbance is 98 **arbitrary** units. 最大吸光度为98个任意单位。

## 052 **arrange** /əˈreɪndʒ/ v. 排列；安排，筹备

- 用 arrange a party 安排聚会
- 例 **Arrange** the test tubes in the order of intensity of blue colour from lowest intensity to highest intensity. 试管按蓝色的深度由浅到深排列。

## 053 **arrow** /ˈærəʊ/ n. 箭头，箭号；箭

- 用 shoot an arrow 射箭
- 例 The numbered **arrows** indicate the sequence of events that occurs after the uptake of water by the grain of wheat. 带数字的箭头表示小麦籽粒吸收水分后发生的一系列事件。

## 054 **artificial** /ˌɑːtɪˈfɪʃl/ adj. 人工的；人造的；虚假的

- 用 artificial emotion 假装的情感
- 例 Modern thoroughbred racehorses are the result of many years of **artificial** selection. 现代纯种赛马是多年人工选择的结果。

## 055 **aspect** /ˈæspekt/ n. 方面；样子；朝向

- 用 all aspects of sth. 某事（物）的各个方面
- 例 Describe the **aspects** of the experimental procedure which ensure that the data can be trusted. 请描述实验过程中能确保数据可信的各个方面。

## 056 **assess** /əˈses/ vt. 评估；估算

- 用 assess the effects of sth. 评估某事带来的效果
- 例 **Assess** how far the results support the hypothesis. 请评估这些结果能在多大程度上支持该假设。

## 057 **assimilate** /əˈsɪməleɪt/ *n.* 同化物
*v.* 吸收；（使）同化

- ⊕ assimilate into the community 融入社区  `15 频`
- ⊕ In plants, **assimilates** are transported in phloem sieve tube elements by a process known as translocation. 在植物体内中，同化物通过一种称为转运的过程在韧皮部筛管分子中运输。

## 058 **assist** /əˈsɪst/ *v.* 帮助，协助；促进

- ⊕ assist sb. in doing sth. 帮助某人做某事  `5 频`
- ⊕ The salivary glands of aphids have secretory cells that make and release a variety of proteins that **assist** in feeding. 蚜虫的唾液腺有分泌细胞，可以产生和释放各种帮助取食的蛋白质。

## 059 **associated** /əˈsəʊsieɪtɪd/ *adj.* 有关的；联合的

- ⊕ be associated with sth. 与某事（物）有关  `53 频`
- ⊕ The molecules listed below are all **associated** with respiration. 下面列出的分子都与呼吸作用有关。

## 060 **attach** /əˈtætʃ/ *vt.* 附上，贴上

- ⊕ attach A to B 把 A 附到 B 上  `12 频`
- ⊕ The speed of nerve conduction is measured by **attaching** surface electrodes to the skin. 神经传导的速度是通过将表面电极贴到皮肤上来测量的。

## 061 **attack** /əˈtæk/ *n.*（尤指常发疾病的）发作；进攻
*v.*（疾病、化学药品、昆虫等）攻击

- ⊕ an attack on sth. 对某事进行的攻击  `19 频`
- ⊕ Many allergens that can trigger an asthma **attack** are inhaled during normal breathing. 许多可能引发哮喘发作的过敏原都是在正常呼吸时吸入的。

062 **attempt** /ə'tempt/ *v. & n.* 尝试；企图；努力

5 频

- 用 attempt to do sth. 试图做某事
- 例 Gene therapy has been **attempted** to treat CF since 1993. 自 1993 年以来，基因疗法一直被尝试用于囊肿性纤维化的治疗。

063 **attract** /ə'trækt/ *v.* 吸引；引起（反应）；招引

17 频

- 用 attract A to B 吸引 A 注意 B
- 例 When the fruits are developing, quite large amounts of sucrose may be used to produce sweet, juicy fruits ready to **attract** animals. 果实发育时，大量蔗糖会被用于生出味甜多汁的水果，好吸引动物的到来。

064 **available** /ə'veɪləbl/ *adj.* 可获得的，可购得的，可找到的

277 频

- 用 available resources/facilities 可利用的资源 / 设备
- 例 Microscopes had been **available** since the beginning of the 17th century. 显微镜从 17 世纪初就有了。

065 **average** /'ævərɪdʒ/ *adj.* 平均的；一般的
　　　　　　　　　　　　 *n.* 平均数；一般水平

24 频

- 用 on average 按平均值；大体上
- 例 During the 20th century, the **average** age of onset of puberty in European girls decreased from about 17 years to about 12 years of age. 在 20 世纪，欧洲女孩的平均青春期起始年龄从 17 岁左右下降到 12 岁左右。

066 **avoid** /ə'bɪcv'e/ *vt.* 避免；防止；回避

185 频

- 用 avoid doing sth. 避免做某事
- 例 To **avoid** staining your skin, try not to touch the agar. 为避免弄脏皮肤，请尽量不要触碰琼脂。

# B

067 **badger** /ˈbædʒə(r)/ *n.* 獾

*vt.* 纠缠不休，烦扰

5频

- ⊕ badger sb. into doing sth. 缠着某人做某事
- ⑩ American **badgers** and black-footed ferrets are both predators. 美洲獾和黑脚雪貂都是捕食者。

068 **balance** /ˈbæləns/ *n.* 平衡；天平

*v.* 保持平衡；抵消

13频

- ⊕ work-life balance 工作与生活的平衡
- ⑩ The **balance** between triglyceride formation and breakdown is controlled by hormones. 甘油三酯的形成和分解之间的平衡由激素控制。

069 **band** /bænd/ *n.* 条带；乐队

*vt.* （将价格、收入等）划分档次；聚集

17频

- ⊕ rock band 摇滚乐队
- ⑩ The diagram shows the position of the DNA **band** at Z in the centrifuge tube. 下图显示了DNA条带在离心管中Z处的位置。

070 **banded** /ˈbændɪd/ *adj.* 带条纹的

16频

- ⊕ banded snake 条纹蛇
- ⑩ The shells of this snail may be **banded** (have dark stripes) or non-banded. 这种蜗牛的壳可以是有条纹的（深色条纹），也可以是无条纹的。

## 071 **barred** /bɑːd/ *adj.* 有条纹的

11频

- 用 barred feathers 有条纹的羽毛
- 例 Explain how the genotype of a male chicken with blue, **barred** feathers could be determined. 请解释如何确定蓝色条纹羽毛公鸡的基因型。

## 072 **barrel** /ˈbærəl/ *n.* （注射器的）空筒；桶

15频

- 用 a wine barrel 葡萄酒桶
- 例 Holding the **barrel** of the syringe upright, fit the tubing onto the nozzle of the syringe. 竖直握住注射器的空筒，将管子安装到注射器的喷嘴上。

## 073 **barrier** /ˈbæriə(r)/ *n.* 阻碍；屏障；界线

11频

- 用 trade barriers 贸易壁垒
- 例 In living phloem, the pores are open, presenting little **barrier** to the free flow of liquids through them. 在活的韧皮部中，气孔是开放的，液体可通过它们自由流动，几乎没有什么阻碍。

## 074 **basic** /ˈbeɪsɪk/ *adj.* 基本的；基础的；必需的

11频

- 用 basic principles 基本原则
- 例 Each student followed the same **basic** procedure. 每位同学都按照相同的基本程序进行操作。

## 075 **basis** /ˈbeɪsɪs/ *n.* 基础；基准；原因

7频

- 用 on the basis of... 在……的基础之上；因为……的原因
- 例 The cells are chosen on the **basis** of their high level of protein synthesis. 选择这些细胞是因为它们蛋白质合成的水平比较高。

**076** **bat** /bæt/ *n.* 蝙蝠；球棒，球板
*v.* 用球棒击球

10 频

- ⊞ cricket bat 板球球板
- ⊕ Explain why it is likely that the eastern green mamba feeds on other organisms in addition to yellow winged **bats**. 解释为什么东部绿曼巴蛇除了以黄色有翼蝙蝠为食，还可能以其他生物为食。

**077** **batch** /bætʃ/ *n.* 一批
*vt.* 分批处理

14 频

- ⊞ in batches 分批
- ⊕ Describe the production of penicillin using the **batch** culture method. 请描述采用分批培养法生产青霉素的方法。

**078** **bath** /bɑːθ/ *n.* 沐浴；洗澡水；澡堂
*v.* 洗澡

175 频

- ⊞ a public bath 公共澡堂
- ⊕ Record the actual temperature of the water-**bath**. 记录水浴的实际温度。

**079** **bead** /biːd/ *n.* 凝胶珠；珠子；（液体）小珠

13 频

- ⊞ a string of beads 一串珠子
- ⊕ The student put the **beads** into beakers containing starch solution. 学生把凝胶珠放进装有淀粉溶液的烧杯里。

**080** **beaker** /ˈbiːkə(r)/ *n.* 烧杯；一杯（的量）

240 频

- ⊞ a beaker of coffee 一杯咖啡
- ⊕ Immediately stir the reaction mixture in the **beaker** and start timing. 立即搅拌烧杯中的反应混合物，并开始计时。

**081** **bean** /biːn/ *n.* 豆

8 频

- ⊞ coffee beans 咖啡豆
- ⊕ Epicatechin is a naturally occurring compound in cocoa **beans** and so is present in chocolate. 表儿茶素是一种天然存在于可可豆中的化合物，因此也存在于巧克力中。

082 **beat** /biːt/ *n.* 跳动声；节拍
　　　　　　　 *v.* 打败；敲打

18 频

- 🔁 beat your breast 捶胸顿足（尤指对自己的作为刻意表示悲伤或愧疚）
- 🔁 The trace represents the electrical activity of the heart during a single heart **beat**. 这条轨迹表示心脏在单次心跳期间的电活动。

083 **beetle** /ˈbiːtl/ *n.* 甲虫

25 频

- 🔁 dung beetle 屎壳郎
- 🔁 There are some **beetle** species that feed on animal dung at the grassland site in North America. 在北美的草原上，有一些以动物粪便为食的甲虫物种。

084 **behaviour** /bɪˈheɪvjə(r)/ *n.* 活动方式，表现方式；
　　　　　　　　　　　　　　　 行为

22 频

- 🔁 criminal behaviour 犯罪行为
- 🔁 Describe the **behaviour** of chromosomes during meiosis. 描述染色体在减数分裂过程中的活动方式。

085 **bench** /bentʃ/ *n.* 长凳；法官；（英国议会的）议员席

6 频

- 🔁 a park bench 公园长椅
- 🔁 Student A rested his hand on a **bench**. 学生 A 把一只手放在长凳上。

086 **bend** /bend/ *n.* 弯曲
　　　　　　　 *v.* 使弯曲；弯腰

28 频

- 🔁 bend your mind/efforts to sth. 致力于某事
- 🔁 Before measuring the angle of **bend**, remove excess liquid from the piece of potato using the paper towel. 在测量弯曲角度之前，先用纸巾把土豆上多余的液体擦去。

## 087 **benefit** /'benɪfɪt/ *n.* 好处，益处；补助金
### *v.* 得益

5 频

- ⊕ for one's benefit 为帮助某人
- ⑩ Explain the **benefits** of using frozen sperm in captive breeding programmes. 请解释在圈养繁殖计划中使用冷冻精子的好处。

## 088 **bind** /baɪnd/ *v.* （使）结合；捆绑；迫使

188 频

- ⊕ bind A to B 使 A 和 B 结合
- ⑩ The compounds **bind** to specific chemoreceptors in the nasal cavities of these people. 这些化合物与这些人鼻腔中的特定化学感受器相结合。

## 089 **block** /blɒk/ *n.* （方形）块；大楼
### *vt.* 妨碍；阻塞

61 频

- ⑩ barrier (n.)
- ⊕ office block 办公大楼
- ⑩ The blue-green agar **blocks** contain an indicator. 蓝绿色的琼脂块含有指示剂。

## 090 **blunt** /blʌnt/ *adj.* 钝的；直言不讳的
### *vt.* 使减弱；使变钝

14 频

- ⊕ be blunt about sth. 对某事直言不讳
- ⑩ You may use the **blunt** forceps and paper towels to handle the agar. 你可用钝镊子和纸巾来处理琼脂。

## 091 **boil** /bɔɪl/ *v.* 煮沸；煮菜
### *n.* 沸腾

6 频

- ⊕ on the boil 十分活跃，如火如荼
- ⑩ After **boiling**, a yellow colour is observed. 煮沸后，可看到液体变为黄色。

**092** **bond** /bɒnd/ *n.* 键；纽带，联系
　　　　　　　　*v.* 使紧密结合

<br>

110频

☐ ⊕ bond A to B 把 A 紧紧连接到 B

☐ ⨁ A peptide **bond** is formed between the two amino acids. 这两

☐ 　种氨基酸之间形成了肽键。

**093** **booster** /'buːstə(r)/ *n.* 加强剂量；帮助（或激励、改
　　　　　　　　　　善）……的事物

7频

☐ ⊜ assist（*n.* & *v.*）

☐ ⊕ a morale booster 士气的激励

☐ ⨁ The vaccine was effective for up to 10 years after one dose and
　did not require **boosters** within this time. 注射一次后，该疫苗
　的有效期长达 10 年有效，在这段时间内不需要增强剂。

**094** **borer** /'bɔːrə/ *n.* 钻蛀虫

6频

☐ ⊕ rice stem borer 水稻螟虫

☐ ⨁ The corn **borer** is an insect pest of maize. 玉米螟是玉米的一

☐ 　种害虫。

**095** **born** /bɔːn/ *v.* 出生；出现，形成
　　　　　　*adj.* 天生（有某方面才能）的

36频

☐ ⊕ a born athlete 天生的运动员

☐ ⨁ Calculate the actual number of children **born** with HIV
　infection in 2007. 计算 2007 年出生时就感染艾滋病毒的儿童的
　实际人数。

**096** **borne** /bɔːn/ *adj.* （用于复合词）由……携带的，由……
　　　　　　　　　运载的

19频

☐ ⊕ water-borne diseases 由水传染的疾病

☐ ⨁ Which two diseases are transmitted by air-**borne** droplets? 哪

☐ 　两种疾病是通过空气飞沫传播的？

**097 botanic** /bəˈtænɪk/ *adj.* 植物的；植物学的

6频

- 用 botanic chemistry 植物化学
- 例 Describe the role of **botanic** gardens in the protection of endangered species. 描述植物园在保护濒危物种方面的作用。

**098 bottom** /ˈbɒtəm/ *n.* 底部；尽头

*adj.* 底部的；最后的

38频

- 用 at the bottom of... 在……的底部
- 例 When a yeast suspension is placed in a test tube some of the cells sink slowly to the **bottom**. 当把酵母悬浮液放入试管中时，一些细胞慢慢下沉到底部。

**099 bound** /baʊnd/ *adj.* 紧密相连的；有义务（做某事）

*v.* 形成……的边界

26频

- 用 be bound together in sth. 在某方面紧密联系
- 例 Ribosomes exist as separate subunits that are **bound** together during protein synthesis. 核糖体作为单独的亚基存在，在蛋白质合成过程中结合在一起。

**100 bracket** /ˈbrækɪt/ *n.* 括号；（固定在墙上的）托架；

等级

*vt.* 把……相提并论

283频

- 用 people in the lower income bracket 低收入等级人群
- 例 Insert into the **brackets** the number of sets of chromosomes in each cell type. 在括号中填入每种细胞类型的染色体组数。

**101 break** /breɪk/ *v.* 破坏；违反

*n.* 休息；暂停

73频

- 用 break an agreement 违反协议
- 例 Which molecular bonds will be **broken** by hydrolysis when a molecule of glycogen is converted to glucose? 当糖原分子转化为葡萄糖时，哪些分子键会被水解破坏？

## 102 breathe /briːð/ v. 呼吸；低声说；透气

☐ **用** breathe in/out 吸气／呼气 `5频`
☐ **例** A person **breathes** in small particles from a very dusty
☐ environment. 某人从尘土飞扬的环境中吸入了微小的颗粒物。

## 103 breed /briːd/ v. 繁殖；培育（动植物）；引起
### n. 品种

☐ **用** rare breeds of cattle 稀有品种的牛 `18频`
☐ **例** The adult frogs **breed** by laying eggs in water in spring. 成年蛙
☐ 在春天通过水中产卵的方式进行繁殖。

## 104 broad /brɔːd/ adj. 宽的；广泛的；概括的

☐ **用** a broad spectrum of interests 广泛的兴趣 `5频`
☐ **例** The overall shape of most leaves is thin and **broad**. 大多数树
☐ 叶的整体形状是薄而宽的。

## 105 bubble /ˈbʌbl/ v. 起泡；（感情）充溢，存在
### n. 气泡

☐ **用** bubble up 产生气泡 `29频`
☐ **例** How are the sugars taken up by the cells when air is **bubbled**
☐ through the culture? 当培养物中冒气泡时，细胞是如何吸收糖
☐ 分的？

## 106 bud /bʌd/ n. 芽；花蕾
### vi. 发芽

☐ **用** come into bud 长出花苞 `8频`
☐ **例** When the apical **bud** is actively growing, it tends to stop lateral
☐ buds from growing. 生长旺盛的顶芽会抑制侧芽的生长。

## 107 buffer /ˈbʌfə(r)/ n. 缓冲物；缓冲器
### vt. 减少；保护

☐ **用** buffer sb. against sth. 使某人免受某事（物）的侵害 `74频`
☐ **例** The scientist mixed the cells with a **buffer** solution which had

the same water potential as the cells. 科学家将这些细胞与细胞水势相同的缓冲液进行混合。

108 **bundle** /'bʌndl/ *n.* 束，捆；一批
                      *v.* 匆匆送走

105 频

- 囫 bunch (*n.*)
- 用 a bundle of ideas 一套想法
- 例 The photomicrograph shows a vascular **bundle** from the stem of a plant. 显微照片显示植物茎上有一束维管束。

109 **burst** /bɜːst/ *v.* （使）爆裂；突然出现
                   *n.* 迸发；裂口

9 频

- 用 burst into tears 突然大哭起来
- 例 A disease damages alveoli walls, causing the alveoli to **burst**. 某种疾病会破坏肺泡壁，导致肺泡破裂。

110 **button** /'bʌtn/ *n.* 按钮；纽扣
                    *v.* 扣上……的纽扣

11 频

- 用 on the button 准时；确切
- 例 Each student looks at a computer screen and clicks a start **button** on the screen and waits for the background colour to change. 每位同学看着电脑屏幕，点击屏幕上的开始按钮，等待背景颜色改变。

111 **bypass** /'baɪpɑːs/ *n.* （心脏）搭桥手术；（绕过城镇中心的）旁道
                       *v.* 绕过；不顾（规章制度）

7 频

- 用 heart bypass surgery 心脏搭桥手术
- 例 Coronary artery **bypass** grafting is the most common heart operation in the world. 冠状动脉旁路移植术是世界上最常见的心脏手术。

# C

扫一扫
听本节音频

## 112 **calculate** /ˈkælkjuleɪt/ *vt.* 计算；预测

337 频

- 用 calculate the amount of sth. 计算某物的量
- 例 **Calculate** the overall rate of decrease in number of tigers between 1900 and 2010. 计算 1900 年到 2010 年间老虎数量的总体减少率。

## 113 **calibrate** /ˈkælɪbreɪt/ *vt.* 校准，标定

24 频

- 用 calibrate a thermometer 标定温度计
- 例 Make sure you **calibrate** the apparatuses before you start the experiment. 在进行实验之前，一定要把相关仪器校准好。

## 114 **capable** /ˈkeɪpəbl/ *adj.* 能够……的；足以胜任的，有能力的

8 频

- 用 be capable of doing sth. 能够做某事
- 例 The epithelial cells are **capable** of cell division by mitosis. 上皮细胞能够进行有丝分裂。

## 115 **capacity** /kəˈpæsəti/ *n.* 能力；容量；生产量

27 频

- 同 ability
- 用 capacity for doing sth. 做某事的能力
- 例 Which substance in tobacco smoke decreases the oxygen-carrying **capacity** of haemoglobin? 烟草烟雾中的哪种物质会降低血红蛋白的携氧能力？

## 116 capsule /ˈkæpsjuːl/ n. 荚膜；（植物的）荚；胶囊

11 频

- 用 space capsule 太空舱
- 例 Many prokaryotes also have a cell wall and **capsule**. 许多原核生物也有细胞壁和荚膜。

## 117 captive /ˈkæptɪv/ adj. 圈养的；被关起来的；受控制的
n. 俘虏

26 频

- 用 captive market 垄断性市场
- 例 The young **captive** fish are fed processed food. 圈养的幼鱼被喂以加工过的食物。

## 118 categorise /ˈkætəɡəraɪz/ vt. 把……归类

8 频

- 用 categorise the plants into four groups 把这些植物分成四类
- 例 State why lung cancer is **categorised** as a non-infectious disease. 请说明为什么肺癌被归类为非传染性疾病。

## 119 causative /ˈkɔːzətɪv/ adj. 成为原因的，起因的

36 频

- 用 causative agent 病原体
- 例 What do the **causative** agents of HIV/AIDS, malaria and TB have in common? 艾滋病毒／艾滋病、疟疾和结核病的病原体有什么共同之处？

## 120 cause /kɔːz/ vt. 引起
n. 起因；理由；事业

141 频

- 同 breed (v.)
- 用 with/without good cause 理由充分／无缘无故
- 例 Which short-term effects of smoking are **caused** by carbon monoxide? 吸烟的哪些短期影响是由一氧化碳引起的？

**121 cereal** /ˈsɪəriəl/ *n.* 谷物；谷类食物

28频

⊕ breakfast cereals 谷类早餐食物

⊘ Farmers in some parts of the world grow legume crops together with **cereal** crops in the same field. 有些地区的农民在同一块地里种植豆类作物和谷类作物。

**122 certificate** /səˈtɪfɪkət/ *n.* 证明；证书

*vt.* 发证书

135频

⊕ marriage certificate 结婚证

⊘ The data are collected from databases at cancer clinics and from online death **certificates**. 这些数据是从癌症诊所的数据库和在线死亡证明中收集的。

**123 chain** /tʃeɪn/ *n.* 链条；一系列；束缚

*vt.* 用锁链拴住

134频

⊕ a chain of supermarkets 连锁超市

⊘ When investigating ecosystems, food **chains** and food webs are constructed. 研究生态系统时，通常会构建食物链和食物网。

**124 chamber** /ˈtʃeɪmbə(r)/ *n.* （人体、植物或机器内的）腔，室；房间

14频

⊕ burial chamber 墓室

⊘ Cardiac muscle is made up of many fibres that form the walls of the **chambers** of the heart. 心肌是由许多纤维组成的，这些纤维构成了心腔的壁。

**125 chance** /tʃɑːns/ *n.* 可能性；机会；偶然

*v.* 冒险

8频

⊕ by chance 偶然地

⊘ Which method reduces the **chance** of developing this disease later in life? 哪种方法可以减少日后患上这种疾病的可能性？

126 **change** /tʃeɪndʒ/ *n.* 变化；找零

*v.* （使）变化，更替

400频

- ⊕ social change 社会变革
- ⑩ The graph shows **changes** in blood pressure during one cardiac cycle. 下图是一个心动周期内血压的变化。

127 **channel** /'tʃænl/ *n.* 通道；渠道；方法

*vt.* 将（精力或情感）专注于

29频

- ⊕ communication channel 交流渠道
- ⑩ Explain why a **channel** protein is needed for ions to pass across a cell membrane. 请解释为什么离子通过细胞膜需要通道蛋白运输。

128 **charge** /tʃɑːdʒ/ *n.* 电荷；费用

*v.* 收（费）；给……充电

8频

- ⊕ charge £20 for dinner 收 20 英镑的餐费
- ⑩ DNA fragments carry a small negative **charge**. DNA 片段带有很小的负电荷。

129 **check** /tʃek/ *v.* 检查，核实；克制

*n.* 检查

13频

- ⊕ check over sth. 仔细检查某事（物）
- ⑩ **Check** that you have completed Question 1 from step 9 on page 6. 请检查是否已完成第 6 页步骤 9 中的问题 1。

130 **chronic** /'krɒnɪk/ *adj.* 慢性的；积习难改的；（局势或问题）严重的

49频

- ⊕ chronic unemployment problem 长期存在的失业问题
- ⑩ Suggest why a person with **chronic** bronchitis is more likely than a healthy person to suffer from infectious diseases of the gas exchange system. 请说明为什么慢性支气管炎患者比健康人士更容易患上气体交换系统的传染病。

**131 circular** /ˈsɜːkjələ(r)/ *adj.* 圆形的；环行的；循环论
证的

| | | 81 频 |

- 🔁 circular building 圆形建筑物
- 📝 In front of the lens is a **circular** piece of
  tissue called the iris. 在晶状体前面有一块
  圆形的组织，称为虹膜。

**132 circumference** /səˈkʌmfərəns/ *n.* 圆周长；圆周

| | | 5 频 |

- 🔁 the circumference of the earth 地球的周长
- 📝 The earth is almost 25,000 miles in **circumference**. 地球的周
  长约为 25,000 英里。

**133 circumstance** /ˈsɜːkəmstəns/ *n.* 情况；客观环境

| | | 6 频 |

- 🔁 in/under no circumstances 无论如何都不
- 📝 Explain the **circumstances** that cause the closing of the semi-
  lunar valves during the cardiac cycle. 请解释在心动周期中导
  致半月瓣膜关闭的情况。

**134 classify** /ˈklæsɪfaɪ/ *vt.* 将……分类；界定，划分

| | | 25 频 |

- 🔄 categorise
- 🔁 be classified into three categories 分为三类
- 📝 All the coral reefs in three regions were **classified** as being at
  low, medium or high risk of damage. 三个地区的所有珊瑚礁都
  以低、中、高三种被破坏风险等级而分类。

**135 clinic** /ˈklɪnɪk/ *n.* （医院的）门诊部，诊所；专科医院

| | | 5 频 |

- 🔁 the local family planning clinic 当地的计划生育诊所
- 📝 Sperm from a donor is collected in a **clinic**, and can be stored
  at a low temperature for many months or even years. 捐赠者
  的精子是在门诊部收集的，可以在低温下储存数月甚至数年。

## 136 clip /klɪp/ n. 回形针；别针
### v. 夹住；修剪

- ⊕ hair clip 发夹  `9频`
- ⑩ Do not use staples, paper **clips**, glue or correction fluid. 请勿使用订书钉、回形针、胶水或修正液。

## 137 closure /ˈkləʊʒə(r)/ n. 关闭；倒闭

- ⊕ factory closures 工厂倒闭  `10频`
- ⑩ Describe the role of abscisic acid in the **closure** of stomata. 请描述脱落酸在气孔关闭中的作用。

## 138 cloudy /ˈklaʊdi/ adj. 浑浊的；阴天的，多云的

- ⊕ a cloudy day 多云的一天  `12频`
- ⑩ When the mixture is shaken, a **cloudy** precipitate of protein forms. 晃动混合物时，形成蛋白质的浑浊沉淀。

## 139 coagulation /kəʊˌægjuˈleɪʃn/ n. 凝结，凝固

- ⊕ blood coagulation 血凝  `27频`
- ⑩ The student added acid to known concentrations of milk protein and observed a range of **coagulation**. 这名学生在已知浓度的牛奶蛋白中加入了酸，并观察到一系列凝结现象。

## 140 coast /kəʊst/ n. 海岸，海滨
### v. 靠惯性滑行；毫不费力地做

- ⊕ a trip to the coast 海滨旅游  `10频`
- ⑩ The Guna people of Panama have a small population and mostly live on many small islands off the **coast** of Panama. 巴拿马的古纳族人口不多，大多居住在巴拿马海岸外的许多小岛上。

141 **coastal** /ˈkəʊstl/ *adj.* 靠近海岸的；沿海的

7频

- ⊕ coastal scenery 沿海风景
- ⊕ Unlike most marine turtles, flatback turtles spend most of their time in **coastal** waters. 与大多数海龟不同的是，平背龟大部分时间都在近海水域生活。

142 **coat** /kəʊt/ *n.* 外壳；外套
　　　　　　 *vt.* 给……涂上一层

6频

- ⊕ cookies coated with chocolate 有巧克力涂层的曲奇
- ⊕ Each grain is surrounded by a hard **coat**, so that it can survive in difficult conditions. 每一粒谷物都被一层坚硬的外壳包围着，这样它就可以在艰苦的条件中生存下来。

143 **code** /kəʊd/ *n.* 代码；行为规范；法规
　　　　　　 *v.* 编码

49频

- ⊕ error code 错误代码
- ⊕ The table shows DNA **codes** for these amino acids. 下表是这些氨基酸的 DNA 代码。

144 **coefficient** /ˌkəʊɪˈfɪʃnt/ *n.* 系数

8频

- ⊕ the coefficient of friction 摩擦系数
- ⊕ Maize seeds with different 'inbreeding **coefficients**' were used in this experiment. 用具有不同 "近交系数" 的玉米种子进行实验。

145 **coil** /kɔɪl/ *v.* 盘绕，卷
　　　　　　 *n.* 卷，圈

5频

- ⊕ a coil of wire 一圈金属线
- ⊕ It **coils** up into a spiral, making it very compact. 它盘绕成螺旋形，非常紧凑。

## 146 collapse /kəˈlæps/ v. & n. （肺或血管）萎陷；倒塌；崩溃

☐ 用 a state of mental collapse 精神崩溃状态 `15频`

☐ 例 Some alveolar cells produce a surfactant that helps to prevent the **collapse** of alveoli on exhalation. 有些肺泡细胞会产生一种表面活性物质，帮助防止肺泡在呼气时萎陷。

## 147 collar /ˈkɒlə(r)/ n. 领子；（狗或猫的）项圈 vt. 抓住；拦住（某人以与其）谈话

☐ 用 white collar 白领 `5频`

☐ 例 Explain how a population of **collared** lizards that became isolated on an island could evolve to form a new species. 解释孤岛上与世隔绝的一群环颈蜥是如何进化成一个新物种的。

## 148 collect /kəˈlekt/ vt. 采集；聚集；领取

☐ 用 collect stamps 集邮 `33频`

☐ 例 Soil from under bracken and under brambles was **collected** and placed in two funnels. 采集蕨菜下和荆棘下的土壤，放入两个漏斗中。

## 149 combination /ˌkɒmbɪˈneɪʃn/ n. 结合体；组合

☐ 用 in combination with sth. 与某物结合 `34频`

☐ 例 In mammals, some carbon dioxide is transported by red blood cells in **combination** with haemoglobin. 在哺乳动物体内，某些二氧化碳是由红细胞与血红蛋白结合运输的。

## 150 combine /kəmˈbaɪn/ v. 结合；兼具；兼做

☐ 同 bind `37频`

☐ 用 combine A with B 使 A 与 B 相结合

☐ 例 Which two molecules **combine** to form a molecule of sucrose? 哪两个分子结合形成一个蔗糖分子？

## 151 **comment** /ˈkɒment/ *v.* 评价，发表意见
### *n.* 评论；批评

`9频`

- ⊕ comment on/upon sth. 对某事发表意见
- ⑩ **Comment** on the ethics of producing transgenic pigs showing the features described. 请对具有上述特征的转基因猪的繁殖进行伦理方面的评论。

## 152 **commercial** /kəˈmɜːʃl/ *adj.* 商业的；商业化的
### *n.* 广告

`11频`

- ⊕ commercial vehicles 商用车辆
- ⑩ Lipase is an enzyme with many **commercial** uses. 脂肪酶是一种具有多种商业用途的酶。

## 153 **common** /ˈkɒmən/ *n.* 共同之处；公用区域
### *adj.* 共同的；常见的

`73频`

- ⊕ share a common interest in photography 在摄影方面兴趣相投
- ⑩ State two features that mitochondria have in **common** with prokaryotes. 请说出线粒体与原核生物的两个共同特征。

## 154 **communication** /kəˌmjuːnɪˈkeɪʃn/ *n.* 交流；传递；通信

`5频`

- ⊕ communication systems 通信系统
- ⑩ Chemicals known as plant hormones or plant growth regulators are responsible for most **communication** within plants. 被称为植物激素或植物生长调节剂的化学物质负责植物内部的大部分交流。

## 155 **compact** /kəmˈpækt/ *adj.* 紧凑的；紧实的；小型的
### *vt.* 把……紧压在一起

`6频`

- ⊕ a compact camera 袖珍照相机
- ⑩ This reagent is thought to assemble DNA into **compact** structures. 有人认为这种试剂可以将DNA组装成紧凑的结构。

## 156 **companion** /kəmˈpænjən/ *n.* 同伴；伙伴

<sub>91 频</sub>

- ⊞ travelling companions 旅伴
- ⑩ Which features of **companion** cells are essential to their function? 伴随细胞的哪些特征是实现其功能所必需的？

## 157 **compare** /kəmˈpeə(r)/ *v.* 比较；与……类似

<sub>120 频</sub>

- ⊞ compare A with B 比较 A 与 B
- ⑩ Which statement correctly **compares** blood plasma and tissue fluid in a healthy person? 下列关于健康人体中血浆和组织液的比较，哪种说法是正确的？

## 158 **competitive** /kəmˈpetətɪv/ *adj.* 竞争的；有竞争力的；一心求胜的

<sub>127 频</sub>

- ⊞ competitive advantage 竞争优势
- ⑩ Which is correct for **competitive** inhibitors of enzymes? 关于竞争性酶抑制剂，哪一项是正确的？

## 159 **complete** /kəmˈpliːt/ *adj.* 完全的；完整的 *vt.* 填写（表格）；完成

<sub>438 频</sub>

- ⊞ complete the questionnaire 填写调查表
- ⑩ Which molecules would result from the **complete** hydrolysis of the peptide? 肽完全水解时会产生哪些分子？

## 160 **complex** /ˈkɒmpleks/ *adj.* 复杂的；费解的 *n.* 建筑群；相关联的一组事物

<sub>40 频</sub>

- ⊞ an industrial complex 工业建筑群
- ⑩ The organism has a very **complex** life cycle as it has two hosts, a human and a mosquito. 这种生物的生命周期非常复杂，因为它有两个寄主：一是人类，二是蚊子。

## 161 **component** /kəm'pəʊnənt/ *n.* 组成部分；部件

48频

- ⊕ car components 汽车零部件
- ⊕ Phospholipids are **components** of cell membranes. 磷脂是细胞膜的组成部分。

## 162 **composition** /ˌkɒmpə'zɪʃn/ *n.* 成分；组合方式；作品

25频

- 同 combination
- ⊕ the chemical composition of soil 土壤的化学成分
- ⊕ The **composition** of cell membranes of plants changes in response to changes in temperature. 植物细胞膜的成分随着温度的变化而变化。

## 163 **compound** /'kɒmpaʊnd/ *n.* 化合物；混合物 *adj.* 复合的

46频

- ⊕ organic compounds 有机化合物
- ⊕ Dinitrophenol (DNP) is a **compound** used as a herbicide. 二硝基苯酚（DNP）是一种用作除草剂的化合物。

## 164 **concentrated** /'kɒnsntreɪtɪd/ *adj.* 浓缩的；集中的

19频

- ⊕ make a concentrated effort to do sth. 全力以赴做某事
- ⊕ These washing liquids are **concentrated** solutions and need to be diluted with water to reach their 'working' concentrations. 这些洗涤液是浓缩溶液，需要用水稀释才能达到它们的"工作"浓度。

## 165 **concentration** /ˌkɒnsn'treɪʃn/ *n.* 浓度；专注；集中

581频

- ⊕ concentration on environmental issues 对环境问题的关注
- ⊕ Each field was irrigated regularly with a different **concentration** of salt solution. 每一块田地都定期用不同浓度的盐溶液灌溉。

## 166 **concerning** /kən'sɜːnɪŋ/ *prep.* 关于，涉及

17 频

- 用 concerning the question 关于这个问题
- 例 Which statement **concerning** transpiration is correct? 以下关于蒸腾作用的说法中哪一项是正确的?

## 167 **conclusion** /kən'kluːʒn/ *n.* 结论；结束；签订

98 频

- 用 draw conclusions from sth. 从某事中得出结论
- 例 Suggest one **conclusion** that can be made from these results. 提出一个可以从这些结果中得出的结论。

## 168 **condense** /kən'dens/ *v.* 浓缩；凝结；压缩

8 频

- 回 concentrated (adj.)
- 用 condense the article into two pages 将文章压缩至两页
- 例 Chromosomes **condense** and the nuclear membrane disappears. 染色体浓缩，核膜消失。

## 169 **condition** /kən'dɪʃn/ *n.* 条件；状态；环境
　　　　　　*vt.* 使适应

70 频

- 回 adjust (v.) , adapt (v.)
- 用 heart condition 心脏病
- 例 The environmental **conditions** for the two species were the same. 这两个物种生存的环境条件是相同的。

## 170 **conduction** /kən'dʌkʃn/ *n.* 传导

34 频

- 用 heat conduction 热传导
- 例 One possible effect of alcohol on the fetus is to change the speed of nerve **conduction**. 酒精可能会影响胎儿的神经传导速度。

## 171 **confidence** /'kɒnfɪdəns/ *n.* 可信程度；信心；信任

50 频

- 用 confidence in sth./sb. 对某事或某人的信任
- 例 State what information is gained by calculating the **confidence** intervals. 请说明通过对置信区间的计算获得了哪些信息。

## 172 confidential /ˌkɒnfɪˈdenʃl/ adj. 机密的；隐秘的

99频

- 用 confidential information 机密情报
- 例 All the data shall be treated as strictly **confidential**. 所有资料均应严格保密。

## 173 confirm /kənˈfɜːm/ vt. 证实，确认；批准

11频

- 用 confirm an appointment 对预约进行确认
- 例 State which statistical test could have been used to **confirm** this conclusion and give a reason for your choice. 请说明哪种统计检验可以用于证实这一结论，并给出你选择这种检验方法的理由。

## 174 connective /kəˈnektɪv/ adj. 连接的
n. 连接词

6频

- 用 connective word 连接字
- 例 Most of the dermis is made of **connective** tissue. 大部分真皮是由结缔组织组成的。

## 175 consequence /ˈkɒnsɪkwəns/ n. 影响，后果；重要性

8频

- 用 in consequence / as a consequence 结果
- 例 Explain the **consequences** of an influx of potassium ions into the cell. 请解释钾离子流入细胞的影响。

## 176 conserve /kənˈsɜːv/ v. 保护；节约
n. 果酱

12频

- 用 conserve energy 节约能源
- 例 List three reasons why it is important to **conserve** endangered plant species. 请列出三个必须保护濒危植物的原因。

## 177 **consider** /kən'sɪdə(r)/ *v.* 认为；思考；考虑

105 频

[用] all things considered 从各方面来看，总而言之

[例] The production of low-nicotine cigarettes and cigars is **considered** a strategy that may reduce the harmful effects of smoking. 生产低尼古丁香烟和雪茄被认为是一种可以减少吸烟有害影响的策略。

## 178 **consist** /kən'sɪst/ *vi.* 由……组成；存在于，在于

380 频

[用] consist in sth. 在于

[例] Some organisms, such as bacteria, **consist** of one cell only. 有些生物（如细菌）只由一个细胞组成。

## 179 **consistent** /kən'sɪstənt/ *adj.* 一致的；持续的

8 频

[用] consistent growth in economy 经济持续增长

[例] Which conclusion is **consistent** with the data shown in the graph? 哪个结论与图中数据一致？

## 180 **constant** /'kɒnstənt/ *adj.* 不变的；不断的 *n.* 常量

76 频

[同] consistent (*adj.*)

[用] equilibrium constant 平衡常数

[例] Why does the concentration of X inside the cell remain **constant** after 150 s? 为什么细胞内的 X 浓度在 150 秒后保持不变？

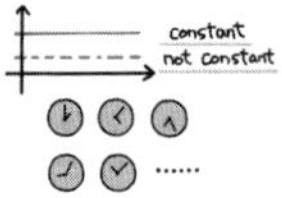


## 181 **constrict** /kən'strɪkt/ *v.* 收缩；限制

5 频

[用] be constricted by rules and regulations 受规章制度的限制

[例] The artery has become **constricted** due to carbon monoxide. 一氧化碳的摄入导致动脉收缩。

## 182 **construct** /kən'strʌkt/ *vt.* 构建；建造；创建 *n.* 构想

5 频

[用] construct a theory 创立一种理论

[例] A woodland ecosystem was investigated and a food web was **constructed**. 研究了一个林地生态系统，并构建了一个食物网。

## 183 consumption /kən'sʌmpʃn/ n. 消耗；消费；（食物、饮料等的）摄入

⊞ reduce alcohol consumption 减少饮酒

25 频

例 The rate of oxygen **consumption** of each lizard was measured when it was at rest and when it was running. 测量每只蜥蜴静止和奔跑时的耗氧率。

## 184 contact /'kɒntækt/ n. 接触；联系；交往　v. 联络

⊞ lose contact with sb. 与某人失去联系

112 频

例 When the indicator came into **contact** with the acid, it changed colour. 指示剂与酸接触时会变色。

## 185 contain /kən'teɪn/ vt. 含有；克制（感情）；防止……蔓延（或恶化）

⊞ contain alcohol 含酒精

201 频

例 The cells in the roots of beetroot plants **contain** a red pigment. 甜菜根部的细胞含有一种红色素。

## 186 container /kən'teɪnə(r)/ n. 容器；集装箱

41 频

⊞ container ship 集装箱船

例 Equal volumes of five concentrations of sodium chloride solution were placed into five **containers**. 将等量的五种浓度的氯化钠溶液放入五个容器中。

## 187 contaminate /kən'tæmɪneɪt/ vt. 污染；玷污，腐蚀

24 频

⊞ contaminate food 污染食物

例 A sample of tree sap, rich in sugars, was found to be **contaminated** with yeast. 发现一份富含糖分的树液样本被酵母污染。

## 188 content /ˈkɒntent/ n. 含量；内容；目录

61 频

- 用 food with a high fat content 脂肪含量高的食物
- 例 The students also collected samples of soil at different distances from the pond edge and estimated the water **content**. 同学们还在距池塘边缘不同距离处采集了土壤样本，并对含水量进行了估计。

## 189 continue /kənˈtɪnjuː/ v. 持续；继续；留任

55 频

- 用 continue doing sth. 继续 / 持续做某事
- 例 Some cells have too many growth factor receptors on their surface and so the cells **continue** to divide, forming a tumour. 有些细胞表面有太多生长因子受体，因此细胞持续分裂，形成肿瘤。

## 190 continuous /kənˈtɪnjuəs/ adj. 连续的；延伸的；（语法）进行式的

28 频

- 同 constant
- 用 a continuous line of boats 一排船只
- 例 Mycoprotein is produced using a **continuous** culture method. 霉菌蛋白是通过连续培养的方法生产的。

## 191 continuously /kənˈtɪnjuəsli/ adv. 连续不断地，反复地

5 频

- 用 stir continuously 连续搅拌
- 例 Embryonic stem cells are able to replicate **continuously**. 胚胎干细胞能够连续不断地复制。

## 192 contract /kənˈtrækt/ v. 收缩；感染（疾病）；与……签约

/ˈkɒntrækt/ n. 合同

31 频

- 同 constrict (v.)
- 用 enter into a contract with sb. 与某人签订合同
- 例 Which statement explains why the ventricles **contract** after the atria? 下列哪项说法能解释心室在心房之后收缩？

## 193 contribute /kənˈtrɪbjuːt/ v. 是导致……的原因之一，促使；捐献

39频

- ⊕ contribute A to B 向 B 捐献 A
- ⑩ Which factor might have **contributed** to the spread of HIV/AIDS? 哪个因素有可能导致了艾滋病毒/艾滋病的传播？

## 194 control /kənˈtrəʊl/ vt. 控制
n. 控制；约束；控制权

228频

- ⊕ traffic control 交通管制
- ⑩ Fungi that grow on crops are **controlled** with fungicides. 生长在农作物上的真菌是通过杀菌剂进行控制的。

## 195 conventional /kənˈvenʃənl/ adj. 常规的；传统的；依照惯例的

5频

- ⊕ conventional morality 传统道德规范
- ⑩ Suggest advantages of using TENS for pain relief instead of more **conventional** treatment. 请说出用经皮电刺激神经疗法代替传统疗法缓解疼痛的优势。

## 196 conversion /kənˈvɜːʃn/ n. 转化，转变；皈依

10频

- ⊕ conversion into/to... 转换为……
- ⑩ Catalase is an enzyme that catalyses the **conversion** of hydrogen peroxide into water and oxygen. 过氧化氢酶是一种将过氧化氢催化转化为水和氧气的酶。

## 197 correlation /ˌkɒrəˈleɪʃn/ n. 关联，相关性

35频

- ⊕ Spearman's rank correlation 斯皮尔曼等级相关
- ⑩ It was epidemiologists who discovered the **correlation** between lung cancer and cigarette smoking. 是流行病学家发现了肺癌和吸烟之间的关联。

## 198 **correspond** /ˌkɒrəˈspɒnd/ *vi.* 相对应，符合；相当于

5频

- 🔁 correspond to/with sth. 与某事相符
- 📝 Which points on the curves **correspond** to the percentage saturation of haemoglobin at the lungs and at the liver? 曲线上的哪些点与肺部和肝脏的血红蛋白饱和度百分比相对应？

## 199 **cover** /ˈkʌvə(r)/ *v.* 覆盖；包含
*n.* 覆盖物；掩护

109频

- 🔁 contain (v.)
- 🔁 under the cover of sth. 在某物的保护下
- 📝 Some pathogens are **covered** in cell surface membranes from their host. 有些病原体覆盖在寄主的细胞表膜上。

## 200 **critical** /ˈkrɪtɪkl/ *adj.* 临界的；极重要的；批判性的

30频

- 🔁 critical factor 关键因素
- 📝 The probability for each value was found using the **critical** values from a probability table. 每个值的概率是通过概率表中的临界值找到的。

## 201 **critically** /ˈkrɪtɪkli/ *adv.* 极度地；严重地；批判地

10频

- 🔁 a critically important moment 至关重要的一刻
- 📝 The Sumatran tiger is categorised as **critically** endangered on the IUCN Red List. 苏门答腊虎在世界自然保护联盟红色名录上被列为极度濒危物种。

## 202 **cube** /kjuːb/ *n.* 立方形的东西；立方体；三次幂
*vt.* 把（食物）切成小方块

46频

- 🔁 sugar cubes 方糖
- 📝 1 cm$^3$ **cubes** were cut from beetroot tissue and washed in running water for 20 minutes to remove any pigment released from damaged cells. 从甜菜根部组织中切下1立方厘米的方块，在自来水中冲洗20分钟，以去除受损细胞释放的色素。

**203  cull** /kʌl/ *vt. & n.* 选择性捕杀（为防止动物种群量过多而杀掉其中一定数量）

8频

- 用 cull A from B 从 B 中挑选出 A
- 例 One method used to conserve red squirrels on an island involved **culling** all the grey squirrels. 有一种保护岛上红松鼠的方法是捕杀掉所有的灰松鼠。

**204  cultivation** /ˌkʌltɪˈveɪʃn/ *n.* 种植；培养

11频

- 用 the cultivation of a good relationship 良好关系的培养
- 例 The **cultivation** of wheat requires fertile lands. 小麦的种植需要肥沃的土地。

**205  culture** /ˈkʌltʃə(r)/ *n.* 培养物；培植；文化
　　　　*vt.* 培养

116频

- 用 popular culture 大众文化
- 例 The cells in the **culture** were fed every two days with fresh amino acid solution. 每隔一天给培养物中的细胞添加一次新鲜的氨基酸溶液。

**206  cure** /kjʊə(r)/ *vt.* 治愈；解决；矫正
　　　　*n.* 疗法

6频

- 用 cure the environmental problems 解决环境问题
- 例 Which diseases can be **cured** by the use of antibiotics? 哪些疾病可以通过抗生素治愈？

**207  current** /ˈkʌrənt/ *n.* 电流；水流
　　　　*adj.* 现在的；流行的

5频

- 用 ocean currents 洋流
- 例 A direct **current** is passed continuously through the gel. 直流电连续通过凝胶。

208 **cut** /kʌt/ v. 切；修剪；削减

n. 伤口

142 频

☐ 🟤 cut the taxes 减税

☐ 🟠 **Cut** the ends off each piece of plant tissue. 切下每一块植物组

☐ 织的末端。

209 **cylinder** /ˈsɪlɪndə(r)/ n. 圆柱体；（发动机的）气缸

30 频

☐ 🟤 gas cylinder 气罐

☐ 🟠 Each **cylinder** of potato tissue must be cut to the same length.

☐ 每个圆柱形的土豆组织必须切成相同的长度。

# D

扫一扫
听本节音频

---

210 **damage** /ˈdæmɪdʒ/ *v.* 破坏

*n.* 破坏；损失；损失赔偿金

61 频

- ⓘ break (*v.*)
- ⓤ fire damage 火灾损失
- ⓔ High temperature can **damage** cell membranes. 高温会破坏细胞膜。

---

211 **damp** /dæmp/ *adj.* 潮湿的

*n.* 湿气；潮湿

7 频

- ⓤ damp cloth 湿布
- ⓔ Cover with a **damp** paper towel to prevent the sample from drying out. 用湿纸巾盖住，以防样品变干。

---

212 **darkness** /ˈdɑːknəs/ *n.* 黑暗；暗色

6 频

- ⓤ in the darkness 在黑暗中
- ⓔ These eyeless cavefish live in caves that are in total **darkness**. 这些盲眼洞穴鱼生活在完全黑暗的洞穴里。

---

213 **data** /ˈdeɪtə/ *n.* 数据；材料；资料

304 频

- ⓤ data analysis 数据分析
- ⓔ The medical researchers made two conclusions based on the **data** shown in the table. 医学研究人员根据表中的数据得出了两个结论。

---

214 **death** /deθ/ *n.* 死亡；灭亡，毁灭

41 频

- ⓤ the death of plans 计划的毁灭
- ⓔ Suggest how saxitoxin results in the **death** of a whale. 请说明石房蛤毒素是如何导致鲸鱼死亡的。

---

第一部分 通用词汇 A to Z | 43

## 215 **debt** /det/ *n.* 债务；负债（状态）；人情

10频

- 🔁 a country's foreign debt 一个国家的外债
- 📝 The researchers also measured the oxygen **debt** that was built up when a lizard was running. 研究人员还测量了蜥蜴奔跑时累积的氧负债。

## 216 **decay** /dɪˈkeɪ/ *v.* & *n.* 腐烂，腐朽；衰败

6频

- 🔁 tooth decay 蛀牙
- 📝 Some fungi may cause food **decay**. 有些真菌可能导致食物腐烂。

## 217 **decimal** /ˈdesɪml/ *adj.* 小数的；十进位的
### *n.* 小数

14频

- 🔁 decimal system 十进制
- 📝 Give your answer to 2 **decimal** places. 答案精确至小数点后两位。

## 218 **decrease** /dɪˈkriːs/ *n.* & *v.* 降低，减少

128频

- 🔁 decrease in sales 销量的减少
- 📝 Explain the increase in the length of the cells following the **decrease** in pH of the cell walls. 请解释细胞壁 pH 值降低后细胞长度增加的原因。

## 219 **deduct** /dɪˈdʌkt/ *vt.* 扣除，减去

61频

- 🔁 deduct sth. from sth. （从总量中）扣除，减去
- 📝 A mark will not be **deducted** for a wrong answer. 答错不扣分。

## 220 **defect** /ˈdiːfekt/ *n.* 缺陷，缺点
### /dɪˈfekt/ *v.* 背叛，倒戈

6频

- 🔁 hearing defect 听力缺陷
- 📝 What effect would this **defect** have on the blood circulatory system? 这种缺陷会对血液循环系统造成什么影响？

## 221 **defence** /dɪˈfens/ *n.* 防御；辩护；防守

12频

- 用 the Ministry of Defence 国防部
- 例 Which statement concerning the **defence** in the body against infectious disease is not correct? 关于身体对传染病的防御，哪种说法是不正确的？

## 222 **deficiency** /dɪˈfɪʃnsi/ *n.* 缺乏；缺点；不足额

9频

- 近 defect
- 用 vitamin deficiency 维生素的缺乏
- 例 Plants need phosphates and a **deficiency** inhibits cell division and root growth. 植物需要磷酸盐，缺乏磷酸盐会抑制细胞分裂和根的生长。

## 223 **define** /dɪˈfaɪn/ *vt.* 解释（词语）的含义；阐明；界定

16频

- 近 account
- 用 define the term 解释术语
- 例 **Define** the term *ecosystem*. 请解释"生态系统"的含义。

## 224 **degrade** /dɪˈɡreɪd/ *v.* 降解；使退化；侮辱……的人格

8频

- 用 degrade the environment 使环境退化
- 例 These chemicals quickly **degrade** into harmless compounds. 这些化学物质很快就会降解成无害的化合物。

## 225 **delay** /dɪˈleɪ/ *v.* 推迟，延缓
*n.* 推迟的时间；延迟

5频

- 用 a delay of two hours 两小时的延迟
- 例 Many couples are **delaying** having their first child. 许多夫妻推迟了生育第一胎的时间。

## 226 **deliver** /dɪˈlɪvə(r)/ *vt.* 输送；交付；发表（讲话）

7频

- 用 deliver a speech 发表讲话
- 例 Compared to when they were non-smokers, the ability of people who smoke tobacco to **deliver** oxygen to their body tissues is

reduced. 与不吸烟时相比，吸烟的人向身体组织输送氧气的能力有所降低。

## 227 **demonstrate** /'demənstreɪt/ v. 证明；表现；示威游行

12频

☐ ⊕ demonstrate against the war 进行反战示威游行
☐ ⊕ Which observations **demonstrate** that they carried out the correct tests? 哪些观察结果证明他们的测试是正确的？
☐

## 228 **dependent** /dɪ'pendənt/ adj. 取决于……的；依靠的；有瘾的

164频

☐ ⊕ be dependent on sth. 取决于某事（物）；对某事（物）有瘾
☐
☐ ⊕ Identify the independent and **dependent** variables in this investigation. 说出该项调研的自变量和因变量。

## 229 **deposit** /dɪ'pɒzɪt/ n. 沉淀物，沉积物；存款 vt. 使沉积

12频

☐ ⊕ coal deposits 煤藏
☐ ⊕ The enzyme lysozyme secreted from tear glands forms **deposits** on contact lenses. 泪腺分泌的溶菌酶在隐形眼镜上形成沉淀物。
☐

## 230 **depth** /depθ/ n. 深度；（颜色的）浓度；（感情的）深厚

50频

☐ ⊕ in depth 深入地，详细地
☐ ⊕ Samples were taken at different **depths** of soil. 样本是从不同的土壤深度采集的。
☐

## 231 **derive** /dɪ'raɪv/ v. 源于；获得

7频

☐ 同 acquire
☐ ⊕ derive pleasure from painting 从绘画中获得乐趣
☐

例 Restriction enzyme is originally **derived** from bacteria. 限制性内切酶最初来源于细菌。

232 **describe** /dɪ'skraɪb/ *vt.* 描述；称为；形成……形状

998频

用 describe A as B 把 A 称为 B

例 **Describe** the structure of a nucleus. 请描述细胞核的结构。

233 **design** /dɪ'zaɪn/ *n.* 设计；意图
　　　　　　　　　　 *v.* 设计；筹划

5频

用 computer-aided design 计算机辅助设计

例 State how this experimental **design** helps to ensure the reliability of the results. 请说明此实验设计对结果的可靠性有什么样的帮助。

234 **desire** /dɪ'zaɪə(r)/ *v.* 渴望，期望
　　　　　　　　　　 *n.* 愿望；欲望

5频

用 the desire for sth. 对某事或某物的渴望

例 Explain why, in gene technology, a promoter needs to be transferred along with the **desired** gene. 请解释为什么在基因技术中启动子需要与目的基因一起转移。

235 **destroy** /dɪ'strɔɪ/ *vt.* 消灭；摧毁，破坏

9频

用 break, damage

用 destroy vitamin C 破坏维生素 C

例 A cell structure in the macrophage **destroys** bacteria. 巨噬细胞中的细胞结构可以消灭细菌。

236 **detail** /'diːteɪl/ *n.* 细节
　　　　　　　　 *vt.* 详述；派遣

14频

用 go into details 详细叙述，逐一说明

例 The inner and outer membranes of the mitochondrion differ in the **detail** of their membrane components. 线粒体的内膜和外膜在膜成分上有些细节不同。

## 237 **detect** /dɪˈtekt/ *vt.* 查出，发现；发觉

17 频

- 用 detect tumours 检测肿瘤
- 例 Glucose in urine can be **detected** using a biochemical test. 尿液中的葡萄糖可用生化测试进行检测。

## 238 **determine** /dɪˈtɜːmɪn/ *vt.* 确定；决定；是……的决定因素

91 频

- 用 determine the cause 查明原因
- 例 A test cross is used to **determine** the genotype of an organism. 测交用于确定生物的基因型。

## 239 **develop** /dɪˈveləp/ *v.* 患（病）；发展；开发

71 频

- 用 develop new software 开发新软件
- 例 Some people who move to live at high altitudes can **develop** chronic mountain sickness. 搬到高海拔地区居住的人可能会患上慢性高原病。

## 240 **deviation** /ˌdiːviˈeɪʃn/ *n.* 偏差；违背，离经叛道

36 频

- 用 a deviation from the plan 违背计划
- 例 Explain why the investigators calculated the standard **deviation** of the results for each person. 请解释为什么研究人员要对每个人的结果都计算标准差。

## 241 **diagnosis** /ˌdaɪəɡˈnəʊsɪs/ *n.* 诊断；（问题原因的）判断

13 频

- 用 diagnosis of lung cancer 确诊肺癌
- 例 Explain the advantages of the use of monoclonal antibodies, compared with conventional methods, in the **diagnosis** of disease. 请解释与传统方法相比，用单克隆抗体进行疾病诊断的优势。

### 242 **diagram** /ˈdaɪəɡræm/ *n.* 示意图，简图，图表

☐ ⊕ circuit diagram 电路图

686 频

☐ ⊕ The **diagram** shows a cell of an organism formed by reduction
☐    division. 该图展示了通过还原分裂所形成的生物细胞。

### 243 **dietary** /ˈdaɪətəri/ *adj.* 膳食中的；有关饮食的

☐ ⊕ dietary habits 饮食习惯

5 频

☐ ⊕ Lipase is a digestive enzyme produced by the pancreas that
☐    catalyses the hydrolysis of **dietary** lipids. 脂肪酶是一种由胰腺
   分泌的消化酶，能催化膳食脂肪的水解。

### 244 **differ** /ˈdɪfə(r)/ *vi.* 不同；持不同看法

☐ ⊕ A differs from B A 与 B 不同

31 频

☐ ⊕ Explain how the structure of mRNA **differs** from the structure
☐    of DNA. 请解释 mRNA 的结构与 DNA 的结构有何不同。

### 245 **dimension** /daɪˈmenʃn/ *n.* 大小；程度；方面

☐ ⊜ aspect

6 频

☐ ⊕ political dimension to environmental
☐    issues 环境问题的政治因素
☐ ⊕ The **dimensions** of viruses are usually
   stated in nanometres (nm). 病毒的大小通
   常以纳米（nm）表示。

### 246 **dioxide** /daɪˈɒksaɪd/ *n.* 二氧化物

☐ ⊕ sulfur dioxide 二氧化硫

431 频

☐ ⊕ Describe the role of carbonic anhydrase in the transport of
☐    carbon **dioxide**. 请描述碳酸酐酶在二氧化碳运输中的作用。

### 247 **dip** /dɪp/ *v.* 浸；下沉
                     *n.* 药浴液；（暂时的）下降

17 频

☐ ⊕ dip A into B 将 A 浸入 B 中
☐ ⊕ Rinse the outside of the dialysis tubing by **dipping** it into the

water in the container labelled V. 将透析管浸入V容器的水中，
清洗透析管外壁。

**248  direction** /daɪ'rekʃn/ *n.* 方向；趋势；目标

63 频

- ☐ 🅱 under the direction of sb. 在某人的指导下
- ☐ 🅴 The arrows show the **direction** of blood flow in the vessels. 箭
- ☐ 头表示血管中血液流动的方向。

**249  disc** /dɪsk/ *n.* 圆盘；（计算机）磁盘；椎间盘

30 频

- ☐ 🅱 slip a disc 椎间盘错位
- ☐ 🅴 A circular **disc** of pink colour appeared and spread through the
- ☐ agar. 粉红色圆盘状物体形成，并在琼脂中扩散开来。

**250  disclosure** /dɪs'kləʊʒə(r)/ *n.* 披露，揭露

172 频

- ☐ 🅱 information disclosure 信息披露
- ☐ 🅴 Any public **disclosure** of this information would be very
- ☐ damaging to the company. 以任何形式公开披露此信息都会对
- 公司造成很大损失。

**251  discontinue** /ˌdɪskən'tɪnjuː/ *vt.* 停止，终止

6 频

- ☐ 🅱 discontinue the treatment 终止治疗
- ☐ 🅴 In 2005, the newer insecticide, deltamethrin, was used instead
- ☐ and the use of malathion was **discontinued**. 2005 年，人们改
- 用新型杀虫剂溴氰菊酯，不再使用马拉硫磷。

**252  discover** /dɪ'skʌvə(r)/ *vt.* 发现；查明；发掘（人才）

15 频

- ☐ 🅳 detect
- ☐ 🅱 the first European to discover America 第一个发现美洲大陆的
- ☐ 欧洲人
- 🅴 In 2013, the Pandoravirus was **discovered** which has a
- diameter of approximately 1,000 nm. 2013 年，发现了直径约
- 为 1,000 纳米的潘多拉病毒。

## 253 **discuss** /dɪˈskʌs/ *vt.* 论述，详述；讨论

- 圓 detail
- 用 discuss sth. with sb. 与某人讨论某事
- 例 **Discuss** the potential advantages of growing genetically modified crops. 请论述种植转基因作物的潜在优势。

## 254 **dish** /dɪʃ/ *n.* 培养皿；盘；菜肴

52 频

- 用 glass dish 玻璃盘
- 例 Each Petri **dish** was covered by a lid. 每个皮氏培养皿都盖着一个盖子。

## 255 **disorder** /dɪsˈɔːdə(r)/ *n.* 疾病；混乱；骚乱

12 频

- 用 public disorder 公众骚乱
- 例 Some genetic **disorders** can be treated with gene therapy. 某些遗传病可以通过基因疗法进行治疗。

## 256 **displace** /dɪsˈpleɪs/ *vt.* 置换；迫使（某人）离开家园；移动

6 频

- 用 be displaced by 被……所取代
- 例 Which substances could **displace** oxygen from oxyhaemoglobin? 哪些物质可以置换氧合血红蛋白中的氧？

## 257 **display** /dɪˈspleɪ/ *vt.* 表现；展示
*n.* 展览；表演

5 频

- 圓 demonstrate [*vt.*]
- 用 window display 橱窗陈列
- 例 Half of the islanders **displayed** symptoms of asthma. 一半的岛上居民表现出哮喘症状。

**258 dissociate** /dɪˈsəʊsɪeɪt/ *v.* 解离；分离；表明与……
没有关系

5频

- ⊕ dissociate A from B 将 A 与 B 分开；声明 A 与 B 没有关系
- ⑩ When oxyhaemoglobin reaches respiring tissues, it **dissociates** to release oxygen. 氧合血红蛋白到达呼吸组织时会发生解离，释放氧气。

**259 dissolve** /dɪˈzɒlv/ *v.* 溶解；解除；消散

6频

- ⊕ dissolve in sth. 溶解于某物中
- ⑩ The water potential of a solution depends on both the concentration and the type of molecule **dissolved**. 溶液的水势取决于溶解分子的浓度和类型。

**260 distilled** /dɪsˈtɪld/ *adj.* 由蒸馏得来的

166频

- ⊕ distilled product 蒸馏物
- ⑩ Put some **distilled** water in another tube. 往另一个试管中放入一些蒸馏水。

**261 distinct** /dɪˈstɪŋkt/ *adj.* 不同种类的；明显的；确定
无疑的

14频

- ⊕ a distinct advantage 明显的优势
- ⑩ Explain how these animals could evolve into two **distinct** species. 请解释这些动物是如何进化成两个不同的物种的。

**262 distinguish** /dɪˈstɪŋgwɪʃ/ *v.* 区分；使有别于；使
出众

16频

- ◎ differ
- ⊕ distinguish between A and B 区分 A 和 B
- ⑩ Which feature **distinguishes** starch from glycogen? 淀粉和糖原有什么区别？

## 263 **distribution** /ˌdɪstrɪˈbjuːʃn/ *n.* 分布；分发；分销

- 用 the distribution of wealth 财富分配
- 例 The figure shows the worldwide **distribution** of malaria. 该图显示了疟疾在全球的分布情况。

41频

## 264 **divergence** /daɪˈvɜːdʒəns/ *n.* 差异；分歧

- 用 substantial divergence of opinion 重大意见分歧
- 例 Suggest why there is more **divergence** in some regions of DNA than in others. 说明为什么DNA某些区域的差异比其他区域多。

6频

## 265 **division** /dɪˈvɪʒn/ *n.* 分裂；分歧；部门

- 同 divergence
- 用 divisions between rich and poor 贫富差异
- 例 Which are features of nuclear **division**? 核分裂有哪些特点？

159频

## 266 **domestic** /dəˈmestɪk/ *adj.* 家的，驯养的；国内的 *n.* 家佣

- 用 domestic flights 国内航班
- 例 A variety of **domestic** cat does not have a tail. 许多家猫没有尾巴。

17频

## 267 **dormant** /ˈdɔːmənt/ *adj.* 休眠的；蛰伏的

- 用 dormant volcano 休眠火山
- 例 HIV can remain in a **dormant** state within infected immune system cells for many years. 艾滋病病毒可以在被感染的免疫系统细胞内保持多年的休眠状态。

10频

## 268 **dosage** /ˈdəʊsɪdʒ/ *n.* 剂量

- 用 a high/low dosage 大/小剂量
- 例 Do not exceed the recommended **dosage**. 请勿超过推荐剂量。

8频

**269** **dose** /dəʊs/ *n.* 一剂；一次；一份

　　　　　　　　　*vt.* 给……服药

- ☐ 搭 a lethal dose 致死剂量
- ☐ 例 People who have swallowed ethylene glycol are treated with large **doses** of ethanol. 吞食乙二醇需要通过大剂量的乙醇进行治疗。

**270** **drain** /dreɪn/ *v.* 排出；消退

　　　　　　　　　*n.* 下水道；消耗

10 频

- ☐ 近 consumption (*n.*)
- ☐ 搭 a drain on sth. 对某物的消耗
- ☐ 例 Explain why crop yields are often significantly reduced even after the flood water has **drained** away. 请解释为什么即使在洪水排光后，农作物的产量仍然经常会大幅下降。

**271** **droplet** /ˈdrɒplət/ *n.* 小滴

10 频

- ☐ 搭 droplets of sweat 汗珠
- ☐ 例 **Droplets** of water form at the edge of leaves of plants growing in conditions of soil with high water content and air with high humidity. 在含水量高的土壤和空气湿度高的环境中生长的植物，其叶片边缘会有水滴形成。

**272** **drought** /draʊt/ *n.* 干旱；旱灾，久旱

11 频

- ☐ 搭 two years of severe drought 两年的严重旱灾
- ☐ 例 Suggest which of the three species of fruit tree has been described as 'drought-resistant' and would be economical to grow in areas where water is scarce. 请说出这三种果树中哪一种被称为"抗旱"植物并且在缺水地区种植更经济。

**273** **dry** /draɪ/ *adj.* 干旱的；干燥的；枯燥的

　　　　　　　　*v.* （使）变干

9 频

- ☐ 搭 the dry season 旱季
- ☐ 例 Both sorghum and maize are important food crops in **dry** regions of the world. 高粱和玉米都是干旱地区的重要粮食作物。

# E

扫一扫
听本节音频

274 **ebony** /'ebəni/ *adj.* 乌黑的
n. 乌木；黑檀

**⊕** an ebony carving 一件乌木雕刻 ⟨21 频⟩

**例** One of the mutant variations of fruit fly has an **ebony**-coloured body. 有一种突变型果蝇的体色为乌黑色。

275 **elastic** /ɪ'læstɪk/ *adj.* 有弹力的；灵活的
n. 橡皮圈（或带），松紧带

**⊕** elastic materials 弹性材料 ⟨69 频⟩

**例** The large arteries close to the heart have a thick **elastic** layer in their walls. 靠近心脏的大动脉管壁上有一层厚厚的弹力层。

276 **elasticity** /ˌiːlæ'stɪsəti/ *n.* 弹性，弹力；灵活性

**⊕** the skin's elasticity 皮肤弹性 ⟨5 频⟩

**例** The protein glutenin gives bread dough its **elasticity**. 麦谷蛋白使面团富有弹性。

277 **embed** /ɪm'bed/ *vt.* 使嵌入；使根植于

**⊕** embed A into B 把 A 嵌入 B 中 ⟨6 频⟩

**例** Proteins that are found **embedded** within the membrane are called intrinsic proteins (or integral proteins). 嵌入膜中的蛋白质称为内在蛋白（或整合蛋白）。

278 **emergent** /ɪ'mɜːdʒənt/ *adj.* 突出的；新生的，处于发展初期的

6 频

[用] emergent nations 新兴民族

[例] The tallest trees are known as **emergent** trees. 最高的树被称为突出树。

279 **emulsion** /ɪ'mʌlʃn/ *n.* 乳化液；（照相）乳胶

28 频

[用] emulsion paint 乳胶漆

[例] The **emulsion** test is used to detect the presence of lipids in a sample. 乳化试验用于检测样品中脂质的存在。

280 **enable** /ɪ'neɪbl/ *vt.* 使实现，使能够，使可行

34 频

[同] allow

[用] enable sb. to do sth. 使某人能够做某事

[例] Outline how a microarray **enables** the detection of particular alleles. 请概述微阵列如何实现特定等位基因的检测。

281 **enclose** /ɪn'kləʊz/ *vt.* 包裹，围住；附上

7 频

[用] be enclosed with sth. 被某物围住

[例] Inside a cell, a damaged mitochondrion can be surrounded and **enclosed** by a membrane to form a vesicle. 在细胞内部，受损的线粒体可以被一层膜包裹住，形成囊泡。

282 **endangered** /ɪn'deɪndʒəd/ *adj.* 濒危的

73 频

[用] endangered plants 濒危植物

[例] Suggest reasons why black-footed ferrets are an **endangered** species but American badgers are not. 请说明为什么黑脚雪貂是濒危物种，而美洲獾不是。

283 **enhance** /ɪn'hɑːns/ *vt.* 提高；增强，增进

7 频

[同] amplify

[用] enhance one's reputation 提高某人声誉

[例] Describe how the vitamin A content of rice can be **enhanced** by genetic modification. 请描述如何通过基因改造提高大米的维生素 A 含量。

## 284 enlarge /ɪnˈlɑːdʒ/ v. 扩大；放大（照片）；细说

9频

- ☐ 同 amplify
- ☐ 用 enlarge on/upon sth. 详述某事
- ☐ 例 Tar in cigarette smoke stimulates goblet cells and mucous glands to **enlarge** and secrete more mucus. 香烟烟雾中的焦油会对杯状细胞和黏液腺造成刺激，使其扩大，并分泌出更多的黏液。

## 285 equal /ˈiːkwəl/ adj. 相同的；平等的
v. 等于；导致

86频

- ☐ 用 be equal to sth. 与某物相等
- ☐ 例 A sample of urine is put into a test-tube and an **equal** volume of reagent X is added. 将尿样放入试管，加入等量的试剂 X。

## 286 equation /ɪˈkweɪʒn/ n. 方程式；同等看待；（多种因素的）平衡

24频

- ☐ 用 chemical equation 化学方程式
- ☐ 例 The **equation** shows a reversible reaction. 该方程式表示的是一个可逆反应。

## 287 equator /ɪˈkweɪtə(r)/ n. 赤道板；赤道

13频

- ☐ 用 near the equator 赤道附近
- ☐ 例 Chromatids line up on the **equator** of the cell. 染色单体排列在细胞的赤道板上。

## 288 essential /ɪˈsenʃl/ adj. 必不可少的；根本的
n. 必需品；基本知识

23频

- ☐ 同 critical (adj.)
- ☐ 用 be essential to/for sth. 对某事而言必不可少的
- ☐ 例 Chromosome telomeres are **essential** for DNA replication. 染色体端粒对 DNA 复制而言是必不可少的。

## 289 establish /ɪˈstæblɪʃ/ vt. 建立；确立；查实

8 频

- ⊕ establish the cause of the accident 确定事故发生的原因
- ⑩ Explain why countries that have **established** vaccination programmes still have cases of measles. 请解释为什么已经建立疫苗接种方案的国家仍然有麻疹病例。

## 290 estimate /ˈestɪmeɪt/ vt. 估计，估算
### /ˈestɪmət/ n. 估计，估算

205 频

- 🔲 assess (vt.)
- ⊕ make an estimate of... 对……进行估算
- ⑩ In 2014, the World Health Organization (WHO) **estimated** that 3,200 million people were at risk of malaria. 2014 年，世界卫生组织（WHO）估计有 32 亿人有罹患疟疾的风险。

## 291 ethical /ˈeθɪkl/ adj. 伦理的，道德的；合乎道德的

9 频

- ⊕ ethical issues 道德问题
- ⑩ Discuss the **ethical** and social considerations of gene testing embryos for genetic diseases. 关于针对遗传病对胚胎进行基因测试的伦理和社会问题，请论述你的看法。

## 292 evaluation /ɪˌvæljuˈeɪʃn/ n. 评估，评价

61 频

- ⊕ price evaluation 价格评估
- ⑩ **Evaluation** of this new treatment cannot take place until all the data has been collected. 在全面收集到所有相关数据之前，不能对这种新的药物治疗方案进行评估。

## 293 eventually /ɪˈventʃuəli/ adv. 最终；终于

15 频

- ⊕ succeed eventually 最终成功
- ⑩ Enzyme molecules in cells **eventually** stop working and are broken down. 细胞中的酶分子最终停止工作并被分解。

## 294 **evidence** /'evɪdəns/ *n.* 依据，证据
*vt.* 证明

- 同 certificate (*v.*)
- 用 evidence of/for sth. 某事的证据
- 例 Discuss the **evidence** linking tobacco smoking to disease and early death. 请说明吸烟导致疾病和早逝的依据。

## 295 **evolution** /ˌiːvəˈluːʃn/ *n.* 进化；放出，析出

- 用 theory of evolution 进化论
- 例 Explain how variation and natural selection may have brought about the **evolution** of the woolly mammoth from the steppe mammoth. 请解释变异和自然选择是如何导致草原猛犸象进化成长毛象的。

## 296 **examine** /ɪɡˈzæmɪn/ *v.* 研究；检查；审问

- 用 examine the wording 检查措辞
- 例 A student **examined** the cells in the growing region (meristem) of an onion root and obtained the data below. 一名学生对洋葱根部生长区域（分生组织）中的细胞进行了研究，并获得了以下数据。

## 297 **excess** /ɪkˈses/ *n.* 过量；超过
/'ekses/ *adj.* 超额的；额外的

- 用 in excess of £20,000 超过两万英镑
- 例 An enzyme was added to a small **excess** of its substrate. 将一种酶添加到稍微过量的底物中。

## 298 **exchange** /ɪks'tʃeɪndʒ/ *v. & n.* 交换；交流

154频

- ☐ 🔵 communication (n.)
- ☐ 🔷 exchange A for B 把 A 换成 B
- ☐ 🔶 Which components of the human gas **exchange** system help to reduce the effects of carcinogens in tar? 人体气体交换系统的哪些组成部分有助于降低焦油中致癌物的影响？

## 299 **expansion** /ɪk'spænʃn/ *n.* 扩张，膨胀；发展

7频

- ☐ 🔵 develop (v.)
- ☐ 🔷 economic expansion 经济发展
- ☐ 🔶 The pulse is the regular **expansion** of arteries, caused by blood surging through at high pressure each time the ventricles contract. 脉搏是动脉的规律性扩张，每次心室收缩时，血液在高压下涌动，引起脉搏。

## 300 **expectancy** /ɪk'spektənsi/ *n.* 预期；期待

10频

- ☐ 🔷 life expectancy 预期寿命
- ☐ 🔶 The average life **expectancy** in South Africa dropped from 65 to 55 during 1995-1999. 在 1995 年至 1999 年期间，南非的平均预期寿命从 65 岁下降到 55 岁。

## 301 **explanation** /ˌeksplə'neɪʃn/ *n.* 解释，说明；说明性文字

110频

- ☐ 🔵 account (n. & v.)
- ☐ 🔷 explanation for sth. 对某事的解释
- ☐ 🔶 Suggest an **explanation** for the higher rates of oxygen uptake of the small mammal at the low temperatures. 请解释这种小型哺乳动物在低温下摄氧率较高的原因。

302 **expose** /ɪkˈspəʊz/ *vt.* 使暴露；揭露；使遭受（危险或不快）

99频

- 同 disclosure (*n.*)
- 用 be exposed to danger 置于危险中
- 例 A scientist **exposed** three groups of cells, *X*, *Y* and *Z*, to different conditions. 一位科学家将三组细胞 *X*、*Y* 和 *Z* 置于不同的条件下。

303 **expression** /ɪkˈspreʃn/ *n.* 表达；表达式；神情

43频

- 用 freedom of expression 言论自由
- 例 Explain the role of transcription factors in gene **expression** in eukaryotic cells. 请解释转录因子在真核细胞基因表达中的作用。

304 **extensive** /ɪkˈstensɪv/ *adj.* 大量的；广阔的；广泛的

7频

- 同 abundance (*n.*)
- 用 extensive research 广泛研究
- 例 Which animal cells would have the most **extensive** Golgi bodies? 以下哪种动物细胞中的高尔基体最多？

305 **external** /ɪkˈstɜːnl/ *adj.* 外部的；外来的；对外的

30频

- 用 external debt 外债
- 例 The diagram is an **external** view of the mammalian heart and the associated blood vessels. 这张图是哺乳动物心脏和相关血管的外部视图。

306 **extract** /ˈekstrækt/ *vt.* 提取；选取
　　　　　　　　　　　　*n.* 摘录；提取物

129频

- 用 extract A from B 从 B 中提取 A
- 例 The DNA of some of these bacteria was **extracted** and analysed. 对其中一些细菌的 DNA 进行了提取和分析。

# F

---

**307 fabric** /ˈfæbrɪk/ *n.* 布料；织物；结构

6频

- ⊕ cotton fabric 棉织物
- ⊚ The **fabric** pieces were then allowed to dry. 然后让这些布片晾干。

**308 factor** /ˈfæktə(r)/ *n.* 因素；倍数；系数

162频

- ⊕ deciding factor 决定性因素
- ⊚ Opening and closing of stomata is influenced by a number of environmental **factors**, for example light and temperature. 气孔的打开和关闭受许多环境因素的影响，例如光和温度。

**309 faeces** /ˈfiːsiːz/ *n.* 粪便，排泄物

10频

- ⊕ animal faeces 动物粪便
- ⊚ 95 J of energy is passed out in the insect's **faeces** and 58 J is used for respiration. 95 焦耳的能量从昆虫的粪便中排出，58 焦耳用于呼吸。

**310 failure** /ˈfeɪljə(r)/ *n.* 失调，失灵；失败

11频

- ⊕ crop failure 庄稼歉收
- ⊚ It is a long-term autoimmune disease that results from a **failure** of the immune system. 这是一种长期的自身免疫性疾病，由免疫系统失调引起。

**311 fatality** /fəˈtæləti/ *n.* 死亡；（疾病的）致命性；宿命

9频

- ⊜ death
- ⊕ feeling of fatality 宿命感
- ⊚ Two of the 23 countries had case **fatality** rates greater than 5%. 23 个国家中有两个国家的病死率超过 5%。

## 312 **faulty** /ˈfɔːlti/ *adj.* 有缺陷的；错误的

17频

- 同 defect (n.), deficiency (n.)
- 用 faulty signal 错误的信号
- 例 An inherited form of diabetes insipidus may be caused by **faulty** membrane receptors. 遗传性尿崩症可能是由膜受体缺陷引起的。

## 313 **feature** /ˈfiːtʃə(r)/ *n.* 特征
*v.* 以……为特色；起重要作用

191频

- 用 geographical features 地势
- 例 Describe the **features** of the experimental design that are intended to ensure reliability. 请描述致力于确保可靠性的实验设计有什么特点。

## 314 **fetus** /ˈfiːtəs/ *n.* 胎儿

9频

- 用 unborn fetus 腹中胎儿
- 例 Tobacco smoking during pregnancy has side-effects on the developing **fetus**. 怀孕期间吸烟对发育中的胎儿有副作用。

## 315 **fibre** /ˈfaɪbə(r)/ *n.* 纤维；纤维制品

19频

- 用 dietary fibre 膳食纤维
- 例 A group of students investigated the effects of glucose and ATP on the contraction of muscle **fibres**. 一组学生对葡萄糖和三磷酸腺苷对肌肉纤维收缩的影响进行了研究。

## 316 **field** /fiːld/ *n.* 田地；场地；领域
*vt.* 使参加比赛

138频

- 用 field study 实地研究
- 例 Two groups of 20 **fields** growing the same cereal crop were studied. 研究对象分两组，每组 20 块地，种植相同的粮食作物。

317 **filament** /ˈfɪləmənt/ *n.* 细丝；丝状物

6频

🔧 metal filaments 金属丝

📝 The contraction of striated muscle is explained by the sliding **filament** model. 横纹肌的收缩可以用纤丝滑动模型进行解释。

318 **filter** /ˈfɪltə(r)/ *n.* 过滤器；筛选（过滤）程序
*v.* 过滤；（消息）慢慢传开

37频

🔧 coffee filter 咖啡过滤器

📝 The mixture was **filtered** into another beaker. 混合物被过滤到另一个烧杯里。

319 **flask** /flɑːsk/ *n.* 烧瓶；（可随身携带饮料的）瓶子

17频

🔧 a flask of coffee 一瓶咖啡

📝 A **flask** containing a sucrase solution was also put into the water bath. 一个装有蔗糖酶溶液的烧瓶也被放入水浴槽中。

320 **float** /fləʊt/ *v.* 漂浮；提出
*n.* 彩车；（学游泳用的）浮板

11频

🔧 carnival float 狂欢节彩车

📝 Each plant has a single underwater root and a thallus which **floats** on the water. 每棵植物都有一条根和一个叶状体，根位于水下，叶状体漂浮在水面。

321 **fluid** /ˈfluːɪd/ *n.* 流体，液体
*adj.* 流畅优美的；不稳定的

478频

🔧 correction fluid 改正液

📝 Substances are exchanged between blood and tissue **fluid** as the blood flows through the capillaries. 当血液流经毛细血管时，物质在血液和组织液之间进行交换。

322 **fluidity** /fluˈɪdəti/ *n.* 流动性；不稳定（性）；流畅优美

27频

🔧 social fluidity 社会的不稳定性

📝 Which type of bond in phospholipids has a role in increasing the **fluidity** of cell surface membranes? 磷脂中的哪种键能提高细胞表膜的流动性?

## 323 **fluorescence** /fləˈresns/ *n.* 荧光

8频

☐ ⊕ resonance fluorescence 共振荧光

☐ ⊕ Green fluorescent protein (GFP) is a small protein that emits bright green **fluorescence** in blue light. 绿色荧光蛋白（GFP）是一种在蓝光下发出明亮绿色荧光的小分子蛋白。

☐

## 324 **foil** /fɔɪl/ *n.* 箔; 陪衬
　　　　　　　　*vt.* 制止

25频

☐ ⊕ aluminium foil 铝箔

☐ ⊕ Four tubes covered in **foil** were set up containing the mixtures shown in the table. 用铝箔覆盖的四根试管有表中所示的混合物。

☐

## 325 **forceps** /ˈfɔːseps/ *n.* 镊子, 钳子

30频

☐ ⊕ a pair of forceps 一把镊子

☐ ⊕ Use **forceps** to pick up one square of filter paper. 用镊子夹起一块方形滤纸。

☐

## 326 **formation** /fɔːˈmeɪʃn/ *n.* 形成; 形成物; 编队

115频

☐ ⊕ the formation of a new government 组成新政府

☐ ⊕ Colchicine is a substance which inhibits the **formation** of spindle fibres. 秋水仙碱是一种抑制纺锤体纤维形成的物质。

☐

## 327 **formula** /ˈfɔːmjələ/ *n.* 分子式; 方程式; 方案

82频

☐ ⊜ equation

☐ ⊕ peace formula 和平方案

☐ ⊕ Which of the sugar molecules could be represented by this **formula**? 哪种糖分子可以用这个分子式表示?

## 328 **fracture** /ˈfræktʃə(r)/ *n.* 断裂；骨折
### *v.* (使)断裂；(使)分裂

- ⊞ fracture of the leg 腿骨骨折 `6 频`
- ⓔ A method called freeze-**fracture** can be used to study the structure of cell membranes. 一种叫作冷冻断裂的方法可以用来研究细胞膜的结构。

## 329 **fragment** /ˈfrægmənt/ *n.* 片段；碎片
### /fræɡˈment/ *v.* (使)成碎片；(使)分裂

- ⓢ fracture (v.) `19 频`
- ⊞ a fragmented society 一个四分五裂的社会
- ⓔ Explain how RNA probes, used in this technique, select **fragments** of DNA. 请解释这项技术中使用的 RNA 探针是如何选择 DNA 片段的。

## 330 **frequency** /ˈfriːkwənsi/ *n.* 频率；频繁

- ⊞ high/low frequency 高 / 低频 `51 频`
- ⓔ The **frequency** of each type of abnormality was obtained by observing 100 cells. 通过对 100 个细胞进行观察，得出每类异常情况出现的频率。

## 331 **froth** /frɒθ/ *n.* (尤指液体表面的)泡沫；虚浮的东西
### *v.* 起泡沫；吐白沫

- ⊞ a cup of frothing coffee 一杯起泡的咖啡 `5 频`
- ⓔ Use this syringe to take up 5 cm³ of *Y* from below the **froth**. 用这个注射器从泡沫下面取出 5 立方厘米的 *Y*。

## 332 **fungal** /ˈfʌŋɡl/ *adj.* 真菌的；真菌引起的

- ⊞ fungal infection 真菌感染 `9 频`
- ⓔ Enzymes can be used to remove cell walls from plant and **fungal** cells. 酶可用于去除植物和真菌细胞的细胞壁。

**fur** /fɜː(r)/ *n.* 毛皮；（哺乳动物的）软毛

- ⊕ fur coat 毛皮大衣
- ⑩ Mice with yellow fur crossed with mice with black **fur** will produce one of the following outcomes. 黄色皮毛的老鼠与黑色皮毛的老鼠杂交会产生以下结果之一。

# G

**334** **gamete** /ˈɡæmiːt/ *n.* 配子（形成受精卵的精子或卵子）

`7频`

- 🔁 male/female gamete 雄 / 雌配子
- 🔁 Meiosis is a type of nuclear division, which produces **gametes** for sexual reproduction. 减数分裂是核分裂的一种类型，它可以产生配子进行有性繁殖。

**335** **gel** /dʒel/ *n.* 凝胶
　　　　　　　　　*vi.* 形成胶体；（二人或二人以上）结为一体

`42频`

- 🔁 gel as a group 成为一个集体
- 🔁 After 10 minutes the agar **gel** strip was treated with the dye. 10 分钟后，用该染料对琼脂凝胶进行处理。

**336** **general** /ˈdʒenrəl/ *adj.* 总体的；一般的；笼统的
　　　　　　　　　　　*n.* 将军

`151频`

- 🔁 in general 总体上而言
- 🔁 The figure illustrates the **general** layout of the human blood system. 该图是人体血液系统的总体布局。

**337** **gently** /ˈdʒentli/ *adv.* 轻轻地，温和地，和缓地

`111频`

- 🔁 move gently 轻轻移动
- 🔁 **Gently** stir the contents of each beaker or container at regular intervals. 定时轻轻搅拌每个烧杯或容器中的物质。

**338** **gibbon** /ˈɡɪbən/ *n.* 长臂猿

`6频`

- 🔁 black crested gibbon 黑冠长臂猿
- 🔁 **Gibbon** is a small sized ape, found inhabiting the dense jungles and tropical rainforests across south-east Asia. 长臂

猿是一种体型较小的类人猿，生活在东南亚茂密的丛林和热带雨林中。

## 339 **gill** /gɪl/ *n.* 鳃

6 频

- ⊕ to the gills（完全）满了，饱了
- ⊕ Fish **gills** are organs that allow fish to breathe underwater. 鱼鳃是一种可以让鱼在水中呼吸的器官。

## 340 **gland** /glænd/ *n.* 腺

43 频

- ⊕ sweat gland 汗腺
- ⊕ Humans produce the enzyme α-amylase in their salivary **glands**. 人类的唾液腺会产生 α-淀粉酶。

## 341 **globular** /ˈglɒbjələ(r)/ *adj.* 球状的，球形的

42 频

- ⊕ globular seed 球形种子
- ⊕ Enzymes are **globular** proteins. 酶是球状蛋白质。

## 342 **goblet** /ˈgɒblət/ *n.* 高脚杯

89 频

- ⊕ goblet cell 杯状细胞
- ⊕ Where in the respiratory system are both **goblet** cells and ciliated epithelium found? 呼吸系统的什么部位既有杯状细胞又有纤毛上皮？

## 343 **goggles** /ˈgɒglz/ *n.* 护目镜；风镜；游泳镜

11 频

- ⊕ swimming goggles 泳镜
- ⊕ It is recommended that you wear safety **goggles**. 建议戴上安全护目镜。

## 344 **gradually** /ˈgrædʒuəli/ *adv.* 逐渐地，逐步地，渐进地

11 频

- ⊕ gradually improve 逐渐改善
- ⊕ As a person climbs a mountain, their body **gradually** adjusts to the high altitude. 人们登山时，身体会逐渐适应高海拔。

## 345 **graduated** /ˈɡrædʒueɪtɪd/ *adj.* 标有刻度的；分等级的

| | 27 频 |

- ⊕ graduated lessons 分级教程
- 例 The carbon dioxide was measured by recording the volume of gas collected in a **graduated** test tube. 二氧化碳是通过记录在刻度试管中收集的气体体积来测量的。

## 346 **graft** /ɡrɑːft/ *v. & n.* 移植；嫁接

| | 10 频 |

- ⊕ graft A onto/to/into B 把 A 移植到 B
- 例 A **graft** of tissue, such as skin, from a different person is usually rejected by the body. 将一个人的组织（如皮肤）移植到另一个人身上，通常会产生排异反应。

## 347 **grain** /ɡreɪn/ *n.* 谷物；颗粒；微量

| | 55 频 |

- 圆 cereal
- ⊕ a grain of sand 一粒沙子
- 例 Describe the changes in **grain** yield between 1860 and 2010. 请描述 1860 年至 2010 年间谷物产量的变化。

## 348 **graze** /ɡreɪz/ *v.* 放牧；（在草地上）吃青草；擦伤 *n.* （表皮）擦伤

| | 15 频 |

- ⊕ graze cattle 放牛
- 例 The first type of grassland site was **grazed** by cattle and the second type of site was not **grazed**. 第一类草地为放牧草地，第二类草地为非放牧草地。

## 349 **grid** /ɡrɪd/ *n.* 方格；栅栏；（输电线路、天然气管道等的）系统网络

| | 80 频 |

- ⊕ electric power grids 输电网
- 例 Circle the number of the Section B question you have answered in the **grid** below. 在下面的方格中圈出 B 部分中你选择回答的问题编号。

350 **gross** /grəʊs/ *adj.* 总的；（罪行）严重的
　　　　　　　*adv.* 总共，全部

9频

- ⊕ gross weight 毛重
- ⑳ Describe the **gross** structure of the human gas exchange system. 请描述人体内气体交换系统的总体结构。

351 **guard** /gɑːd/ *n.* 保卫；警卫
　　　　　　*vt.* 守卫；看守

31频

- ⊕ guard against sth. 防止某事发生
- ⑳ State one structural difference between a **guard** cell and other lower epidermal cells. 请说出保卫细胞与其他下表皮细胞之间的一个结构差异。

352 **gut** /gʌt/ *n.* 肠道；内脏
　　　　　　*vt.* 损毁（建筑物的）内部；取出……的内脏
　　　　　　　　（以便烹饪）

18频

- ⊕ have the guts to do sth. 有勇气做某事
- ⑳ The parasite has a complex life-cycle, part of which involves development within the **gut** of the female mosquito. 这种寄生虫的生命周期很复杂,其中一部分涉及雌性蚊子肠道内的发育。

# H

扫一扫
听本节音频

## 353 **habitat** /ˈhæbɪtæt/ *n.*（动植物的）栖息地，生活环境

62 频

[用] natural habitat 天然栖息地

[例] This plant may grow in an aquatic **habitat**. 这种植物可以在水生栖息地生长。

## 354 **haemoglobin** /ˌhiːməˈɡləʊbɪn/ *n.* 血红蛋白

434 频

[用] haemoglobin molecule 血红蛋白分子

[例] Sickle cell **haemoglobin** and normal haemoglobin have a difference in amino acid sequence. 镰状细胞血红蛋白与正常血红蛋白在氨基酸序列上存在差异。

## 355 **harvest** /ˈhɑːvɪst/ *v.* 收获；采集
*n.* 收获；收成

22 频

[同] collect

[用] a good/bad harvest 丰收 / 歉收

[例] Approximately 300 kg of fungus can be **harvested** per hour. 每小时大约可以收获 300 千克的真菌。

## 356 **hatch** /hætʃ/ *v.* 孵化；密谋
*n.* 舱口；小窗口

5 频

[用] hatch sth. up 密谋某事

[例] Eggs are laid in water and **hatch** into tadpoles. 在水中产卵，然后孵化成蝌蚪。

## 357 **hazard** /ˈhæzəd/ *n.* 危险，危害
*v.* 冒……的风险；冒失地提出

137 频

[用] a fire/safety hazard 火灾 / 安全隐患

[例] An extremely important part of planning any experiment is to think about the potential **hazards** involved. 无论策划什么实验都一定要考虑涉及的潜在危险。

## 358 heap /hiːp/ *n.* 一堆
*vt.* 堆积；对（某人）大加赞扬（或批评等）

5 频

- ☐ 用 heap sth. up 堆积某物
- ☐ 例 This **heap** of crushed green bottles will be used to make new
- ☐ glass. 这堆压碎的绿色瓶子会用来制造新玻璃。

## 359 hectare /ˈhekteə(r)/ *n.* 公顷

9 频

- ☐ 用 a hectare of land 一公顷土地
- ☐ 例 The yield of oil per **hectare** from oil palm trees is thirty times
- ☐ more than that of oil from maize. 每公顷油棕榈树的产油量是玉米产油量的 30 倍。

## 360 helical /ˈhelɪkl/ *adj.* 螺旋状的

14 频

- ☐ 用 helical gears 螺旋齿轮
- ☐ 例 DNA is a double-stranded, **helical** molecule. 脱氧核糖核酸是
- ☐ 一种双链螺旋分子。

## 361 hemp /hemp/ *n.* 大麻

12 频

- ☐ 用 hemp rope 麻绳
- ☐ 例 Water **hemp** grows in crop fields, lowering productivity. 水麻生
- ☐ 长在庄稼田里，降低了生产率。

## 362 hinge /hɪndʒ/ *n.* 铰链
*vt.* 给（某物）装铰链

7 频

- ☐ 用 hinge on/upon sth. 取决于某事
- ☐ 例 The hydrolysis occurs at the **hinge** region and breaks the antibody into three fragments. 水解发生在铰链区，将抗体分解成三片段。

363 **horn** /hɔːn/ *n.* (羊、牛等动物的）角；（乐器）号；（车辆的）喇叭

- ⊕ car horn 汽车喇叭　`13 频`
- ⊛ The presence of **horns** is controlled by a separate pair of alleles. 角的存在是由一对单独的等位基因控制的。

364 **humid** /ˈhjuːmɪd/ *adj.* 湿热的，温暖潮湿的

- ⊕ humid weather 湿热的天气　`10 频`
- ⊛ Area *R* has a more **humid** climate than area *S*. *R* 地区的气候比 *S* 地区更湿热。

365 **humpback** /ˈhʌmpbæk/ *n.* 驼背

- ⊕ humpback dolphin 驼背豚　`9 频`
- ⊛ A large proportion of the mass of a **humpback** whale is a very thick layer of fat-filled cells stored under the skin, called blubber. 座头鲸质量的很大一部分源于储存在皮肤下的一层厚厚的充满脂肪的细胞，称为鲸脂。

366 **hybrid** /ˈhaɪbrɪd/ *n.* 杂交动物或植物；混合物

- ⊜ compound　`112 频`
- ⊕ a hybrid of solid and liquid fuel 固体和液体燃料的混合物
- ⊛ Suggest how the **hybrid** could be reproductively isolated from the two parent species of butterfly. 请说明如何将杂交蝴蝶从两个亲本蝴蝶物种中分离出来。

367 **hypothesis** /haɪˈpɒθəsɪs/ *n.* 假说；猜想

- ⊕ confirm a hypothesis 证实假设　`188 频`
- ⊛ Suggest a null **hypothesis** for this statistical test. 对这个统计检验提出一个零假设。

# I

368 **identify** /aɪ'dentɪfaɪ/ v. 识别，确认；发现

359 频

- 回 confirm
- 用 identify with sb. 与某人产生共鸣
- 例 Lysosomes vary in shape and size, making them difficult to **identify**. 溶酶体的形状和大小各不相同，因此很难识别。

369 **illumination** /ɪ,luːmɪ'neɪʃn/ n. 光照；彩灯；启示

5 频

- 用 spiritual illumination 精神上的启发
- 例 The carbon dioxide uptake by Chlorella was measured at the end of the 20 second period of **illumination**. 20秒光照结束时，测定小球藻对二氧化碳的吸收速度。

370 **immature** /,ɪmə'tjʊə(r)/ adj. 未成熟的，发育未全的；幼稚的

15 频

- 用 immature behaviour 不成熟的行为
- 例 State the roles of mitosis and meiosis in producing an **immature** secondary oocyte. 请说明有丝分裂和减数分裂在产生未成熟次级卵母细胞中发挥的作用。

371 **immerse** /ɪ'mɜːs/ vt. 使浸没；沉浸

13 频

- 用 be immersed in sth. 沉浸于某事
- 例 The plant tissues were **immersed** in a range of sucrose solutions of different concentrations. 将植物组织浸泡在不同浓度的一系列蔗糖溶液中。

## 372 **immobilise** /ɪ'məʊbəlaɪz/ *vt.* 使固定，使不动；使停止

| |
|---|
| ⑩ discontinue |
| ⊕ immobilise the car engine 汽车引擎发动不了 |
| ⑩ Outline how an enzyme can be **immobilised** in alginate. 请概述如何将酶固定在海藻酸盐中。 |

**104 频**

## 373 **implication** /ˌɪmplɪ'keɪʃn/ *n.* 可能的影响（或作用、结果）；含意；牵涉

| |
|---|
| ⊕ implication for/of sth. 某事的结果或影响 |
| ⑩ Explain what the data in the following show about the social **implications** of growing GM crops. 请说明下表中的数据表示种植转基因作物的社会影响。 |

**10 频**

## 374 **importance** /ɪm'pɔːtns/ *n.* 重要性；重要地位，名望

| |
|---|
| ⑩ consequence |
| ⊕ attach importance to sth. 重视某事 |
| ⑩ Using examples, outline the **importance** of homeostasis in a mammal. 举例说明哺乳动物保持体内稳态的重要性。 |

**34 频**

## 375 **impulse** /'ɪmpʌls/ *n.* 冲动；脉冲；推动力

| |
|---|
| ⊕ act on impulse 凭一时冲动行事 |
| ⑩ Explain the importance of the myelin sheath in determining the speed of nerve **impulses**. 请解释髓鞘在决定神经冲动速度方面的重要性。 |

**20 频**

## 376 **inbreeding** /'ɪnbriːdɪŋ/ *n.* 近亲繁殖，同系交配

| |
|---|
| ⊕ inbreeding depression 近交退化 |
| ⑩ Maize seeds with different 'inbreeding coefficients' were used. 使用具有不同"近交系数"的玉米种子。 |

**16 频**

### 377 incidence /ˈɪnsɪdəns/ n. 发生率；入射（角）

11 频

- ⑪ case incidence 病例发病率
- ⑫ One method of reducing the incidence of malaria is to control the numbers of these mosquitoes. 减少疟疾发病率的一种方法是控制这些蚊子的数量。

### 378 incubate /ˈɪŋkjubeɪt/ v. 培养（细胞、细菌等）；孵化；（疾病）潜伏

27 频

- ⓒ culture
- ⑪ incubate the eggs 孵卵
- ⑫ The cells are **incubated** in a solution that contains a mixture of enzymes. 这些细胞在含有多种酶的溶液中进行培养。

### 379 independent /ˌɪndɪˈpendənt/ adj. 自主的；公正的；不相关的

n. 无党派人士

215 频

- ⑪ independent-minded people 有主见的人们
- ⑫ A student studied the effect of the **independent** variable pH on the coagulation of milk. 一名学生研究了自变量 pH 值对牛奶凝固所产生的影响。

### 380 index /ˈɪndeks/ n. 指数；索引；指标

vt. 为……编索引

23 频

- ⑪ house price index 房价指数
- ⑫ Write the value for Simpson's Index of Diversity on the dotted line. 在虚线上写下辛普森多样性指数的值。

### 381 indicate /ˈɪndɪkeɪt/ vt. 表明；象征；暗示

51 频

- ⑪ indicate sth. to sb. 向某人暗示某事
- ⑫ Draw one arrow to **indicate** the direction in which a nerve impulse will travel. 画一个箭头表明神经冲动的行进方向。

## 382 **individual** /ˌɪndɪˈvɪdʒuəl/ *n.* 个体
*adj.* 单个的；独特的

- 🌐 individual personality 独特个性
- 🔵 Calculate the number of heterozygous **individuals** in the population. 计算群体中杂合个体的数量。

## 383 **induce** /ɪnˈdjuːs/ *vt.* 诱导；引起；催生

- 🔴 cause
- 🌐 a drug-induced coma 药物引起的昏迷状态
- 🔵 What occurs when active immunity is artificially **induced**? 人工诱导主动免疫时会发生什么？

## 384 **inert** /ɪˈnɜːt/ *adj.* 惰性的，不活泼的；无生气的

- 🌐 inert gas 惰性气体
- 🔵 These extracellular enzymes may be immobilised on an **inert** support. 这些胞外酶可以固定在惰性载体上。

## 385 **initiation** /ɪˌnɪʃiˈeɪʃn/ *n.* 开始；发起；（常指通过特别仪式的）入会

- 🌐 the initiation of criminal proceedings 提起刑事诉讼
- 🔵 Name the plant growth regulator involved in the **initiation** of germination of seeds. 请说出与种子开始萌发有关的植物生长调节剂的名称。

## 386 **inject** /ɪnˈdʒekt/ *vt.* 给……注射；添加；投入（金钱或资源）

- 🌐 inject A into B 将 A 注入 B
- 🔵 Most people with type I diabetes **inject** insulin. 大多数 I 型糖尿病患者都会注射胰岛素。

## 387 **intact** /ɪnˈtækt/ *adj.* 完整的，完好无损的

20 频

- 同 complete
- 用 remain intact 保持完好
- 例 State one role of this region in the **intact** antibody molecule. 请说明该区域在完整抗体分子中发挥的一个作用。

## 388 **intake** /ˈɪnteɪk/ *n.* （食物、饮料等的）摄取量；吸入；（一定时期内）纳入的人数

6 频

- 用 intake of salt 食盐量
- 例 The women were divided into five groups according to their range of **intake** of each food type. 根据每种食物的摄入量范围，这些女士被分为五组。

## 389 **intensity** /ɪnˈtensəti/ *n.* 强度；强烈，剧烈

124 频

- 用 intensity of feeling 强烈的感情
- 例 A student investigated the effects of temperature and light **intensity** on the rate of photosynthesis of an aquatic plant. 一名学生研究了温度和光照强度对水生植物光合作用速率的影响。

## 390 **intermediate** /ˌɪntəˈmiːdiət/ *adj.* 中间的；中等的 *n.* 中间物

24 频

- 用 an intermediate stage 中间阶段
- 例 One ATP molecule is generated via an **intermediate** compound. 一个三磷酸腺苷分子通过中间化合物生成。

## 391 **internal** /ɪnˈtɜːnl/ *adj.* 内部的；国内的；内心的

20 频

- 用 internal affairs 内政
- 例 The **internal** diameter of the capillary tube and the distance moved by the bubble in 30 seconds were recorded. 记录了毛细管内径和气泡在 30 秒内移动的距离。

## 392 invade /ɪnˈveɪd/ v. 入侵；干扰

6频

🔤 invade an area 入侵某处

📝 When a species **invades** an area it can drive native species to extinction. 当一个物种入侵某个地区，可能会导致本土物种的灭绝。

## 393 irregular /ɪˈreɡjələ(r)/ adj. 不规则的；参差不齐的；不合常规的
n. 非正规军军人

6频

🔤 an irregular heartbeat 心律不齐

📝 Cancerous cells divide repeatedly, out of control, and a tumour develops, which is an **irregular** mass of cells. 癌细胞反复分裂，失去控制，形成一种不规则的细胞团，称为肿瘤。

## 394 irritant /ˈɪrɪtənt/ n. 刺激物；令人烦恼的事物
adj. 刺激性的

104频

🔤 irritant chemical 刺激性化学品

📝 Pollen is an **irritant**, causing red and sore eyes in sensitive people. 花粉是一种刺激物，会使敏感人群眼睛发红并产生疼痛感。

## 395 isolate /ˈaɪsəleɪt/ v. 分离，离析；隔离

40频

🔄 dissociate

🔤 isolate A from B 将 A 与 B 隔离

📝 An antibiotic sensitivity test was carried out on bacteria **isolated** from a patient with a blood disease. 对一例血液病患者分离出的细菌进行了药敏试验。

# J

扫一扫
听本节音频

## 396 **jackal** /'dʒækl/ *n.* 胡狼，豺

**用** golden jackal 亚洲胡狼

22频

**例** The **jackal** is originally found in Africa, Asia and southeast Europe. 胡狼最早发现于非洲、亚洲和东南欧。

## 397 **join** /dʒɔɪn/ *v.* 结合；连接；参与
*n.* 连接处

**近** combine (*v.*), bind (*v.*)

33频

**用** join A to B 将 A 与 B 连起来

**例** When two of these amino acids **join** together what bond(s) are formed? 当两个这种氨基酸结合在一起时，会形成什么键？

## 398 **junction** /'dʒʌŋkʃn/ *n.* 接头；汇合处，接合点

**用** the junction of two rivers 两河交汇处

13频

**例** Explain why the structures of cell membranes are needed in a neuromuscular **junction**. 请解释为什么神经肌肉接头需要细胞膜结构。

# K

扫一扫
听本节音频

**399** **kelp** /kelp/ *n.* 巨藻，大型褐藻

`10频`

- [ ] 🌐 kelp forest 海藻林
- [ ] 📝 **Kelp** grows attached to rocks in shallow waters. 巨藻附着在浅
- [ ] 水区的岩石上生长。

**400** **kernel** /ˈkɜːnl/ *n.* 籽粒；核；（思想或主题的）核心

`6频`

- [ ] 🌐 the kernel of the problem 问题的核心
- [ ] 📝 Maize **kernel** is slightly higher in oil content as compared to
- [ ] other cereals. 与其他谷物相比，玉米粒的含油量略高。

# L

---

### 401 **larva** /ˈlɑːvə/ *n.* 幼虫，幼体

6频

- 复 larvae
- 用 dragonfly larva 蜻蜓幼虫
- 例 This protein acts specifically to kill the **larvae** of butterflies and moths. 这种蛋白质专门用于杀蝴蝶和飞蛾的幼虫。

---

### 402 **latent** /ˈleɪtnt/ *adj.* 潜在的，潜伏的，隐藏的

6频

- 用 latent disease 潜伏性疾病
- 例 Water has a high **latent** heat of vaporisation. 水的蒸发潜热很高。

---

### 403 **leafy** /ˈliːfi/ *adj.* 带叶的；叶茂的；草木葱茏的

12频

- 用 leafy trees 茂盛的树木
- 例 The **leafy** shoots used in the experiments were taken from the same plant and each shoot had five leaves. 实验所用带叶枝条是从同一植物上摘下的，每根枝条有五片叶子。

---

### 404 **legume** /ˈlɪɡjuːm/ *n.* 豆科作物

30频

- 用 legume food 豆类食物
- 例 Many species of **legume** grow in nitrate-deficient soils in the tropics. 在热带地区，许多豆科植物生长在缺乏硝酸盐的土壤中。

---

### 405 **lethal** /ˈliːθl/ *adj.* 致命的；危害极大的

8频

- 同 fatality (*n.*)
- 用 lethal weapon 致命的武器
- 例 Inhibition of enzyme function can be **lethal**, but in many situations inhibition is

---

essential. 对酶功能进行抑制可能会致命，但在许多情况下，抑制是必不可少的。

## 406 **linear** /ˈlɪniə(r)/ *adj.* 线性的；直线的；长度的

41 频

- ⊕ linear equation 线性方程
- ⊘ Which sugar molecules could be represented by the **linear** structure shown in the diagram? 哪些糖分子可以用如图所示的线性结构表示？

## 407 **lining** /ˈlaɪnɪŋ/ *n.* 内膜；内衬，衬里

41 频

- ⊕ stomach lining 胃黏膜
- ⊘ The uterus has a thin, spongy **lining**. 子宫有一层薄薄的海绵状内膜。

## 408 **link** /lɪŋk/ *n.* 联系；链接
*v.* 连接；相关联

35 频

- ⊜ bond (*v.*), join (*v.*)
- ⊕ link A to/with B 把 A 和 B 连接起来
- ⊘ Which observations support a **link** between active transport and ATP production? 哪些观察结果能证明主动转运和 ATP 生成之间的联系？

## 409 **log** /lɒg/ *n.* 对数；原木；记录
*v.* （正式地）记载

12 频

- ⊕ log in/on 登录
- ⊘ These values are shown in the following figure using a **log** scale. 这些值在下图中用对数刻度表示。

# M

---

**410 maintain** /meɪnˈteɪn/ *vt.* 维持；维修；坚持（意见）

`37 频`

- 用 maintain a balance 维持平衡
- 例 Fertilisers containing nitrate are added to **maintain** or improve yield of crops such as sugar cane. 施加含有硝酸盐的化肥是为了维持或提高甘蔗等作物的产量。

---

**411 maintenance** /ˈmeɪntənəns/ *n.* 维持；保养；赡养费

`6 频`

- 用 car maintenance 汽车保养
- 例 Explain the role of goblet cells and cilia in the **maintenance** of a healthy gas exchange system. 请解释杯状细胞和纤毛在维持气体交换系统正常运作中所起的作用。

---

**412 maize** /meɪz/ *n.* 玉米

`227 频`

- 用 maize seeds 玉米种子
- 例 Rice grains have a similar structure to those of **maize**. 米粒的结构与玉米籽的结构相似。

---

**413 mangrove** /ˈmæŋɡrəʊv/ *n.* 红树林植物

`8 频`

- 用 mangrove swamp 红树林沼泽地
- 例 It contains the world's largest area of **mangrove** forests. 它拥有世界上面积最大的红树林。

### 414 **manure** /məˈnjʊə(r)/ *n.* 肥料
*vt.* 给……施肥

14 频

- 用 organic manures 有机肥料
- 例 The increase in dry mass of grain **caused** by using legume roots as green manure is 128 kg per hectare. 用豆科植物根部作绿肥，每公顷可增加粮食干质量 128 千克。

### 415 **marrow** /ˈmærəʊ/ *n.* 骨髓；精髓；西葫芦

27 频

- 用 marrow transplant 骨髓移植
- 例 Bone **marrow** contains stem cells that divide by mitosis to form blood cells. 骨髓中含有干细胞，干细胞通过有丝分裂形成血细胞。

### 416 **mate** /meɪt/ *v.* 交配
*n.* 朋友；同伴；配偶

30 频

- 用 mate with... 与……进行交配
- 例 GM male mosquitoes were released into the wild to **mate** with females. 转基因雄性蚊子被释放到野外与雌性蚊子交配。

### 417 **mature** /məˈtʃʊə(r)/ *adj.* 成熟的；成年的
*v.* 成熟；完善

43 频

- 用 mature comedy 成熟的喜剧作品
- 例 Which process occurs in a **mature** red blood cell? 以下哪个过程会发生在成熟的红细胞中？

### 418 **measure** /ˈmeʒə(r)/ *v.* 测量；衡量
*n.* 措施；度量单位

210 频

- 用 emergency measure 紧急措施
- 例 They **measure** the actual length of cells in micrometres. 他们以微米为单位对细胞的实际长度进行了测量。

## 419 **mechanism** /'mekənɪzəm/ *n.* 机制；机械装置

50频

- 用 defence mechanism 防御机制
- 例 Describe the **mechanism** of active transport. 请描述主动运输的机制。

## 420 **median** /'miːdiən/ *adj.* 中间的；中间值的
　　　　　　　　　　　　　　*n.* 中位数；中线

20频

- 同 intermediate (*adj.*)
- 用 median point/line 中点 / 中线
- 例 The test was carried out on the **median** nerve. 这个测试是在正中神经上进行的。

## 421 **mesh** /meʃ/ *n.* 网状物；困境

8频

- 用 wire mesh 铁丝网
- 例 Filter the extract through a fine **mesh** into a small beaker as quickly as possible. 以最快的速度将萃取物通过细网过滤到一个小烧杯中。

## 422 **migrate** /maɪ'greɪt/ *v.* 转移；迁徙；移居

6频

- 用 migrate from rural to urban areas 从农村迁到城市
- 例 Chromosomes **migrate** to opposite poles of the spindle. 染色体转移到纺锤体的两端。

## 423 **mineral** /'mɪnərəl/ *n.* 矿物质；汽水

36频

- 用 mineral deposits 矿藏
- 例 Plants need **mineral** ions to grow and develop. 植物的生长和发育需要矿物质离子。

## 424 **mock** /mɒk/ *adj.* 模拟的；虚假的
　　　　　　　　　　*v.* 嘲弄；蔑视

7频

- 同 artificial (*adj.*)
- 用 mock interview 模拟面试

例 You are required to test each of three samples of **mock** urine for the presence of glucose. 你需要检测三个模拟尿样中是否含有葡萄糖。

425 **mode** /məʊd/ *n.* 方式；模式；风格

36 频

用 modes of behaviour 行为模式

例 With reference to the figure, explain the **mode** of action of enzymes. 参照图，解释酶的作用方式。

426 **model** /'mɒdl/ *n.* 模型；范例；样式
　　　　　　　*v.* 将……做成模型

40 频

用 a clay model 陶土模型

例 It is a ribbon **model** of the structure of the enzyme penicillinase. 它是青霉素酶结构的带状模型。

427 **modify** /'mɒdɪfaɪ/ *v.* 修改，改善；修饰

53 频

同 mature, adjust, adapt

例 Suggest how the student's investigation could be **modified** to find the optimum nitrate concentration for the growth of this plant. 请对该同学的研究进行修改，以便找到适合这种植物生长的最佳硝酸盐浓度。

428 **mole** /məʊl/ *n.* 鼹鼠；痣；间谍

9 频

用 a tiny mole on the cheek 脸颊上的一颗小痣

例 In Israel, the **mole** rats found in different parts of the country all look identical. 以色列各地的鼹鼠看起来都是一样的。

429 **molecular** /mə'lekjələ(r)/ *adj.* 分子的；与分子有关的

35 频

用 molecular biologist 分子生物学家

例 The figure shows the **molecular** structure of ATP. 这个图表示的是 ATP 的分子结构。

430 **monitor** /ˈmɒnɪtə(r)/ *v.* 监控；检查
　　　　　　　　　　　　　 *n.* 显示器；监测器

5频

- 🔄 check (*v.*), examine (*v.*)
- 🔗 heart monitor 心脏监测器
- 📝 The survival and breeding of the animals in the wild would be **monitored**. 这些动物在野外的生存和繁殖情况将受到监控。

431 **mortality** /mɔːˈtæləti/ *n.* 死亡人数；死亡；生命的
　　　　　　　　　　　　　　 有限

19频

- 🔄 fatality, death
- 🔗 mortality rate 死亡率
- 📝 Describe and explain the differences in percentage **mortality** between groups A and B. 描述并解释 A 组和 B 组之间死亡率的差异。

432 **motility** /məʊˈtɪlɪti/ *n.* 活力，运动性

9频

- 🔗 sperm motility 精子活力
- 📝 The samples are checked for number of sperm per mm³, **motility** and abnormal structure. 确定样本中每立方毫米有多少精子数量，精子活力如何，以及是否存在异常结构。

433 **mutant** /ˈmjuːtənt/ *adj.* 突变的，变异的
　　　　　　　　　　　　　 *n.* 突变体

91频

- 🔗 mutant gene 变异基因
- 📝 Suggest why individuals with this **mutant** allele show symptoms of rickets. 请说明为什么携带该突变等位基因的个体会出现佝偻病症状。

# N

---

**434** **naked** /'neɪkɪd/ *adj.* 裸露的，无遮盖的；直白的

5频

- ⊕ naked truth 赤裸裸的事实
- ⑩ The DNA of prokaryotes is **naked** and circular. 原核生物的 DNA 是裸露的环状结构。

---

**435** **name** /neɪm/ *vt.* 说出……的名字；给……取名
　　　　　　　　　　　　*n.* 名字；名声

24频

- ⊕ a big-name company 名企
- ⑩ **Name** the bacterium that causes cholera. 请说出引起霍乱的细菌的名字。

---

**436** **natal** /'neɪtl/ *adj.* 出生时的；出生地的

14频

- ⊕ her natal home 她出生时的房子
- ⑩ Approx 7-15% of women experience pre-**natal** depression during their pregnancy. 大约 7%-15% 的女士在怀孕期间经历过产前抑郁。

---

**437** **negative** /'negətɪv/ *adj.* 负的；阴性的；否定的
　　　　　　　　　　　　　　*n.* 阴性结果

151频

- ⊕ negative charge 负电荷
- ⑩ Outline the role of **negative** feedback in osmoregulation. 请概述负反馈在渗透调节中的作用。

---

**438** **nil** /nɪl/ *n.* 无；零

8频

- ⓔ null (*adj.*)
- ⊕ to almost nil 几乎为零

例 They beat Argentina one-**nil** in the final. 他们在决赛中以 1:0
击败阿根廷队。

439  **node** /nəʊd/ *n.* 结，瘤，节

55 频

用 lymph node 淋巴结

例 The muscle tissue of the sinoatrial **node** contracts. 窦房结的
肌肉组织收缩。

440  **nodule** /'nɒdjuːl/ *n.* 瘤，结，节

8 频

用 thyroid nodule 甲状腺结节

例 Root **nodules** are found on the roots of plants, primarily
legumes, that form a symbiosis with nitrogen-fixing bacteria.
根瘤存在于植物的根部，主要是豆科植物的根部，与固氮菌形
成共生关系。

441  **nozzle** /'nɒzl/ *n.* 喷嘴，管口

24 频

用 syringe nozzle 注射器喷嘴

例 Put the **nozzle** of the syringe into the beaker containing water.
将注射器的喷嘴放入装有水的烧杯中。

442  **null** /nʌl/ *adj.* 零值的，等于零的；无法律效力的

43 频

同 nil (*n.*)

用 null and void 无效的

例 Use your calculated value of t to explain whether the **null**
hypothesis should be accepted or rejected. 用计算得出的 t 值
解释应该接受还是拒绝零假设。

# O

**443** **object** /'ɒbdʒekt/ *n.* 物体；对象；目标
/əb'dʒekt/ *v.* 反对

| | 10频 |

☐ 🔵 object to sth. 反对某事
☐ 🔵 In order to measure **objects** in the microscopic world, we need
☐ to use very small units of measurement. 测量微观世界中的物体需要使用非常小的测量单位。

**444** **objective** /əb'dʒektɪv/ *n.* （望远镜或显微镜的）物镜；目标

*adj.* 客观的

| | 34频 |

☐ 🔵 achieve your objectives 实现你的目标
☐ 🔵 The Daphnia was observed using the low power **objective** lens
☐ of a microscope. 用显微镜的低倍物镜观察水蚤。

**445** **observation** /ˌɒbzə'veɪʃn/ *n.* 观察结果；观察；评论

| | 164频 |

☐ 🔵 comment
☐ 🔵 scientific observations 科学观测
☐ 🔵 Record your **observations** in the space you
have prepared. 在准备好的空白处记录下观察结果。

**446** **observe** /əb'zɜːv/ *v.* 观察；评论；遵守

| | 163频 |

☐ 🔵 comment
☐ 🔵 observe the law 守法
☐ 🔵 **Observe** the effect of iodine solution on the different tissues.
观察碘液对不同组织的影响。

447 **obstructive** /əbˈstrʌktɪv/ *adj.* 阻塞的；蓄意阻挠的

25频

- ⓢ block (v.)
- ⓤ obstructive lung disease 肺阻塞疾病
- ⓔ Which symptoms may be seen in a person affected by chronic **obstructive** pulmonary disease? 慢性阻塞性肺病患者有哪些症状？

448 **occupy** /ˈɒkjupaɪ/ *vt.* 占据；侵占；任职

18频

- ⓤ occupy sb. in doing sth. 使某人忙于做某事
- ⓔ An animal does not always **occupy** the same position in a food chain. 动物在食物链所占据的位置并不是一成不变的。

449 **occur** /əˈkɜː(r)/ *vi.* 发生，出现；存在于

229频

- ⓢ appear
- ⓤ occur to sb. 出现在某人的头脑中
- ⓔ When a pathogen enters the body, a primary immune response **occurs**. 当病原体进入人体时，就会发生初级免疫反应。

450 **ocular** /ˈɒkjələ(r)/ *adj.* 与眼睛相关的；看得见的

8频

- ⓤ ocular muscles 眼部肌肉
- ⓔ The figure shows the pattern of inheritance of **ocular** albinism in one family. 该图显示了眼白化病在一个家族中的遗传模式。

451 **onset** /ˈɒnset/ *n.* 开始，开端，肇始

10频

- ⓢ initiation
- ⓤ the onset of disease 疾病的发作
- ⓔ In girls, the first menstrual cycle occurs at the **onset** of puberty. 女孩的第一次月经通常在青春期初期到来。

452 **opposite** /ˈɒpəzɪt/ *adj.* 相反的；对面的
　　　　　　　　　　　　　　　　*n.* 反面

15频

- ⓤ opposite street 对街
- ⓔ The two enzyme molecules move in **opposite** directions. 这两个酶分子朝相反的方向运动。

453 **optimum** /ˈɒptɪməm/ *adj.* 最佳的，最适宜的

58频

⊞ the optimum use of resources 对资源的充分利用

例 At a temperature of 37℃, the **optimum** pH of the enzyme free in solution was the same as that shown in the figure. 在 37 摄氏度的温度下，无酶溶液的最佳 pH 值与图中所示结果一致。

454 **organisation** /ˌɔːgənaɪˈzeɪʃn/ *n.* 组织；安排；条理

18频

⊞ international organisation 国际组织

例 The control of malaria is one of the top priorities of the World Health **Organisation** (WHO). 控制疟疾是世界卫生组织（WHO）的首要任务之一。

455 **origin** /ˈɒrɪdʒɪn/ *n.* 来源；出身

18频

⊞ people of German origin 德裔民众

例 State the location in the body where macrophages have their **origin**. 请说明巨噬细胞在体内的来源部位。

456 **original** /əˈrɪdʒənl/ *adj.* 原来的；独创的
　　　　　　　　　　　　　　*n.* 原件，正本

55频

⊞ original idea 创意

例 The concentration of the sucrose solution after 15 minutes may be different from the **original** concentration. 15 分钟后的蔗糖溶液浓度可能与原始浓度不同。

457 **outbreak** /ˈaʊtbreɪk/ *n.* （暴力、疾病等坏事的）爆发，突然发生

8频

🔁 burst (v.)

⊞ the outbreak of war 战争的爆发

例 The worst cholera **outbreak** in recent times happened in Haiti in 2010. 近年来最严重的一次霍乱于 2010 年在海地爆发。

# P

458 **package** /ˈpækɪdʒ/ *vt.* 包装
　　　　　　　　　　　 *n.* 包装盒（袋）；一套东西

**7频**

- 圊 enclose (*vt.*)
- 囲 a benefits package 一套福利措施
- 例 Suggest why cholesterol is **packaged** into lipoproteins before release from liver cells into the blood. 请说明为什么胆固醇在从肝细胞释放到血液之前要被包装成脂蛋白。

459 **pale** /peɪl/ *adj.* 淡色的；灰白的；暗淡的
　　　　　　　　 *v.* 变苍白

**27频**

- 囲 pale with fear 害怕得脸色苍白
- 例 Plasma is the **pale** yellow liquid component of blood. 血浆是血液的一部分，为淡黄色液体。

460 **parallax** /ˈpærəlæks/ *n.* （因观察位置变化而引起的）视差

**5频**

- 囲 parallax correction 视差纠正
- 例 When making measurements in experiments, which methods have **parallax** errors? 在实验中进行测量时，以下哪些方法会产生视差？

461 **parallel** /ˈpærəlel/ *adj.* 平行的；极相似的
　　　　　　　　　　 *vt.* 与……相似；与……同时发生

**6频**

- 囲 parallel cases 同类型事例
- 例 Light rays coming from an object in the distance will be almost **parallel** to one another. 从远处物体发出的光线几乎是彼此平行的。

## 462 **paralysis** /pəˈræləsɪs/ *n.* 瘫痪，麻痹

囲 paralysis of both legs 双腿瘫痪

9频

例 Polio leaves many people with permanent **paralysis** of parts of their body. 小儿麻痹症使许多人的部分身体永久瘫痪。

## 463 **parasite** /ˈpærəsaɪt/ *n.* 寄生虫；寄生植物；依赖他人过活者

19频

派 dependent (adj.)

囲 parasite population 寄生虫种群

例 Explain how the **parasites** evolved resistance. 请解释这些寄生虫是如何产生抗性的。

## 464 **passive** /ˈpæsɪv/ *adj.* 被动的；消极的；被动语态的 *n.* 被动语态

62频

囲 passive acceptance 被动接受

例 Babies are born with a **passive** immunity to measles. 婴儿天生对麻疹具有被动免疫力。

## 465 **pellet** /ˈpelɪt/ *n.* 小团，小球，丸

37频

囲 food pellets for chickens 团粒鸡食

例 This organelle sank to the bottom, forming a solid **pellet**. 该细胞器沉到了底部，形成了一个固体团块。

## 466 **penetrate** /ˈpenətreɪt/ *v.* 穿入；渗入；揭示

5频

囲 penetrate into/through/to sth. 穿入某物

例 When a doctor or nurse takes a blood sample from a person they use a needle to **penetrate** a vein, not an artery. 当医生或护士从某个人身上抽取血样时，他们用针刺入的是静脉，而不是动脉。

## 467 **perfusion** /pəˈfjuːʒən/ *n.* 灌注，充满

10频

囲 coronary perfusion pressure 冠状动脉灌注压

例 The investigation showed that the **perfusion** system is a more efficient way to culture rat tumour cells. 研究表明，灌流系统是培养大鼠肿瘤细胞的一种更有效的方法。

## 468 **persistence** /pəˈsɪstəns/ *n.* 持续存在；坚持

9频

- ☐ 用 the persistence of unemployment 持续失业状况
- ☐ 例 The mutation which causes lactose **persistence** is in a regulatory gene. 引起乳糖耐受症的突变发生在一个调节基因中。

## 469 **physiological** /ˌfɪziəˈlɒdʒɪkl/ *adj.* 生理的；生理学的

6频

- ☐ 用 physiological reaction 生理反应
- ☐ 例 Buffered saline is a **physiological** solution with the same 'balance of ions' as body fluids. 缓冲盐水是一种生理溶液，与体液具有相同的"离子平衡"状态。

## 470 **pipette** /pɪˈpet/ *n.* （实验室用的）移液管，吸管

17频

- ☐ 用 pipette calibration 移液管校准
- ☐ 例 Use a pipette to put 2 drops of 1.0% milk into the labelled tubes. 用移液管将 2 滴 1.0% 的牛奶滴入标记的试管中。

## 471 **pith** /pɪθ/ *n.* 木髓；（橙子等水果中的）髓；要点

14频

- ☐ 近 kernel
- ☐ 用 the pith of the argument 论据的核心
- ☐ 例 Select one group of four cells from the **pith**. 从木髓中选择四个细胞组成一组。

## 472 **plough** /plaʊ/ *v.* 犁（地），耕（地） *n.* 犁

8频

- ☐ 用 ploughed fields 犁过的田地
- ☐ 例 One type of plant is grown for a certain period of time and then **ploughed** into the soil while the plants are still green. 将一种植物培育一段时间，然后趁它还绿的时候将其犁进土壤里。

473 **plunger** /ˈplʌndʒə(r)/ *n.* 柱塞，活塞；（疏通管道用的）搋子

30 频
- 搭 pull out the plunger 把柱塞拔出来
- 例 Gently press down on the **plunger** of the syringe with your thumb to release a drop into solution. 用拇指轻轻按压注射器的柱塞，滴一滴到溶液中。

474 **poison** /ˈpɔɪzn/ *n.* 毒素；毒药
　　　　　　　　　　 *vt.* 毒害；使恶化

13 频
- 近 contaminate (*vt.*)
- 搭 poisoned arrow 毒箭
- 例 The **poison** is used by Native Indians to produce **poison** darts. 这种毒素被印第安人用来制造毒镖。

475 **polar** /ˈpəʊlə(r)/ *adj.* 极性的；极地的；完全相反的

51 频
- 近 opposite
- 搭 polar explorers 极地探险家
- 例 **Polar** molecules form hydrogen bonds with each other. 极性分子间可以形成氢键。

476 **poppy** /ˈpɒpi/ *n.* 罂粟

10 频
- 搭 poppy fields 罂粟田
- 例 This red **poppy** had a specific mutation not present in normal red **poppies**. 这种红色罂粟有一种普通红色罂粟所没有的特殊变异。

477 **possess** /pəˈzes/ *vt.* 具备；拥有；（情感或信仰）控制

7 频
- 近 contain
- 搭 possess a fortune 拥有一笔财富
- 例 State why it is important for enzymes, such as lysozyme, to **possess** a tertiary structure. 请说明为什么酶必须具备三级结构，例如溶菌酶。

**478 potential** /pə'tenʃl/ *n.* 势能；潜力；可能性
*adj.* 潜在的

30频

- 回 latent (*adj.*)
- 用 potential customers 潜在的客户
- 例 The table shows the water **potential** of different sucrose concentrations. 该表显示了不同蔗糖浓度的水势。

**479 precipitate** /prɪ'sɪpɪteɪt/ *n.* 沉淀物，析出物
*vt.* 使（通常指不好的事件或形势）突然发生

18频

- 回 deposit (*n.*)
- 用 precipitate the country into war 使国家骤然陷入战争
- 例 When the mixture is shaken, a cloudy **precipitate** of protein forms. 晃动混合物时，会形成蛋白质的混浊沉淀。

**480 preliminary** /prɪ'lɪmɪnəri/ *adj.* 初步的，预备的
*n.* 初步行动，准备工作

6频

- 用 preliminary findings 初步发现
- 例 Identify the independent and the dependent variables in the students' **preliminary** investigation. 找出该同学初步研究中的自变量和因变量。

**481 prescription** /prɪ'skrɪpʃn/ *n.* 处方；开药；解决方案

12频

- 回 cure, answer
- 用 economic prescriptions 经济对策
- 例 The number of **prescriptions** issued for antibiotics varied considerably between clinics. 不同诊所开出的抗生素处方数量差别很大。

**482 primary** /'praɪməri/ *adj.* 初级的；主要的；最初的

183频

- 用 be of primary importance 重中之重
- 例 What percentage of light energy is converted to net **primary** productivity? 光能转换成净初级生产力的百分比是多少？

**483** **principle** /ˈprɪnsəpl/ *n.* 原理；原则；行为准则

13频

用 in principle 理论上，原则上；基本上

例 Outline the **principles** of gel electrophoresis. 概述凝胶电泳的原理。

**484** **probe** /prəʊb/ *n.* 探针；探究
　　　　　　　　　　 *v.* 调查；搜寻

21频

同 examine (*v.*)

用 probe into sth. 追问某事

例 The extracted mRNA was mixed with a **probe**. 将提取出的 mRNA 与探针混合。

**485** **procedure** /prəˈsiːdʒə(r)/ *n.* 程序，步骤；手术

228频

用 legal procedure 司法程序

例 Explain why the starting point in this **procedure** is mRNA. 请解释为什么这个程序的起点是 mRNA。

**486** **proceed** /prəˈsiːd/ *vi.* 进行；接着做（另外一件事）；起诉

204频

用 proceed against sb. 起诉某人

例 **Proceed** to the next test. 继续进行下一项测试。

**487** **process** /ˈprəʊses/ *n.* 过程；步骤；工序
　　　　　　　　　　 *vt.* 处理

249频

同 procedure (*n.*)

用 manufacturing processes 制造方法

例 During which **process** does only mitosis occur? 以下哪个过程中只有有丝分裂？

**488 properly** /ˈprɒpəli/ *adv.* 适当地；正确地；真正地

7频

- 同 appropriate (adj.)
- 用 behave properly 表现规矩
- 例 A country with cases of cholera that are **properly** treated should have a case fatality rate of less than 1%. 如果一个国家的霍乱病情得到恰当地处理，其病死率应低于 1%。

**489 proportion** /prəˈpɔːʃn/ *n.* 比例；部分；程度

89频

- 用 a large proportion of sth. 某物的很大一部分
- 例 You are expected to draw the correct shape and **proportions** of the different tissues. 请画出不同组织的正确形状和比例。

**490 prosthetic** /prɒsˈθetɪk/ *adj.* 假体的

6频

- 用 prosthetic arm 假臂
- 例 A molecule consists of three polypeptide chains, each containing a **prosthetic** group. 一个分子由三个多肽链组成，每个多肽链都含有一个辅基。

**491 protect** /prəˈtekt/ *vt.* 保护；投保

19频

- 同 buffer
- 用 protect sb. against/from sth. 保护某人不受某事（物）伤害
- 例 How do macrophages function **protect** the lungs from becoming infected? 巨噬细胞如何保护肺部免受感染？

**492 protein** /ˈprəʊtiːn/ *n.* 蛋白质

696频

- 用 protein deficiency 蛋白质缺乏
- 例 Describe the role of ribosomes in **protein** synthesis. 请描述核糖体在蛋白质合成中所起的作用。

### 493 **protractor** /prəˈtræktə(r)/ *n.* 量角器，分度规

5频

- ⊕ electronic digital protractor 数显量角器
- ⑩ A **protractor** was used to measure the angle of bend. 用量角器测量了弯曲角度。

### 494 **proximal** /ˈprɒksɪməl/ *adj.* 近端的，近身体中心的

16频

- ⊕ proximal part 近端
- ⑩ The glomerular filtrate then passes through the **proximal** convoluted tubule. 然后肾小球滤液通过近曲小管。

### 495 **purify** /ˈpjʊərɪfaɪ/ *vt.* 提纯；净化

5频

- ⊕ purify the blood 净化血液
- ⑩ These enzymes have been extracted and **purified** for use commercially. 这些酶已被提纯，可作商业用途。

# Q

---

**496** **quality** /ˈkwɒləti/ *n.* 质量；品质；特质
*adj.* 优质的

12频

- 用 quality service 优质服务
- 例 Suggest how the procedure could be modified to improve the **quality** of these results. 请对这些程序进行修改，提高结果质量。

---

**497** **quantity** /ˈkwɒntəti/ *n.* 数量

57频

- 用 a large quantity of food 大量食物
- 例 The graph shows the change in the **quantity** of DNA in a cell during a reduction division. 下图显示了细胞在减数分裂过程中脱氧核糖核酸数量的变化。

---

**498** **quotient** /ˈkwəʊʃnt/ *n.* 商；指数，程度

6频

- 同 index
- 用 happiness quotient 幸福指数
- 例 The student determined the respiratory **quotient** (RQ) for each of the organisms. 这名学生测定了每种生物的呼吸商（RQ）。

---

# R

扫一扫
听本节音频

**499 radiation** /ˌreɪdi'eɪʃn/ *n.* 辐射；放射线

20频

- 用 ultraviolet radiation 紫外线辐射
- 例 Visible light is a form of electromagnetic **radiation**. 可见光是电磁辐射的一种形式。

**500 radish** /'rædɪʃ/ *n.* 萝卜

18频

- 用 a bunch of radishes 一捆萝卜
- 例 Predict the diploid number of chromosomes in a hybrid between oil seed rape and wild **radish**. 请预测油菜与野萝卜杂交后染色体的二倍体数目。

**501 ratio** /'reɪʃiəʊ/ *n.* 比例，比率

166频

- 同 proportion
- 用 ratio of A to B A 比 B 的比率
- 例 Calculate the **ratio** of penicillin use between Spain and the Netherlands. 计算西班牙和荷兰使用青霉素的比例。

**502 readily** /'redɪli/ *adv.* 容易地；乐意地

8频

- 用 readily accept 欣然接受
- 例 Haemoglobin releases oxygen more **readily**. 血红蛋白更容易释放氧气。

**503 recent** /'riːsnt/ *adj.* 近来的

15频

- 用 recent development 近来的发展
- 例 In **recent** years there have been many more cases of malaria in Africa. 近年来，非洲出现了更多的疟疾病例。

**504  recognition** /ˌrekəg'nɪʃn/ *n.* 识别；承认；赏识

17频

- 用 receive popular recognition 得到大众认可
- 例 Which molecules in cell surface membranes contribute to cell **recognition**? 细胞表膜中的哪些分子有助于细胞识别？

**505  recoil** /rɪ'kɔɪl/ *vi.* 回缩，退缩；对……做出厌恶（或恐惧）的反应

5频

- 用 recoil in horror 吓得往后退
- 例 In emphysema, the alveoli lose their ability to **recoil** on expiration and can burst. 如果得了肺气肿，肺泡会在呼气时失去回缩能力，还可能会破裂。

**506  reference** /'refrəns/ *n.* 参考；提及；推荐人 *v.* 参考资料

290频

- 用 make a reference to sth. 提及某事
- 例 With **reference** to the figure, outline the process of cell signalling. 参照该图，概述细胞信号传递的过程。

**507  regenerate** /rɪ'dʒenəreɪt/ *v.* 再生；振兴

9频

- 用 regenerate the economy 重振经济
- 例 Starfish can **regenerate** new arms. 海星的触手可以再生。

**508  regulator** /'regjuleɪtə(r)/ *n.* 调节剂；调节器；监管机构

16频

- 用 voltage regulator 电压调节器
- 例 Water uptake stimulates the production of a plant growth **regulator** in the seed. 水分的吸收可以刺激种子生成植物生长调节剂。

**509  reject** /rɪˈdʒekt/ *vt.* 拒绝；排斥

*n.* 废品；不合格者

- 用 reject a suggestion 拒绝某个建议
- 例 State whether you support or **reject** this hypothesis. 请说明你是支持还是拒绝这一假设。

**510  reproduce** /ˌriːprəˈdjuːs/ *v.* 复制；再生产；繁殖

- 近 breed
- 用 be successfully reproduced 成功再现
- 例 At the beginning of the experiment, the population only grows quite slowly, because there are not many cells there to **reproduce**. 实验开始时，由于没有很多细胞可供繁殖，种群增长相当缓慢。

**511  request** /rɪˈkwest/ *vt.* 要求

*n.* 请求；要求的事

- 用 make a request for sth. 请求某事
- 例 Visitors are **requested** not to walk on the grass. 要求参观者不要在草地上行走。

**512  residue** /ˈrezɪdjuː/ *n.* 残留物，残渣；剩余财产

- 用 solid residue 固体残余物
- 例 There may be a **residue** in the bottom of some of the test tubes. 有些试管的底部可能有残留物。

**513  resistance** /rɪˈzɪstəns/ *n.* 抗性；阻力；抵抗

- 用 air resistance 空气阻力
- 例 Genetic modifications in crops can provide **resistance** to insect pests. 作物的基因改造可以抵抗虫害。

514 **return** /rɪ'tɜːn/ *v. & n.* 返回；重现；恢复

14频

- 用 on the return flight 在返回的航班上
- 例 Measure the time taken for the square to **return** to the surface of the solution. 测量方块返回到溶液表面所需的时间。

515 **risk** /rɪsk/ *n.* 威胁；风险

　　　　　　*vt.* 使面临风险；冒着……的风险

161频

- 用 at risk 有危险；冒风险
- 例 Chronic bronchitis and emphysema often occur together and constitute a serious **risk** to health. 慢性支气管炎和肺气肿经常同时发生，对健康构成严重威胁。

516 **route** /ruːt/ *n.* 路线；途径

　　　　　　*vt.* 按某路线发送

19频

- 用 the route to success 成功之路
- 例 Starting from the left ventricle, describe the **route** taken by the blood as it travels to the lungs. 请描述血液从左心室开始到进入肺部这个过程的路线。

# S

---

**517 saline** /ˈseɪlaɪn/ *adj.* 盐的，含盐的，咸的

24频

- 用 saline water 盐水
- 例 Wash the lenses in **saline** solution. 用盐溶液清洗镜片。

---

**518 sap** /sæp/ *n.* （植物的）液，汁
          *v.* 消耗（精力），削弱（信心）

48频

- 用 sap him of his confidence 使他逐渐丧失信心
- 例 What is the most likely water potential of the cell **sap** in the root hair cell? 根毛细胞中细胞液的水势最有可能是多少？

---

**519 saturated** /ˈsætʃəreɪtɪd/ *adj.* 饱和的；湿透的；（颜色）深的

58频

- 用 saturated red 深红色
- 例 Dairy products such as milk, cream, butter and cheese contain a lot of **saturated** fat. 牛奶、奶油、黄油和奶酪等乳制品含有大量饱和脂肪。

---

**520 scale** /skeɪl/ *n.* 比例；刻度；规模
        *v.* 改变大小

204频

- 用 social scale 社会等级体系
- 例 The diagram shows a fin whale drawn to **scale**. 下图是一头按比例绘制的长须鲸。

521 **screening** /'skri:nɪŋ/ *n.* 筛查；（电影的）放映；（电视节目的）播放

9 频

☐ 🔵 filter (*v.*)

☐ 🔷 breast cancer screening 乳腺癌筛查

☐ 🔶 Discuss the advantages of **screening** for genetic conditions. 请论述遗传病筛查的优势。

522 **seal** /si:l/ *n.* 海豹；印章
　　　　　　 *v.* 密封；关闭

10 频

☐ 🔵 closure (*n.*)

☐ 🔷 seal A in B 把 A 封在 B 中

☐ 🔶 Harp **Seals** are extremely agile swimmers, able to catch a wide variety of fish and crustaceans. 格陵兰海豹在水中行动极其迅捷，能够捕捉到各种各样的鱼和甲壳类动物。

523 **secrete** /sɪ'kri:t/ *vt.* 分泌；隐藏

61 频

☐ 🔷 secrete A in B 把 A 藏在 B 中

☐ 🔶 Diabetes mellitus is a disease where the pancreas is not able to **secrete** sufficient insulin. 糖尿病患者的胰腺不能分泌足够胰岛素。

524 **securely** /sɪ'kjʊəli/ *adv.* 稳固地；安全地；有把握地

282 频

☐ 🔷 attach the rope securely to a tree 把绳子牢牢地系在树上

☐ 🔶 Please ensure that your seat belts are fastened **securely**. 请确保您的安全带已系稳。

525 **sedimentation** /ˌsedɪmen'teɪʃn/ *n.* 沉降，沉积，沉淀

12 频

☐ 🔷 sedimentation tank 沉淀池

☐ 🔶 It has been found that calcium chloride affects the rate of **sedimentation**. 研究发现，氯化钙对沉降速率有影响。

**526** **sequence** /ˈsiːkwəns/ *n.* 序列；顺序；一系列

*vt.* 按顺序排列

212频

- 圆 chain (*n.*)
- 用 a sequence of events 一系列事件
- 例 Explain how changes in the nucleotide **sequence** of DNA may affect the amino acid sequence in a protein. 请解释 DNA 核苷酸序列的变化对蛋白质中的氨基酸序列有什么样的影响。

**527** **severe** /sɪˈvɪə(r)/ *adj.* 严重的；严厉的；艰巨的

19频

- 圆 chronic, critically (*adv.*)
- 用 severe punishment 重罚
- 例 Some children are born with **Severe** Combined Immune Deficiency (SCID). 有的小孩先天患有重症联合免疫缺陷病（SCID）。

**528** **sewage** /ˈsuːɪdʒ/ *n.* 污水，污物

18频

- 用 sewage disposal 污水处理
- 例 **Sewage** and agricultural fertilisers contain phosphate as well as nitrate. 污水和农业化肥含有磷酸盐和硝酸盐。

**529** **shallow** /ˈʃæləʊ/ *adj.* 浅的；（呼吸）微弱的；浅薄的

6频

- 用 shallow waters 浅水水域
- 例 Put the potato pieces into the **shallow** dish labelled C. 把这些土豆片放入标有 C 的浅盘中。

**530** **sheath** /ʃiːθ/ *n.* 鞘；护套；紧身连衣裙

9频

- 用 metal sheath 金属护套
- 例 Explain how the myelin **sheath** increases the speed of conduction of nerve impulses. 请解释髓鞘如何提高神经冲动的传导速度。

## 531 shoot /ʃuːt/ *n.* 枝条；嫩芽
### *v.* 射击；拍摄

65频

- □ 圎 bud (*n.*)
- □ 用 shoot a movie 拍一部电影
- □ 例 Describe the part played by auxins in apical dominance in a plant **shoot**. 请描述生长素在植物枝条顶端优势中所起的作用。

## 532 shorten /'ʃɔːtn/ *v.* 缩短，变短

6频

- □ 用 shorten the holiday 缩短假期
- □ 例 The enzyme telomerase ensures that telomeres do not **shorten** each time DNA is replicated. 端粒酶可以确保端粒不随 DNA 的复制而变短。

## 533 simulate /'sɪmjuleɪt/ *vt.* 模拟；模仿；假装

11频

- □ 圎 mock (adj.)
- □ 用 simulate conditions 模拟条件
- □ 例 Protein folding is difficult to **simulate** with classical molecular dynamics. 用经典分子动力学很难模拟蛋白质折叠。

## 534 sire /'saɪə(r)/ *vt.* 繁殖；做……的父亲
### *n.* 雄性种兽；（旧时对国王的称呼）陛下

5频

- □ 圎 breed (*v.*), reproduce (*v.*)
- □ 用 sire three children 生下三个孩子（用于男性）
- □ 例 The results were used to determine the number of offspring **sired** by each of the male lizards in the first sample. 这些结果用于确定第一个样本中每只雄性蜥蜴繁殖的后代数量。

## 535 sketch /sketʃ/ *v.* 画出；简述
### *n.* 素描；概述

26频

- □ 用 sketch sth. out 简述某事
- □ 例 Use the axes below to **sketch** a graph to show the effect of substrate concentration on the initial rate of reaction at one temperature. 用下面的坐标轴画出底物浓

度对同一温度下的初始反应速率的影响。

536 **smear** /smɪə(r)/ *n.* 涂片；污迹
*v.* 涂抹；诽谤

9 频

[用] smear mud on the wall 往墙壁上涂泥巴

[例] Put a few drops of water onto the **smear** of cells. 在细胞涂片上滴几滴水。

537 **smooth** /smuːð/ *adj.* 光滑的；平稳的
*v.* 使平整；（将软物质）均匀涂抹

103 频

[用] smooth running of the business 公司的平稳运转

[例] Normally blood vessel walls are very **smooth**. 通常情况下，血管壁是非常光滑的。

538 **snorkel** /ˈsnɔːkl/ *n.* 水下呼吸管
*vi.* 用通气管潜泳

6 频

[用] go snorkelling 去潜游

[例] There are several techniques to remove water from a **snorkel** before inhaling. 有几种方法可以在吸气前清除通气管中的水。

539 **sorghum** /ˈsɔːgəm/ *n.* 高粱

74 频

[用] sorghum breeding 高粱育种

[例] Explain how the leaves of maize or **sorghum** are able to maximise carbon dioxide fixation at high temperatures. 请解释玉米或高粱的叶子如何在高温下最大限度地二氧化碳固定。

540 **sow** /səʊ/ *v.* 播种；煽动，激起

10 频

[用] sow confusion 制造混乱

[例] It shows how the grain was **sown** in each trial plot. 它显示了每块试验田的谷物播种情况。

**541 span** /spæn/ *n.* 持续时间；范围
   *vt.* 横跨；持续

6频

- ⊕ attention span 注意力持续时间
- ⊗ The red blood cell has a short life **span** due to the loss of the nucleus and other organelles. 由于细胞核和其他细胞器的丧失，红细胞的寿命很短。

**542 spatial** /ˈspeɪʃl/ *adj.* 空间的

6频

- ⊕ spatial distribution 空间分布
- ⊗ This task is designed to test children's **spatial** awareness. 这项任务旨在测试儿童的空间意识。

**543 specimen** /ˈspesɪmən/ *n.* 样本；标本；……的典型

188频

- ⊕ fossil specimen 化石标本
- ⊗ A **specimen** is viewed under a microscope using green light with a wavelength of 510 nm. 使用波长为 510 纳米的绿光在显微镜下观察样本。

**544 spin** /spɪn/ *v.* 快速旋转；纺（线、纱）
   *n.* 旋转；兜风

12频

- ⊕ the spin of a wheel 轮子的转动
- ⊗ A sample was taken and **spun** in a centrifuge. 取一份样本放进离心机中旋转。

**545 spinal** /ˈspaɪnl/ *adj.* 脊椎的，脊髓的

5频

- ⊕ spinal injuries 脊椎损伤
- ⊗ Most reflex arcs pass through the **spinal** cord and involve different types of neurones. 大多数反射弧会穿过脊髓，并涉及各种类型的神经元。

## 546 spiral /ˈspaɪrəl/ n. 螺旋，螺旋式
### adj. 螺旋形的

8频

- 囫 helical (adj.)
- 用 the downward spiral of... 日渐下降的……
- 例 Starch molecules tend to curl up into long **spirals**. 淀粉分子往往卷曲成长长的螺旋状。

## 547 split /splɪt/ v. 分开；分裂
### n. 分离；份额

15频

- 囫 isolate (v. & n.), dissociate (v.)
- 用 split up with sb. 和某人断绝关系，分手
- 例 Hydrogen atoms **split** into protons and electrons. 氢原子分裂成质子和电子。

## 548 spongy /ˈspʌndʒi/ adj. 海绵似的，柔软吸水的

26频

- 用 spongy tissue 海绵状组织
- 例 The uterus has a thin, **spongy** lining. 子宫有一层薄薄的海绵状内膜。

## 549 spray /spreɪ/ v. 喷洒；扫射
### n. 喷剂；飞沫

35频

- 用 sea spray 浪花
- 例 Glyphosate is **sprayed** on the crop to kill weeds. 往庄稼上喷洒草甘膦是为了除草。

## 550 stability /stəˈbɪləti/ n. 稳定，稳固

11频

- 用 social stability 社会稳定
- 例 The graph shows how temperature affects the **stability** of chitinase. 该图表示的是温度对几丁质酶稳定性的影响。

**551 stain** /steɪn/ *vt.* 弄脏；玷污
*n.* 污渍；着色剂

216频

- 🔵 contaminate
- 🔶 ink stain 墨迹
- 📝 To avoid **staining** your skin, try not to touch the agar. 尽量不要触碰琼脂，以防弄脏皮肤。

**552 stalk** /stɔːk/ *n.*（植物的）茎
*v.* 偷偷接近；怒冲冲地走

13频

- 🔶 corn stalks 玉米秆
- 📝 The **stalk** of a dandelion flower is a hollow tube. 蒲公英花茎呈中空管状。

**553 standardise** /ˈstændədaɪz/ *vt.* 使标准化

37频

- 🔶 a standardised contract 标准化合同
- 📝 State two of the variables which need to be **standardised** when using this method to compare different samples of urine. 请说明使用此方法比较不同尿样时需要经过标准化处理的两个变量。

**554 staple** /ˈsteɪpl/ *adj.* 主要的；基本的
*n.* 订书针；主食

5频

- 🔵 primary (*adj.*)
- 🔶 staple crop 主要农作物
- 📝 Rice is a **staple** food in many parts of the world. 许多地方都以大米为主食。

**555 statement** /ˈsteɪtmənt/ *n.* 说法，表述；声明

207频

- 🔵 expression
- 🔶 make a statement on sth. 对某事进行声明
- 📝 Which **statement** defines active transport? 下列哪种说法是主动传输的定义？

## 556 **statistical** /stəˈtɪstɪkl/ *adj.* 统计的；统计学的

52 频

- 用 statistical analysis 统计分析
- 例 State one reason why the student chose this **statistical** test. 请说明该学生选择这项统计试验的一个原因。

## 557 **steep** /stiːp/ *adj.* 陡峭的；急剧的
### *vt.* 浸泡

5 频

- 用 a steep decline in the birth rate 出生率的骤降
- 例 What maintains the **steep** concentration gradients needed for successful gas exchange in the lungs? 是什么成功维持了肺部气体交换所需的陡峭浓度梯度的？

## 558 **stem** /stem/ *n.* （植物的）秆，茎，梗
### *vt.* 阻止

281 频

Stem

- 近 foil (v.)
- 用 stem from... 源于……
- 例 **Stem** cells in the bone marrow produce reticulocytes which differentiate into red blood cells. 骨髓中的干细胞产生网状细胞，再分化为红细胞。

## 559 **sterile** /ˈsteraɪl/ *adj.* 不育的；无菌的；刻板的

31 频

- 用 sterile water 消毒过的水
- 例 Female mice without FSH receptors were **sterile**. 没有 FSH 受体的雌鼠无法生育。

## 560 **stimulus** /ˈstɪmjələs/ *n.* 刺激因素，促进因素；刺激

21 频

- 近 irritant
- 用 stimulus to/for... 促进……
- 例 Action potentials do not change in size as they travel, nor do they change in size according to the intensity of the **stimulus**. 动作电位的大小不会随着它们的移动而改变，也不会随着刺激强度的不同而改变。

## 561 **stock** /stɒk/ *n.* 储存物；树干；动植物的血统、族群或科

18频

- ⊞ stock solution 原液
- ⑩ The students were additionally provided with a **stock** solution of Ringer's solution containing 0.5% ATP. 另外向学生提供含有 0.5% ATP 的林格氏溶液的原液。

## 562 **strain** /streɪn/ *n.* （菌、病毒）株；（动、植物的）品系；张力
*v.* 拉紧

48频

- ⊞ muscle strain 肌肉拉伤
- ⑩ The mutant **strain** differs from the wild-type in its resistance to an antibiotic. 该突变株与野生型菌株对抗生素的抗性不同。

## 563 **strand** /strænd/ *n.* 链；（线、绳、毛发等的）缕
*vt.* 使滞留；使搁浅

90频

- ⊞ a strand of hair 一缕头发
- ⑩ Explain what determines the sequence of nucleotides in the newly replicated **strand** of DNA. 请解释是什么决定了新复制的 DNA 链中的核苷酸序列。

## 564 **strategy** /'strætədʒi/ *n.* 战略；策略

17频

- ⊞ marketing strategy 营销策略
- ⑩ The aim of this global **strategy** is to make progress in the control and elimination of malaria. 这一全球战略的目的是在控制和消除疟疾方面取得进展。

## 565 **straw** /strɔː/ *n.* 吸管；（收割后干燥的）禾秆、麦秆、稻草

6频

- ⊞ straw hat 草帽
- ⑩ New technologies exist to allow horse semen to be frozen in small plastic **straws**. 有了新的技术可以将马的精液冷冻在小塑料吸管中。

566 **stream** /striːm/ *n.* （液、气）流；溪流

        *v.* 流动；飘扬

> [7 频]
- 用 mountain streams 山涧
- 例 After a period of time a **stream** of air was passed through the culture at a constant rate. 一段时间后，一股气流以恒定的速度通过培养物。

567 **strength** /streŋθ/ *n.* 强度；力量；优势

> [19 频]
- 同 intensity
- 用 on the strength of sth. 凭借某事物
- 例 Which features affect the tensile **strength** of collagen? 哪些特性会影响胶原蛋白的抗张强度？

568 **strip** /strɪp/ *n.* 条，带

        *v.* 剥光；拆开

> [39 频]
- 用 strip sth. off 把某物剥下来
- 例 One of these tests uses **strips** that change colour to indicate the urea concentration. 其中一项测试使用变色的试条来表示尿素浓度。

569 **striped** /straɪpt/ *adj.* 有条纹的

> [31 频]
- 同 banded, barred
- 用 a striped shirt 条纹衬衫
- 例 It has a **striped** body and its wings are longer than its abdomen. 它的身体有条纹，且翅膀比腹部长。

570 **submerge** /səbˈmɜːdʒ/ *v.* 浸没；沉浸

> [15 频]
- 同 immerse
- 用 submerge oneself in sth. 沉浸于某事
- 例 Explain how rice is adapted to grow with its roots **submerged** in water. 请解释水稻是如何适应根部浸入水中生长的。

## 571 **submergence** /səbˈmɜːdʒəns/ *n.* 浸没；淹没

8 频

[用] flood submergence 洪水淹没

[例] Describe the effect of **submergence** in water on the production of ethene in rice. 请描述淹水对水稻产生乙烯的影响。

## 572 **substitution** /ˌsʌbstɪˈtjuːʃn/ *n.* 代替物；代替

23 频

[用] substitution reaction 取代反应

[例] The bacteria that cause cholera can become resistant to antibiotics by a **substitution** mutation. 引起霍乱的细菌可以通过替换突变对抗生素产生抗药性。

## 573 **suffer** /ˈsʌfə(r)/ *v.* 患（病）；遭受；受难

9 频

[同] expose

[用] suffer from asthma 患有哮喘

[例] People **suffering** from TB are treated using antibiotics. 对于患有结核病的人，用抗生素进行治疗。

## 574 **sufficient** /səˈfɪʃnt/ *adj.* 足够的，充分的

15 频

[用] be sufficient to do sth. 足够做某事

[例] Anaerobic respiration is not **sufficient** to keep neurones in the brain alive. 无氧呼吸不足以维持大脑中神经元的活性。

## 575 **summarise** /ˈsʌməraɪz/ *vt.* 概括，总结

22 频

[名] summary 总结

[用] to summarise 总结一下

[例] The passage below **summarises** the effects of gibberellins on seed germination. 以下文章总结了赤霉素对种子萌发的影响。

576 **supplement** /ˈsʌplɪmənt/ *n.* 补充（物）；（报纸的）增刊

*vt.* 补充

5 频

- ⬚ add
- ⬚ the supplement to sth. 某物的补充物
- ⬚ Iron **supplements** are usually taken by mouth. 铁补充剂通常是口服的。

577 **support** /səˈpɔːt/ *vt. & n.* 支撑；支持

121 频

- ⬚ support sb. in sth. 在某方面支持某人
- ⬚ Suggest one observable feature which **supports** this conclusion. 请说出一个可以支持该结论的可观察到的特征。

578 **suppress** /səˈpres/ *vt.* 抑制；镇压

6 频

- ⬚ suppress one's anger 压住怒火
- ⬚ A person whose immune system is **suppressed** may become more susceptible to certain diseases. 免疫系统受到抑制的人更容易感染某些疾病。

579 **surface** /ˈsɜːfɪs/ *n.* 表面

*v.* 浮出水面；（隐藏或被掩盖一段时间后）露面

29 频

- ⬚ on the surface 表面上；乍一看
- ⬚ As a frozen lake warms after a cold winter, mineral nutrients are brought to the **surface**. 寒冷的冬天过后，随着结冰的湖水变暖，矿物质营养物质渐渐地被带到了水面。

580 **survey** /ˈsɜːveɪ/ *n.* 调查；勘测

/səˈveɪ/ *v.* 审视；概述

6 频

- ⬚ probe (v.), sketch (n.)
- ⬚ geological survey 地质勘查
- ⬚ They decided to carry out a **survey** to investigate the number of deer found grazing at 16 different sites. 他们决定在 16 个不同地点调查有多少正在吃草的鹿。

### 581 susceptible /səˈseptəbl/ *adj.* 易受影响的；敏感的；善感的

9频

- 用 be susceptible to advertisements 易受广告影响
- 例 Explain why people with HIV/AIDS are more **susceptible** to infections, such as typhoid. 解释为什么艾滋病病毒携带者或艾滋病患者更容易感染伤寒等疾病。

### 582 swell /swel/ *v.* 膨胀；增大；充满（激情）
### *n.* 增强

6频

- 近 expansion (*n.*)
- 用 swell with pride 满腔自豪
- 例 The animal cell swells and bursts, while the plant cell **swells** but does not burst. 动物细胞会膨胀和破裂，植物细胞会膨胀但不会破裂。

### 583 syndrome /ˈsɪndrəum/ *n.* 综合征；典型表现

15频

- 用 post-holiday syndrome 节后综合征
- 例 Turner's **syndrome** is the most common chromosome mutation in human females. 特纳氏综合征是女性群体中最常见的染色体突变。

### 584 syringe /sɪˈrɪndʒ/ *n.* 注射器；吸管

208频

- 用 sterile syringe 无菌注射器
- 例 Use a **syringe** to put some of water into the large test tube. 用注射器将一定量的水注入大试管中。

### 585 syrup /ˈsɪrəp/ *n.* 糖水；糖浆

5频

- 用 cough syrup 止咳糖浆
- 例 The commercial production of high fructose corn **syrup** uses immobilised glucose isomerase. 高果糖玉米糖浆的商业化生产会使用固定化葡萄糖异构酶。

# T

## 586 **tadpole** /ˈtædpəʊl/ *n.* 蝌蚪

18 频

- 用 tadpole raising 蝌蚪饲养
- 例 Eggs of toads are laid in water and hatch into **tadpoles**. 蟾蜍在水中产卵，然后孵化成蝌蚪。

## 587 **tank** /tæŋk/ *n.* （贮放液体或气体的）箱、槽或罐；坦克

8 频

- 用 a fuel tank 燃料箱
- 例 The tubes were illuminated through a thin glass **tank** filled with water. 透过一个装满水的薄玻璃水箱给试管照明。

## 588 **tap** /tæp/ *n.* 水龙头；轻拍
            *v.* 利用；轻拍

14 频

- 用 turn the tap on 打开水龙头
- 例 Put all the pieces of plant tissue into the empty container labelled P and cover with **tap** water. 将所有的植物组织放入标有 P 的空容器中，并用自来水浸没。

## 589 **technique** /tekˈniːk/ *n.* 技术；技巧

48 频

- 用 marketing techniques 营销技巧
- 例 Name the **technique** used to produce many copies of a DNA sequence from a very small quantity of DNA. 请说出通过极少量脱氧核糖核酸复制出大量脱氧核糖核酸序列的技术是什么。

## 590 **template** /ˈtempleɪt/ *n.* 模板；范例

29频

- 回 model
- 用 a template for other agreements 其他协议的范例
- 例 Only one strand of DNA is used as a **template** during replication. 在复制过程中，只有一条脱氧核糖核酸链用作模板。

## 591 **temporary** /ˈtemprəri/ *adj.* 临时的，短暂的

6频

- 用 temporary arrangement 临时安排
- 例 **Temporary** bonds hold the substrate in the active site. 临时键将底物固定在活性位点上。

## 592 **tension** /ˈtenʃn/ *n.* 张力；紧张局势；矛盾
###### *vt.* 拉紧

34频

- 回 strain [*n. & v.*]
- 用 political tensions 政治上的紧张局势
- 例 Alveoli secrete surfactant which reduces surface **tension** in the lungs. 肺泡分泌表面活性物质，降低肺部的表面张力。

## 593 **term** /tɜːm/ *n.* 术语；期限；学期
###### *vt.* 把……称为

164频

- 回 describe [*vt.*]
- 用 in terms of sth. 就某事而言
- 例 COPD is a **term** used to describe a collection of lung diseases. 慢性阻塞性肺疾病（COPD）是一个用来描述一系列肺部疾病的术语。

## 594 **terminal** /ˈtɜːmɪnl/ *adj.* 末梢的；晚期的
###### *n.* 航站；端子

13频

- 用 terminal lung cancer 晚期肺癌
- 例 Explain why the side shoots increase in length when the **terminal** buds are removed. 请解释为什么当顶芽被移除时，侧枝的长度会增加。

## 595 **terrestrial** /təˈrestriəl/ *adj.* 陆地的，陆生的；地球上的

6 频

🔤 terrestrial life 地球上的生物

📝 Fig 5.1 shows the changes in the total area protected and in global biodiversity from 1965 to 2005, in **terrestrial** and marine habitats. 图 5.1 显示了 1965 年至 2005 年陆地和海洋生物栖息地受保护总面积和全球生物多样性的变化。

## 596 **test** /ˈtest/ *v. & n.* 测试；检验；试验

74 频

🔤 nuclear test 核试验

📝 The table shows the colours of the solutions after **testing**. 下表显示了这些溶液在测试之后的颜色。

## 597 **tetanus** /ˈtetnəs/ *n.* 破伤风

6 频

🔤 be vaccinated against tetanus 接种破伤风疫苗

📝 The bacterium that causes the disease **tetanus** produces a toxin that acts as an antigen. 导致破伤风的细菌会产生某种毒素作为抗原。

## 598 **theoretical** /ˌθɪəˈretɪkl/ *adj.* 理论上的；理论的

7 频

🔤 theoretical physics 理论物理学

📝 Suggest why **theoretical** modelling cannot completely replace laboratory trials in the search for new drugs. 请说明为什么在研究新药时，理论建模不能完全取代实验室试验。

## 599 **theory** /ˈθɪəri/ *n.* 理论；学说；观点

19 频

🔤 in theory 理论上；按理说

📝 State the general **theory** of evolution and explain the process of natural selection in evolution. 请陈述进化论的一般理论，并解释进化论中自然选择的过程。

**600 threaten** /ˈθretn/ *v.* 威胁；有……危险

10频

- ⊜ risk (v.)
- ⊕ threaten sb. with sth. 用某事（物）威胁某人
- ⊘ It has been suggested that raccoons may **threaten** biodiversity and pose a risk to human health in Germany. 在德国，有人认为浣熊可能会对生物多样性造成威胁，且有可能危害人类健康。

**601 tick** /tɪk/ *n.* 勾号；片刻
　　　　　　　*v.* 打勾；发出滴答声

18频

- ⊕ tick the appropriate box 在适合的方框内打钩
- ⊘ Use a **tick** if the feature is present and a cross if the feature is absent. 给存在的特征打勾，不存在的打叉。

**602 tile** /taɪl/ *n.* 瓷砖；瓦片
　　　　　　*vt.* 铺砖

44频

- ⊕ ceramic floor tiles 陶瓷地砖
- ⊘ Use a paper towel to wipe the spotting **tile** clean. 用纸巾把有污点的瓷砖擦干净。

**603 toad** /təʊd/ *n.* 蟾蜍；讨厌的人

15频

- ⊕ Mexican spadefoot toad 墨西哥锄足蟾
- ⊘ Mexican spadefoot toad tadpoles develop into adult **toads** that do not live in water. 墨西哥锄足蟾蝌蚪发育成不在水中生活的成年蟾蜍。

**604 towel** /ˈtaʊəl/ *n.* 纸巾；毛巾；抹布

73频

- ⊕ bath towel 浴巾
- ⊘ Wipe off any iodine from the outside of the syringe with a paper **towel**. 用纸巾擦去注射器外面的碘。

## 605 **toxic** /ˈtɒksɪk/ *adj.* 有毒的

35 频

- 回 poison (n.)
- 用 toxic chemicals 有毒化学品
- 例 High concentrations of ammonia in the tank are **toxic** to fish. 水箱中高浓度的氨对鱼是有毒的。

## 606 **toxin** /ˈtɒksɪn/ *n.* 毒素

51 频

- 回 poison
- 用 plant toxin 植物毒素
- 例 An antiserum to a snake **toxin** can be obtained by injecting the toxin into a horse. 将蛇毒素注射到马的体内，可以获得抗蛇毒血清。

## 607 **trace** /treɪs/ *n.* 轨迹；微量
　　　　　　　　　　　　　*v.* 查出；追踪

5 频

- 回 detect (v.)
- 用 be traced back to the 16th century 追溯到 16 世纪
- 例 How many heart beats are shown on the ECG **trace**? 心电图上显示了多少次心跳？

## 608 **traditional** /trəˈdɪʃənl/ *adj.* 传统的；守旧的

10 频

- 回 conventional
- 用 traditional dress 传统服装
- 例 **Traditional** techniques for genetically modifying organisms use three enzymes. 传统的生物基因改造技术会用到三种酶。

## 609 **train** /treɪn/ *v.* 训练；培训
　　　　　　　　　　*n.* 列车；队列

5 频

- 用 train sb. in sth. 在某方面训练某人
- 例 Athletes often **train** at high altitude before race. 运动员在比赛前经常到高海拔地区进行训练。

## 610 **transfer** /trænsˈfɜː(r)/ v. & n. 传输；转移

- 🌐 transfer sth. from A to B 将某物从 A 转移到 B
- 📝 Outline the role of **transfer** RNA (tRNA) in the production of a polypeptide. 概述转移 RNA（tRNA）在多肽合成过程中的作用。

## 611 **transmission** /trænzˈmɪʃn/ n. 传送；传播；传送装置

- 🌐 transmission of disease 疾病的传播
- 📝 Describe the mode of **transmission** of cholera. 请描述霍乱的传播方式。

## 612 **transparent** /trænsˈpærənt/ adj. 透明的，清澈的；显而易见的

- 🌐 a man of transparent honesty 显然很诚实的人
- 📝 The upper parts of the chambers were **transparent** so that the plants received natural sunlight. 房间的上面部分是透明的，这样植物就可以照到自然光。

## 613 **transverse** /ˈtrænzvɜːs/ adj. 横切的，横向的

- 🌐 transverse force 横向作用力
- 📝 The photomicrograph shows a **transverse** section through a leaf. 下方显微照片展示的是一片树叶的横切面。

## 614 **trap** /træp/ vt. 吸收；使陷入困境
## n. 陷阱；困境

- 🔄 absorb (vt.)
- 🌐 unemployment trap 失业困境
- 📝 Mangrove plants **trap** sunlight during photosynthesis. 红树林植物在光合作用过程中吸收阳光。

## 615 **treatment** /ˈtriːtmənt/ *n.* 治疗；处理；待遇

183频

- ⊕ medical treatment 药物治疗
- ⑩ One method of **treatment** is to inject the patient with antibodies specific to the rabies virus. 一种治疗方法是给患者注射狂犬病病毒特异性抗体。

## 616 **trend** /trend/ *n.* 趋势，倾向

42频

- ⑩ direction
- ⊕ political trends 政治趋势
- ⑩ What explains the **trend** in the results of this investigation? 如何解释这一调查结果中显示的变化趋势？

## 617 **trial** /ˈtraɪəl/ *n.* 试验；审理；预赛

77频

- ⑩ test
- ⊕ clinical trial 临床试验
- ⑩ Carry out a **trial** using different concentrations of sucrose solutions. 用不同浓度的蔗糖溶液进行试验。

## 618 **trigger** /ˈtrɪɡə(r)/ *vt.* 触发；引起
*n.* 起因；触发器

8频

- ⑩ induce (*vt.*), cause (*vt.* & *n.*)
- ⊕ trigger sth. off 引起某事
- ⑩ The virus may **trigger** an immune response which destroys the infected cells. 病毒可能会触发免疫反应，破坏受感染的细胞。

## 619 **trunk** /trʌŋk/ *n.* 树干；躯干；旅行箱

14频

- ⑩ stock
- ⊕ gnarled trunk 粗糙多瘤的树干
- ⑩ The graph shows the diameter of a tree **trunk** at different times. 下图显示了树干在不同时间的直径。

## 620 **tuber** /ˈtjuːbə(r)/ *n.* 块茎（某些植物的肉质地下茎）

24 频

- 用 tuber plant 块茎植物
- 例 The diagram shows a potato **tuber** at different stages. 下图显示了马铃薯块茎在不同阶段的情况。

## 621 **tubing** /ˈtjuːbɪŋ/ *n.* 管；管状物

185 频

- 用 plastic tubing 塑料管
- 例 Put 6 cm³ of P into the open end of the dialysis **tubing**. 将 6 立方厘米的磷放入透析管的开口端。

## 622 **tuna** /ˈtjuːnə/ *n.* 金枪鱼

9 频

- 用 tuna steaks 金枪鱼排
- 例 What is the net primary production per year for the carnivorous zooplankton and the **tuna**? 肉食性浮游动物和金枪鱼每年的净初级生产量是多少？

## 623 **twitch** /twɪtʃ/ *v. & n.* 抽搐；急拉

16 频

- 用 a nervous twitch 神经质的抽动
- 例 The table shows some features of fast **twitch** and slow twitch muscle fibres. 该表格展示了快肌纤维和慢肌纤维的一些特征。

## 624 **type** /taɪp/ *n.* 类型；典型
　　　　　　　　　　　 *v.* 打字；测定……的类型

217 频

- 用 blood type 血型
- 例 Explain the principles of this **type** of DNA microarray analysis. 请解释这种类型的脱氧核糖核酸微阵列分析的原理。

# U

625 **unaffected** /ˌʌnəˈfektɪd/ *adj.* 不受影响的；真诚自然的，不做作的

21 频
- 搭 be unaffected by sth. 不受某事（物）的影响
- 例 Shellfish may consume organisms containing saxitoxin but are **unaffected**. 甲壳类海生动物可能会食用含有石房蛤毒素的生物，但不会受到影响。

626 **uncurl** /ˌʌnˈkɜːl/ *v.* 伸直，舒展

7 频
- 反 curl up 蜷曲
- 例 If the epidermis is folded, you may need to add more drops of water so that it floats and **uncurls**. 如果表皮是折叠的，需要加多一点水，这样它才能展开并浮起来。

627 **undergo** /ˌʌndəˈgəʊ/ *vt.* 经历；经受

28 频
- 搭 undergo tests/trials 经受考验
- 例 The photomicrograph shows cells **undergoing** mitosis. 下方显微照片展示的是正在进行有丝分裂的细胞。

628 **unicellular** /ˌjuːnɪˈseljələ(r)/ *adj.* 单细胞的

22 频
- 搭 unicellular organisms 单细胞生物
- 例 Water fleas feed on the **unicellular** algae. 水蚤以单细胞藻类为食。

629 **uninfected** /ˌʌnɪnˈfektɪd/ *adj.* 未被感染的

8 频
- 搭 uninfected area 未感染区域
- 例 Describe the way in which cholera is transmitted from an infected person to an **uninfected** person. 请描述霍乱是如何从感染者传给未感染者的。

**630 united** /juˈnaɪtɪd/ *adj.* 联合的；团结的；统一的

8频

- 用 united team 团结的队伍
- 例 Factions previously at war with one another are now **united** against the common enemy. 以前相互交战的派系现在联合起来对抗共同的敌人。

**631 universal** /ˌjuːnɪˈvɜːsl/ *adj.* 通用的；全世界的；普遍的

11频

- 同 average
- 用 universal suffrage 普选权
- 例 The triplet code is **universal** for the DNA of all organisms. 三联体密码对所有生物体的脱氧核糖核酸而言都是通用的。

**632 untreated** /ˌʌnˈtriːtɪd/ *adj.* 未处理的；未治疗的

14频

- 用 untreated sewage 未处理的污水
- 例 The disease will cause blindness and then death if **untreated**. 如果不进行治疗，这种疾病会导致失明，然后死亡。

**633 unwind** /ˌʌnˈwaɪnd/ *v.* 解开；放松

14频

- 用 unwind a ball of string 解开一团绳
- 例 The helices of collagen molecules **unwind**. 胶原分子的螺旋解开了。

**634 useful** /ˈjuːsfl/ *adj.* 有帮助的，有用的；合格的

13频

- 用 be useful for sth. 对某事有帮助
- 例 Explain why determining the activity of telomerase may be **useful** in the diagnosis of lung cancer. 请解释为什么测定端粒酶活性可能有助于肺癌的诊断。

# V

---

**635  vaccine** /ˈvæksiːn/ *n.* 疫苗

72 频

⊕ measles vaccine 麻疹疫苗

⑨ A **vaccine** is being developed to help people stop smoking tobacco. 人们正在研发一种有助于戒烟的疫苗。

**636  valid** /ˈvælɪd/ *adj.* 有效的；有根据的

25 频

⊕ valid passport 有效的护照

⑨ Suggest one reason why this conclusion may not be **valid**. 为什么该结论可能是无效的？请说明一个原因。

**637  valve** /vælv/ *n.* （心脏的）瓣膜；阀门

65 频

⊕ exhaust valve 排气阀

⑨ The diagram shows the **valves** inside the heart. 下图是一张心脏内部的瓣膜图。

**638  vapour** /ˈveɪpə(r)/ *n.* 蒸汽

26 频

⊕ vapour pressure 蒸气压

⑨ Describe what happens to the water **vapour** in the intercellular air spaces during the day and explain why this happens. 请描述细胞间隙中的水蒸气在白天发生了什么，并解释为什么会发生这种情况。

**639  variable** /ˈveəriəbl/ *n.* 变量
　　　　　　　　　　　　　 *adj.* 易变的；可变的

279 频

⊕ independent variable 自变量；dependent variable 因变量

⑨ State which **variable** you will need to standardise when testing the other protein solutions. 请说出在测试其他蛋白质溶液的时候需要标准化的变量。

**640**  **variant** /ˈveəriənt/ *n.* 变异；变形
 *adj.* 不同的

- □ 回 distinct (*adj.*)
- □ 用 variant forms of spelling 不同的拼写形式
- □ 例 The fruit fly has many phenotypic **variants** in features such as body colour, wing shape and eye colour. 果蝇在身体颜色、翅膀形状和眼睛颜色等特征上有许多表型变异。

**641**  **variation** /ˌveəriˈeɪʃn/ *n.* 变化；变体；变奏曲

81 频

- □ 用 variation in/of sth. 某事（物）的变化
- □ 例 State the two sources of phenotypic **variation** in the blue whale population. 请说出蓝鲸种群中表型变异的两个来源。

**642**  **vary** /ˈveəri/ *v.* 变化；有不同

14 频

- □ 回 change
- □ 用 vary in sth. 在某方面不同
- □ 例 These concentrations **vary** between 85 mg/cm$^3$ and 155 mg/cm$^3$. 浓度在 85 毫克每立方厘米到 155 毫克每立方厘米之间变化。

**643**  **velocity** /vəˈlɒsəti/ *n.* 速度

14 频

- □ 用 the velocity of light 光速
- □ 例 One conclusion from these data is that mean conduction **velocity** in the ulnar nerve varies significantly with age. 从这些数据得出的一个结论是，尺神经的平均传导速度随着年龄的增长发生了显著的变化。

**644**  **version** /ˈvɜːʃn/ *n.* 版本；型式；说法

5 频

- □ 用 the latest version of the software package 软件包的最新版本
- □ 例 Scientists have produced a synthetic **version** of the cathelicidin that kills bacteria that are resistant to a number of antibiotics such as tetracycline. 科学家们已经研究出一种合成版抗菌肽，可以杀死对四环素等多种抗生素具有抗药性的细菌。

## 645 **vertical** /ˈvɜːtɪkl/ *adj.* 垂直的；竖的，纵向的
*n.* 垂直位置

10 频

- 🌐 vertical axis 纵轴
- 🔖 It is a diagram of a **vertical** section through the mammalian heart. 该图是哺乳动物心脏的垂直剖面图。

## 646 **vital** /ˈvaɪtl/ *adj.* 维持生命所必需的；必不可少的；充满生机的

11 频

- 🔄 essential
- 🌐 be of vital importance 至关重要
- 🔖 Explain how the physiologist would determine the **vital** capacity of the athlete. 请解释生理学家如何确定运动员的肺活量。

## 647 **voltage** /ˈvəʊltɪdʒ/ *n.* 电压

13 频

- 🌐 high/low voltage 高 / 低压
- 🔖 For a grid to operate efficiently, **voltage** stability is essential. 电网的高效运行必须要有稳定的电压。

## 648 **volume** /ˈvɒljuːm/ *n.* 体积；量；音量

590 频

- 🌐 a large volume of steel 大量钢铁
- 🔖 The graph shows how the mean cell **volume** changes with time. 该图显示了平均细胞体积是如何随时间变化的。

## 649 **volunteer** /ˌvɒlənˈtɪə(r)/ *n.* 志愿者；主动做某事的人
*v.* 自愿做；主动要求

7 频

- 🌐 volunteer to do sth. 自愿做某事
- 🔖 The **volunteers** were grouped according to the number of packets of cigarettes that they smoked per year. 根据志愿者们每年的吸烟量来分组。

# W

扫一扫
听本节音频

---

650 **warty** /'wɔːti/ *adj.* 有疣的，长着瘊子的

9频

- ⊕ Visayan warty pig 卷毛野猪
- ⑩ The Visayan **warty** pig is found on two islands in the Philippines. 卷毛野猪是在菲律宾的两座岛屿上被发现的。

---

651 **waste** /weɪst/ *n.* 废料；浪费
　　　　　　　　*v.* 浪费；糟蹋

37频

- ⊕ industrial waste 工业废料
- ⑩ Environmental agencies test samples of **waste** water for antibiotic resistant bacteria. 环境机构对废水样本进行了抗药性细菌检测。

---

652 **wavelength** /'weɪvleŋθ/ *n.* 波长；广播波段

56频

- ⊕ wavelength of the laser light 激光的波长
- ⑩ A specimen is viewed under a microscope using green light with a **wavelength** of 510 nm. 用波长为 510 纳米的绿光在显微镜下观察样品。

---

653 **whale** /weɪl/ *n.* 鲸

43频

- ⊕ blue whale 蓝鲸
- ⑩ The humpback **whale** is a carnivore, feeding on krill and herring. 座头鲸是一种食肉动物，以磷虾和鲱鱼为食。

---

654 **wheat** /wiːt/ *n.* 小麦

76频

- ⊕ wheat flour 小麦制的面粉
- ⑩ The structure of a **wheat** grain is very similar to that of a maize fruit. 小麦籽粒的结构与玉米果实的结构非常相似。

---

## 655 **wilt** /wɪlt/ *v.* 枯萎，凋谢；变得萎靡不振

6频

- ⊕ wilted leaves 枯叶
- ⑩ Aphids are serious pests of many crop plants, causing **wilting** and spreading virus infections. 蚜虫是一种害虫，会引起枯萎和病毒感染的传播，对许多农作物构成了严重威胁。

## 656 **woodlouse** /ˈwʊdlaʊs/ *n.* 潮虫

7频

- ⊜ woodlice
- ⑩ A student set up a respirometer containing 5 **woodlice**. 学生准备了一个装有 5 只潮虫的呼吸仪。

## 657 **worm** /wɜːm/ *n.* 蠕虫；幼虫
## *v.* 蠕动；给（动物）驱寄生虫

35频

- ⊕ worm sth. out of sb. （慢慢地）从某人那里套出话来
- ⑩ The bird had a **worm** in its beak. 鸟儿嘴里叼着一条虫。

# Y

扫一扫
听本节音频

658 **yield** /ji:ld/ *n.* 产量；利润
          *v.* 出产（作物）；屈服

95频

- 🔁 capacity (*n.*)
- 🈺 yield good returns 产生丰厚的收益
- 📖 Describe the changes in grain **yield** between 1860 and 2010. 请描述 1860 年至 2010 年间粮食产量的变化。

# Z

扫一扫
听本节音频

659 **zone** /zəʊn/ *n.* 区域，地带

*vt.* 将……划作特殊区域

20 频

用 earthquake zone 地震带

例 The scientist measured the diameter of the **zone** of inhibition produced in the agar for each of the 5 different types of pathogenic bacterium. 科学家测量了 5 种不同类型的致病菌在琼脂中形成的抑制区的直径。

# 第二部分

# 高频专业词汇

# 8~10 年级高频专业词汇

**第一节**

## Classification 分类学

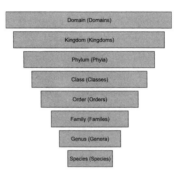

001 **domain** /dəˈmeɪn/      *n.* 域

- **E** the highest taxonomic category
- **释** 域是生物分类法中最高的类别。

002 **kingdom** /ˈkɪŋdəm/      *n.* 界

- **E** the previously highest category in taxonomic classification, now second to domain
- **释** 界曾是生物分类中的最高类别，现在仅次于域。

003 **phylum** /ˈfaɪləm/      *n.* 门

- **E** a principal taxonomic category that ranks above class and below kingdom
- **释** 门是生物分类的主要类别，等级排在界之下、类之上。

## 004 **class** /klɑːs/        *n.* 纲

- **E** a principal taxonomic grouping that ranks above order and below phylum or division
- **释** 纲是生物分类的重要类别，等级排在目之上、门之下。

## 005 **order** /ˈɔːdə(r)/        *n.* 目

- **E** a principal taxonomic category that ranks below class and above family
- **释** 目是生物分类的主要类别，等级排在类之下、科之上。

## 006 **family** /ˈfæməli/        *n.* 科

- **E** a principal taxonomic category that ranks above genus and below order, usually ending in -idae (in zoology) or -aceae (in botany)
- **释** 科是生物分类的主要类别，排在属之上、目之下，在动物学中通常以 -idea 结尾，在植物学中则以 -aceae 结尾。

## 007 **genus** /ˈdʒiːnəs/        *n.* 属

- **E** a principal taxonomic category that ranks above species and below family, and is denoted by a capitalized Latin name
- **释** 属是生物分类的主要类别，排在种之上、科之下，并用大写的拉丁名称表示。

## 008 **species** /ˈspiːʃiːz/        *n.* 种

- **E** the principal natural taxonomic unit; a group of living organisms consisting of similar individuals capable of exchanging genes or interbreeding
- **释** 种是自然生物分类的主要单位，即一组由能够交换基因或杂交的相似个体组成的生物。

## 009 **analogous** /əˈnæləgəs/ **feature**        类似特征

- **E** similarity of function and superficial resemblance of structures that have different origins
- **释** 类似特征是指功能上的相似性和起源不同的结构在外表上的相似性。

## 010 **Animalia** /ˌæniˈmeiliə/      *n.* 动物界

- 🇪 the kingdom name of animals
- 🇷 动物界即动物的界的名称。

## 011 **Archaea** /ɑːˈkiːə/      *n.* 古菌域

- 🇪 the domain of microorganisms that are similar to bacteria in size and simplicity of structure but radically different in molecular organisation
- 🇷 古菌域是一类在大小和结构的简单程度上与细菌相似，但在分子结构上有很大区别的微生物所属的域。
- 🄰 archaebacteria *n.* 古细菌界

## 012 **Eubacteria** /ˌjuːbækˈtɪərɪə/      *n.* 细菌域

- 🇪 the domain typically having simple cells with rigid cell walls and often flagella for movement; comprises the 'true' bacteria and cyanobacteria, as distinct from archaebacteria
- 🇷 细菌域是一类具有刚性细胞壁和用来改变运动状态的鞭毛的简单细胞所属的域；细菌域包括"真正的"细菌和蓝细菌，与古细菌不同。

## 013 **Eukarya** /uːˈkeərɪə/      *n.* 真核域

- 🇪 the domain of eukaryotic organisms
- 🇷 真核域即真核生物所属的域。

## 014 **Fungi** /ˈfʌŋgiː/      *n.* 真菌界

- 🇪 the kingdom of spore-producing organisms feeding on organic matter, including moulds, yeast, mushrooms, and toadstools
- 🇷 真菌界是以有机物为食的孢子繁殖生物的界的名称，包括霉菌、酵母、蘑菇和毒菌等。

## 015 **Plantae** /ˈplænˌtiː/      *n.* 植物界

- 🇪 the kingdom name of plants
- 🇷 植物界即植物的界的名称。

016 **Protista** /prəˈtɪstə/　　　　　　　　　　*n.* 原生生物界

- Ⓔ the kingdom that comprises mostly single-celled organisms such as the protozoa, simple algae and fungi, slime moulds, and (formerly) the bacteria
- ㊥ 原生生物界是由单细胞生物如原生动物、简单藻类和真菌、黏菌及（以前的）细菌组成的界。

017 **binomial** /baɪˈnəʊmiəl/ **system**　　　　双名命名法

- Ⓔ a formal system of naming species of living things by giving each a name composed of two parts
- ㊥ 双名命名法是一种正式的生物物种命名系统，每一个以此方法命名的生物名称都由两部分组成。

018 **cladistics** /kləˈdɪstɪks/　　　　　　　*n.* 支序分类学

- Ⓔ a method of classification of animals and plants according to the proportion of measurable characteristics that they have in common
- ㊥ 支序分类学是一种根据动植物共有的可测量特征的比例对动植物进行分类的方法。

019 **cladogram** /ˈklædəˌɡræm/　　　　　　*n.* 分支图

- Ⓔ a branching diagram showing the cladistic relationship between a number of species
- ㊥ 分支图是一个显示多种物种之间的演化关系的分支图表。

020 **ecological** /ˌiːkəˈlɒdʒɪkl/ **species model**
　　　　　　　　　　　　　　　　　生态物种模型

- Ⓔ a concept of species in which a species is a set of organisms adapted to a particular set of resources, or a niche, in the environment
- ㊥ 生态物种模型是一种物种概念，在这种模型中，物种被看作适应环境中特定资源或生态位的一组生物。

## 021 **excretion** /ɪkˈskriːʃn/        *n.* 排泄

☐
☐   **E** removal from organism of toxic material and substances in
☐     excess

    **释** 排泄是从生物体中去除有毒物质和过量的物质的过程。

## 022 **genetic** /dʒəˈnetɪk/ **species model**   遗传物种模型

☐
☐   **E** a concept of species that define species as a group of
☐     genetically compatible interbreeding natural populations that
    is genetically isolated from other such groups

    **释** 遗传物种模型是一种物种概念，将物种定义为与其他种群遗传
    分离但在同种群中遗传相容的自然杂交种群。

## 023 **growth** /ɡrəʊθ/        *n.* 成长

☐
☐   **E** a permanent increase in size
☐   **释** 成长即尺寸大小上的永久性增加。

## 024 **homologous** /həˈmɒləɡəs/ **feature**   同源特征

☐
☐   **E** a unique physical feature shared by multiple species,
☐     suggesting a common ancestor

    **释** 同源特征是多种物种共有的独特物理特征，暗示着这些物种有
    共同的祖先。

## 025 **mate-recognition** /meɪt ˌrekəɡˈnɪʃn/ **species model**   伴侣识别物种模型

☐
☐   **E** a concept of species according to which a species is a set of
☐     organisms that recognize one another as potential mates

    **释** 伴侣识别物种模型是一种物种概念，根据这个概念，一个物种
    是一组将彼此视为潜在的伴侣的生物。

## 026 **molecular** /məˈlekjələ(r)/ **phylogeny** /faɪˈlɒdʒ(ə)nɪ/
分子系统发育

- **E** the branch of phylogeny that analyses genetic, hereditary molecular differences, predominately in DNA sequences, to gain information on an organism's evolutionary relationships
- **释** 分子系统发育学是系统发育学的一个分支，主要分析 DNA 序列中基因的、遗传分子差异，以获得生物体进化关系的信息。

## 027 **morphological** /ˌmɔːfəˈlɒdʒɪkl/ **species model**
形态物种模型

- **E** the idea of species categorization through morphological structure
- **释** 形态物种模型是通过形态结构对物种进行分类的方法。

## 028 **movement** /ˈmuːvmənt/ *n.* 运动

- **E** an action by an organism to change position
- **释** 运动是生物体改变位置的行为。

## 029 **nutrition** /njuˈtrɪʃn/ *n.* 营养

- **E** taking of materials for energy or growth
- **释** 营养即吸收能量或成长所需的材料。

## 030 **reproduction** /ˌriːprəˈdʌkʃn/ *n.* 繁殖

- **E** the process to make more of the same kind of organism
- **释** 繁殖是制造更多同种生物体的过程。

## 031 **respiration** /ˌrespəˈreɪʃn/ *n.* 呼吸

- **E** the chemical reaction in cells to break down nutrient molecules and release energy
- **释** 呼吸是细胞内分解营养分子并释放能量的化学反应。

## 032 **sensitivity** /ˌsensə'tɪvəti/    *n.* 敏感性

- the ability to detect and respond to environmental changes
- 敏感性是检测和响应环境变化的能力。

## 033 **sexual** /'sekʃuəl/ **dimrphism** /daɪ'mɔːfɪzəm/    性二态性

- distinct difference in size or appearance between the sexes of an animal in addition to difference between the sexual organs themselves
- 性二态性指的是除了性器官本身的差异外，某种动物不同性别的个体在大小或外观上的明显差异。

## 034 **taxonomy** /tæk'sɒnəmi/    *n.* 分类学

- the science of describing, classifying and naming living organisms
- 分类学是一门描述、分类和命名生物的科学。
- classification

第一小节　Biochemistry Essentials
生物化学必备词汇

扫一扫
听本节音频

**035 condensation** /ˌkɒndenˈseɪʃn/ **(reaction)**

缩合（反应）

- ☐ 🅔 the synthesis reaction in which two molecules join and eject a water molecule
- ☐ 🅡 缩合（反应）是两个分子结合并放出一个水分子的合成反应。

**036 hydrolysis** /haɪˈdrɒlɪsɪs/ **(reaction)** 水解（反应）

- ☐ 🅔 the breaking down of a large molecule into two by adding water to break it down
- ☐ 🅡 水解（反应）即通过加水使一个大分子分解成两个小分子。

**037 hydrophilic** /ˌhaɪdrəʊˈfɪlɪk/ *adj.* 亲水的

- ☐ 🅔 tending to mix with, dissolve in, or be wetted by water
- ☐ 🅡 亲水的即易于与水混合、溶解或被水浸湿的。

**038 hydrophobic** /ˌhaɪdrəˈfəʊbɪk/ *adj.* 疏水的

- ☐ 🅔 tending to repel or fail to mix with water
- ☐ 🅡 疏水的即有排斥水的或不能与水混合的倾向。

**039 covalent** /kəʊˈveɪlənt/ **bond** 共价键

- ☐ 🅔 chemical bond that involves the sharing of valence electrons between atoms
- ☐ 🅡 共价键是原子间价电子共用的化学键。

## 040 ionic /aɪˈɒnɪk/ bond 离子键

☐
☐ **E** chemical bond formed through the complete transfer of
☐   valence electrons between atoms
  **释** 离子键是原子间价电子完全转移而形成的化学键。

## 041 macromolecule /ˌmækrəʊˈmɒlɪˌkjuːl/ n. 大分子

☐
☐ **E** a molecule containing a very large number of atoms
☐   **释** 大分子是含有大量原子的分子。

## 042 monomer /ˈmɒnəmə/ n. 单体

☐
☐ **E** a molecule that can be bonded to many other identical or very
☐   similar molecules to form a polymer molecules
  **释** 单体是一种可以与许多其他相同或非常相似的分子结合形成聚
     合物分子的分子。

## 043 polymer /ˈpɒlɪmə(r)/ n. 聚合物

☐
☐ **E** a substance that has a molecular structure consisting chiefly
☐   or entirely of a large number of similar units bonded together
  **释** 聚合物是一种具有分子结构的物质，大部分或全部由大量相似
     的单位连接在一起。

---

**第二小节** Material Base of Molecular Biology
    分子生物的物质基础

扫一扫
听本节音频

## 044 amino /əˈmiːnəʊ/ acid /ˈæsɪd/ 氨基酸

☐
☐ **E** a simple organic compound containing both a carboxyl and an
☐   amino group; the monomer of proteins
  **释** 氨基酸是一种含有一个羧基和一个氨基的简单有机化合物，氨
     基酸即蛋白质的单体。

## 045　**Benedict's** /'benɪˌdɪktz/ **test**　　　班氏检测法

- ⓔ a lab testing method for reducing sugar; the presence turns the solution brickred
- ⓡ 班氏检测法是一种检测还原性糖的实验室测试方法，若存在糖，溶液会变成砖红色。

## 046　**biuret** /bjə'ret/ **test**　　　双缩脲检测

- ⓔ the lab testing method for protein; When protein is present, it will change its colour to purple.
- ⓡ 双缩脲检测是一种检测蛋白质的实验方法，若存在蛋白质，溶液会变紫。

## 047　**deoxyribonucleic** /diˌɒksɪˌraɪbəʊnjuːˈkleɪɪk/ **acid** /'æsɪd/　　　脱氧核糖核酸

- ⓔ a self-replicating material which is present in nearly all living organisms as the main constituent of chromosomes; carries genes; is made up of nucleotides
- ⓡ 脱氧核糖核酸是一种自我复制物质，几乎存在于所有生物中，是染色体的主要成分；脱氧核糖核酸是承载基因的材料，由核苷酸组成。

## 048　**deoxyribose** /diˌɒksɪˈraɪbəʊs/　　　*n.* 脱氧核糖

- ⓔ a pentose sugar derived from ribose, replacing a hydroxyl group with hydrogen
- ⓡ 脱氧核糖是一种以氢取代羟基产生的戊糖衍生物。

## 049　**fatty acid**　　　脂肪酸

- ⓔ a carboxylic acid consisting of a hydrocarbon chain and a terminal carboxyl group
- ⓡ 脂肪酸是由烃链和末端羧基组成的羧酸。

**050** **glucose** /ˈgluːkəʊs/        *n.* 葡萄糖

☐
☐ **E** a simple six carbon sugar which is an important energy source
☐ in living organisms and is a component of many carbohydrates
  **释** 葡萄糖是一种简单的六碳糖，是生物体内重要的能量来源，是
     许多碳水化合物的组成部分。

**051** **glycogen** /ˈglaɪkəʊdʒən/        *n.* 糖原

☐
☐ **E** a substance deposited in bodily tissues as a store of carbohydrates;
☐ a polysaccharide which forms glucose on hydrolysis
  **释** 糖原是一种储存在身体组织中的物质，是碳水化合物的储存物；
     糖原是在水解时可以形成葡萄糖的一种多糖。

**052** **iodine** /ˈaɪədiːn/        *n.* 碘

☐
☐ **E** the chemical element with atomic number 53, taking the form
☐ of a nearly black crystal or a deep violet vapour
  **释** 碘是原子序数为 53 的化学元素，其形态为接近黑色的晶体或深
     紫色的气体。

**053** **lipid** /ˈlɪpɪd/        *n.* 脂质

☐
☐ **E** any of a class of organic compounds that are fatty acids or
☐ their derivatives and are insoluble in water but soluble in
  organic solvents
  **释** 脂质是一类脂肪酸或其衍生物的有机化合物，不溶于水，但溶
     于有机溶剂。

**054** **mononucleotide** /ˌmɒnəʊˈnjuːklɪəˌtaɪd/        *n.* 单核苷酸

☐
☐ **E** monomers of nucleic acids
☐ **释** 单核苷酸是核酸的单体。

**055** **polysaccharide** /ˌpɒlɪˈsækəˌraɪd/        *n.* 多糖

☐
☐ **E** a sugar polymer that is the result of condensation of more
☐ than two monosaccharides
  **释** 多糖是由两个以上单糖缩合而成的糖聚合物。

## 056 **reducing sugar**                                    还原糖

- **E** a sugar that is capable of reducing other molecules, usually with its aldehyde group or a ketone group
- **释** 还原糖是一种能够还原其他分子的糖，通常是醛基或酮基。

## 057 **ribonucleic** /ˌraɪbənjuːˈkleɪɪk/ **acid**                核糖核酸

- **E** a material similar to DNA, but built with RNA nucleotides
- **释** 核糖核酸是一种类似于 DNA 但由 RNA 核苷酸构成的物质。

## 058 **ribose** /ˈraɪbəʊz/                              *n.* 核糖

- **E** a pentose sugar; a constituent of nucleosides
- **释** 核糖是一种戊糖，是核苷的组成部分。

## 059 **starch** /stɑːtʃ/                              *n.* 淀粉

- **E** a polysaccharide that functions as a carbohydrate store in plants; a polymer of glucose
- **释** 淀粉是一种多糖，在植物中起着碳水化合物储存的作用，也是一种葡萄糖聚合物。

## 060 **sucrose** /ˈsuːkrəʊz/                          *n.* 蔗糖

- **E** a disaccharide made up of a glucose and a fructose, found in plants; main ingredient in table sugar
- **释** 蔗糖是植物中发现的由葡萄糖和果糖组成的一种双糖，是食糖中的主要成分。

---

### 第三小节  Enzymes and Enzymatic Reactions 酶与酶反应

扫一扫
听本节音频

## 061 **active site**                                   活性位点

- **E** the area of an enzyme where the substrates bind to; has a complementary shape to the substrate
- **释** 活性位点是底物与酶结合的区域，具有与底物互补的形状。

## 062 **anabolic** /ˌænəˈbɒlɪk/ **reaction** 合成代谢反应

- **E** a reaction that builds up (synthetises) new molecules in living organisms
- **释** 合成代谢反应是在生物体中建立（合成）新分子的反应。

## 063 **catabolic** /ˌkætəˈbɒlɪk/ **reaction** 分解代谢反应

- **E** a reaction that breaks down substances in living organisms, usually releasing energy
- **释** 分解代谢反应是分解生物中物质的反应，通常能够释放能量。

## 064 **catalyst** /ˈkætəlɪst/ n. 催化剂

- **E** a substance that speeds up a reaction without changing the substrates or the products of it, or itself
- **释** 催化剂是在不改变底物、其产物或其本身的情况下加快反应过程的物质。

## 065 **enzyme** /ˈenzaɪm/ n. 酶

- **E** proteins that serve as biological catalyst for a specific reaction or a group of reactions
- **释** 酶是一种起着生物催化作用的蛋白质，用于催化某种特定反应或一组反应物。

## 066 **induced-fit hypothesis** /haɪˈpɒθəsɪs/ 诱导拟合假说

- **E** a improved model of enzyme action that suggest enzyme active sites have a flexible shape that changes shape around the substrate to form the active complex
- **释** 诱导拟合假说是酶作用的改进模型，表明酶活性位点具有灵活的形状，可改变底物周围的形状以形成活性复合物。

## 067 **metabolic** /ˌmetəˈbɒlɪk/ **pathway** 代谢途径

- **E** a series of linked reaction in the metabolism of a cell
- **释** 代谢途径是细胞代谢中的一系列连锁反应。

## 068  **metabolism** /mə'tæbəlɪzəm/      *n.* 代谢

- **E** the sum of all catabolic and anabolic processes in a cell
- **释** 代谢是细胞中所有分解代谢和合成代谢过程的总和。

## 069  **specificity** /ˌspesɪ'fɪsəti/      *n.* 特异性

- **E** the property of enzymes that means that each enzyme catalyses only one reaction or a group of reactions
- **释** 特异性是酶的一种特性，指每种酶仅催化一个或一组反应物。

## 070  **substrate** /'sʌbstreɪt/      *n.* 底物

- **E** the molecule or molecules an enzyme acts upon
- **释** 底物即酶所作用的一个或多个分子。

## 第三节

## Cellular Biology 细胞生物

第一小节　Cellular Structure and Function
细胞功能与结构

扫一扫
听本节音频

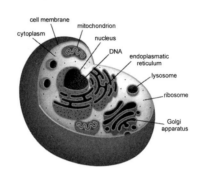

### 071 **cell membrane** /'membreɪn/　　　　　　　细胞膜

- **E** the lipid membrane that separates the interior of a cell from the outside environment
- **释** 细胞膜是将细胞内部与外部环境隔开的脂质膜。
- **同** plasma membrane 质膜

### 072 **cytoplasm** /'saɪtəʊplæzəm/　　　　　　　*n.* 细胞质

- **E** the material or protoplasm within a living cell
- **释** 细胞质是活细胞内的物质或原生质。

### 073 **nucleus** /'njuːklɪəs/　　　　　　　　　　　*n.* 细胞核

- **E** the core organelle in eukaryotic cells that contain genetic information
- **释** 细胞核是真核细胞中包含遗传信息的核心细胞器。

## 074 **organelle** /ˌɔːɡə'nel/      *n.* 细胞器

- ☐ Ⓔ a organised or specialized subcellular structure within a living cell
- ☐ ㊗ 细胞器是活细胞内有组织的或专一化的亚细胞结构。
- ☐

## 075 **flagella** /flə'dʒelə/      *n.* 鞭毛

- ☐ Ⓔ a string-like structure that assist motion of microorganisms
- ☐ ㊗ 鞭毛是一种有助于微生物运动的线状结构。
- ☐

## 076 **lysosome** /'laɪsəˌsəum/      *n.* 溶酶体

- ☐ Ⓔ an organelle in the cytoplasm of eukaryotic cells containing hydrolytic enzymes enclosed in a membrane
- ☐ ㊗ 溶酶体是真核细胞胞质内的一种细胞器，含有被膜包裹的水解酶。
- ☐

## 077 **mitochondria** /ˌmaɪtəʊ'kɒndriə/      *n.* 线粒体

- ☐ Ⓔ rod-like double membrane organelle responsible for respiration
- ☐ ㊗ 线粒体是负责呼吸的杆状双膜细胞器。
- ☐

## 078 **organ** /'ɔːɡən/      *n.* 器官

- ☐ Ⓔ structures made up of multiple types of tissue to carry out particular functions of the body
- ☐ ㊗ 器官是由多种类型的组织构成，可执行身体特定功能的结构。
- ☐

## 079 **organ system**      器官系统

- ☐ Ⓔ a group of organs working together to carry out particular functions in the body
- ☐ ㊗ 器官系统是在体内共同运作、执行特定功能的一组器官。
- ☐

## 080 **ribosome** /'raɪbəˌsəum/      *n.* 核糖体

- ☐ Ⓔ a small particle consisting of RNA and associated proteins found in large numbers in the cytoplasm of living cells and on ER; responsible for protein synthesis
- ☐
- ☐

[释] 核糖体是由 RNA 和相关蛋白组成的小颗粒，在活细胞的细胞质和内质网中大量存在；核糖体负责蛋白质合成。

081 **tissue** /ˈtɪʃuː/ *n.* 组织

[E] a group of specialised cells carrying out particular function in the body

[释] 组织是一组在体内执行特定功能的专门细胞。

082 **vesicle** /ˈvesɪkl/ *n.* 囊泡

[E] membrane closures that hold cell secretions

[释] 囊泡是包住细胞分泌物的膜。

## 第二小节 Membrane and Membrane Transport 细胞膜与跨膜运输

扫一扫
听本节音频

083 **active transport** 主动运输

[E] transmembrane movement of molecules against concentration gradient, requires energy

[释] 主动运输是分子逆浓度梯度差的跨膜运动，这一运输过程需要能量。

084 **concentration gradient** /ˈɡreɪdiənt/ 浓度梯度

[E] the change in concentration between regions

[释] 浓度梯度是不同区域之间溶质浓度的变化。

085 **diffusion** /dɪˈfjuːʒn/ *n.* 扩散

[E] the spreading of substances powered by the concentration difference

[释] 扩散是物质在浓度差作用下的迁移。

## 086 **facilitated** /fəˈsɪlɪteɪtɪd/ **diffusion** /dɪˈfjuːʒn/

协助扩散

- 🅔 spontaneous transmembrane transport via specific integral proteins
- 🅡 协助扩散是通过特定的整合蛋白进行的自发的跨膜运输。

## 087 **hypertonic** /ˌhaɪpəˈtɒnɪk/

*adj.* 高渗的

- 🅔 having a higher osmotic pressure than a particular fluid
- 🅡 高渗的即比特定流体具有更高的渗透压。

## 088 **hypotonic** /ˌhaɪpəʊˈtɒnɪk/

*adj.* 低渗的

- 🅔 having a lower osmotic pressure than a particular fluid
- 🅡 低渗的即比特定流体具有更低的渗透压。

## 089 **isotonic** /ˌaɪsəʊˈtɒnɪk/

*adj.* 等渗的

- 🅔 of the same osmotic pressure as some other solution
- 🅡 等渗的即与其他溶液的渗透压相同。

## 090 **monolayer** /ˈmɒnəleɪə/

*n.* 单层

- 🅔 a single layer
- 🅡 单层即只有一层。

## 091 **bilayer** /ˈbaɪleɪə/

*n.* 双层

- 🅔 a double layer
- 🅡 双层即两层。

## 092 **osmosis** /ɒzˈməʊsɪs/

*n.* 渗透

- 🅔 spontaneous net movement of solvent molecules through a membrane into a region of higher solute concentration
- 🅡 渗透是指溶剂分子通过膜进入溶质浓度较高区域的自发净运动。

## 093 **osmotic** /ɒzˈməʊsɪk/ **concentration**　渗透浓度

- **E** a measure of the concentration of the solutes in a solution that have an osmotic effect
- **释** 渗透浓度是溶液中具有渗透作用的溶质浓度的量度。

## 094 **passive transport**　被动运输

- **E** transmembrane material transport with no external energy consumption (no ATP breakdown)
- **释** 被动运输是无外部能量消耗（无 ATP 分解）的跨膜物质运输。

## 095 **water potential**　水势

- **E** the measure of potential energy of water, affected by many factors including the hydrostatic pressure and concentration of solvents; water moves from high water potential to low
- **释** 水势是水的势能的量度，受静水压力和溶剂浓度等多种因素的影响；水从高水势向低水势移动。

## Nutrition and Transport 营养与运输

第一小节　Plant Nutrition and Transport
植物营养与运输

扫一扫
听本节音频

### 096 **autotroph** /ˈɔːtətrəʊf/　　　　　　　*n.* 自养生物

**E** an organism that is able to form nutritional organic substances from simple inorganic substances such as carbon dioxide

**释** 自养生物是一种能够从简单的无机物（如二氧化碳等）中生成营养有机物的生物。

### 097 **cell wall**　　　　　　　　　　　　　　细胞壁

**E** a rigid layer of polysaccharides lying outside the plasma membrane of the cells; made of cellulose in plants

**释** 细胞壁是位于细胞质膜外的多糖刚性外层，由植物纤维素组成。

### 098 **chlorophyll** /ˈklɒrəfɪl/　　　　　　　*n.* 叶绿素

**E** green pigments found in green plants, responsible for the photosynthesis process; chlorophyll a is blue-green while chlorophyll b is yellow-green

**释** 叶绿素是绿色植物中的绿色色素，负责光合作用过程；叶绿素 a 为蓝绿色，叶绿素 b 为黄绿色。

### 099 **chloroplast** /ˈklɒrəplɑːst/　　　　　　*n.* 叶绿体

**E** a plastid that contains chlorophyll and in which photosynthesis takes place

**释** 叶绿体是含有叶绿素并进行光合作用的质体。

## 100 **companion cell** 伴随细胞

**E** a type of cell found within the phloem of flowering plants, closely associated with sieve elements; regulate sieve element activities and take part in loading and unloading of the sieve element

**释** 伴随细胞是在开花植物韧皮部中发现的一种细胞，与筛分元素密切相关；伴随细胞可调节筛分元素的活动，参与筛分元素的装卸。

## 101 **epidermis** /ˌepɪˈdɜːmɪs/ *n.* 表皮

**E** (in plants) the outer most cells that cover up plant structure; a single layer structure

**释** 表皮是植物中覆盖植物结构的最外层细胞，是单层结构。

## 102 **limiting factor** 限制因素

**E** the factor in any process that limits the rate of a system

**释** 限制因素是任何限制系统速率过程的因素。

## 103 **mesophyll** /ˈmezəfɪl/ *n.* 叶肉

**E** the inner tissue of a leaf; a parenchyma cell

**释** 叶肉是叶子的内部组织，是薄壁细胞。

## 104 **palisade** /ˌpælɪˈseɪd/ **mesophyll** /ˈmezəfɪl/ 栅栏叶肉

**E** vertically elongated leaf cells on the upper layer of the leaf; closely packed and contains large number of chloroplasts to absorb a major portion of light

**释** 栅栏叶肉是在叶的上层垂直伸长的叶细胞；栅栏叶肉密密麻麻，并包含大量叶绿体以吸收大部分的光。

## 105 **phloem** /ˈfləʊem/ *n.* 韧皮部

**E** the vascular tissue in plants that conducts sugars and other metabolic products

**释** 韧皮部是植物的维管组织，传导糖类和其他代谢产物。

## 106 **photosynthesis** /ˌfəʊtəʊˈsɪnθəsɪs/     *n.* 光合作用

☐
☐  **英** the process by which green plants and some other organisms
☐  use sunlight to synthesize foods from carbon dioxide and
    water
    **译** 光合作用是绿色植物和其他一些生物利用阳光以二氧化碳和水
    合成食物的过程。

## 107 **sieve element**     筛分元素

☐
☐  **英** an elongated cell in the phloem of a vascular plant, in which
☐  the primary wall is perforated by pores through which water is
    conducted
    **译** 筛分元素是维管植物韧皮部的一个细长细胞，其主壁有孔隙，
    水通过这些孔隙输送。

## 108 **sieve plate**     筛板

☐
☐  **英** an area of relatively large pores present in the common end
☐  walls of sieve tube elements
    **译** 筛板是筛管单元共同端壁中存在较大孔隙的区域。

## 109 **sieve tube**     筛管

☐
☐  **英** a series of sieve tube elements placed end to end to form a
☐  continuous tube
    **译** 筛管是由一系列筛管单元端到端排列而成的连续管。

## 110 **spongy mesophyll** /ˈmezəfɪl/     海绵状叶肉

☐
☐  **英** mesophyll tissue comprising irregularly shaped cells with
☐  large gaps fitted for gas exchange in cells
    **译** 海绵状叶肉是由形状不规则的细胞组成的叶肉组织，细胞间有
    很大的空隙，易于进行气体交换。

## 111 **transpiration** /ˌtrænspɪˈreɪʃn/     *n.* 蒸腾作用

☐
☐  **英** the process of water movement through a plant and its
☐  evaporation from aerial parts
    **译** 蒸腾作用是水分在植物中的运动并从空中部分蒸发的过程。

## 112 **transpiration** /ˌtrænspɪˈreɪʃn/ **stream** 蒸腾流

- 🇪 the flow of water through a plant, from the roots to the leaves, via the xylem vessels
- 🇨 蒸腾流是水通过木质部纤维管从植物的根部到叶部的流动过程。

## 113 **xylem** /ˈzaɪləm/ n. 木质部

- 🇪 the vascular tissue in plants that conducts water and dissolved nutrients upward
- 🇨 木质部是植物的管道组织，向上传输水和溶解的养分。

---

### 第二小节　Animal Nutrition and Transport 动物营养与运输

扫一扫
听本节音频

## 114 **artery** /ˈɑːtəri/ n. 动脉

- 🇪 blood vessels that carry blood away from the heart
- 🇨 动脉是将血液带离心脏的血管。
- 🇫 arterial *adj.* 动脉的

## 115 **aorta** /eɪˈɔːtə/ n. 主动脉

- 🇪 the greatest arterial trunk that leaves the heart, branching into arteries
- 🇨 主动脉是离开心脏的最大动脉干，是动脉的分支。

## 116 **arteriole** /ɑːˈtɪəriəʊl/ n. 小动脉

- 🇪 farthest and smallest branches of the arterial system
- 🇨 小动脉是动脉系统中最远和最小的分支。

## 117 **atrium** /ˈeɪtriəm/ n. 心房

- 🇪 the heart chamber(s) that receives blood from the veins, forces blood into ventricle(s)
- 🇨 心房是从静脉接收血液，推动血液进入心室的心脏腔。

## 118 **atrioventricular** /ˌeɪtrɪəʊvenˈtrɪkjʊlə/ **node** /nəʊd/
房室结

- Ⓔ a small mass of tissue in the right atrioventricular region of higher vertebrates through which impulses from the sinus node are passed to the ventricles
- 释 房室结是高等脊椎动物右房室区域的一小块组织，来自窦房结的冲动通过该组织传递到心室。

## 119 **coronary** /ˈkɒrənri/ **heart disease**
冠状动脉心脏疾病

- Ⓔ Damage or disease of coronary arteries, blood vessels responsible for blood transport to heart
- 释 冠状动脉心脏疾病（冠心病）是指负责将血液输送到心脏的血管——冠状动脉的损伤或疾病。

## 120 **diastole** /daɪˈæstəli/
*n.* 舒张期

- Ⓔ relaxation of the heart chambers; the chamber expands and fills with blood
- 释 舒张期是心脏腔的舒张时期，在此过程中腔室膨胀并充满血液。

## 121 **double circulation** /ˌsɜːkjəˈleɪʃn/ **system**
双循环系统

- Ⓔ a circulation with two separate circuits: the pulmonary circulation pumping deoxygenated blood to the lung before returning to the heart, the systemic circulation pumping oxygenated blood to organs and then to the heart; blood travels through the heart twice in a full cycle
- 释 双循环系统是由两个独立回路组成的循环：肺循环将脱氧的血液泵送回肺，然后再回到心脏；全身循环将含氧的血液泵送至器官，然后再进入心脏。血液在整个循环周期中两次通过心脏。

## 122 **erythrocyte** /ɪˈrɪθrəsaɪt/
*n.* 红细胞

- Ⓔ red blood cell; contains haemoglobins
- 释 红细胞是红色血细胞，含有血红蛋白。

## 123 **leucocyte** /'luːkəsaɪt/ 白细胞

- **E** a group of blood cells that are larger than erythrocytes, carry different functions, mainly related to immunity
- **释** 白细胞是一组比红细胞大且各具有不同功能的血细胞，主要与免疫有关。
- **同** white blood cell 白细胞

## 124 **haemoglobin** /ˌhiːməˈgləʊbɪn/ n. 血红蛋白

- **E** an iron-containing metalloprotein that consists of four polypeptide subunits, each linked to a haem group; responsible for oxygen transport and facilitates carbon dioxide transport
- **释** 血红蛋白是一种含铁的金属蛋白，由四个多肽亚基组成，每个亚基都与血红素基团相连；血红蛋白负责氧气的运输并协助二氧化碳的运输。

## 125 **hypertension** /ˌhaɪpəˈtenʃn/ n. 高血压

- **E** abnormally high blood pressure
- **释** 高血压即血压异常升高。

## 126 **lymph** /lɪmf/ n. 淋巴液

- **E** a colourless fluid containing white blood cells, which bathes the tissues and drains through the lymphatic system into the bloodstream
- **释** 淋巴液是一种含有白细胞的无色液体，可冲洗组织并通过淋巴系统排入血液。

## 127 **lymph** /lɪmf/ **node** /nəʊd/ 淋巴结

- **E** small swellings in the lymphatic system where lymph is filtered and lymphocytes are formed
- **释** 淋巴结是淋巴系统内的小肿块，是淋巴液过滤及淋巴细胞形成的场所。

### 128  lymph /lɪmf/ vessel /'vesl/ 淋巴管

- ☐
- ☐
- ☐

**E** thin-walled vessel system that acts as reservoirs of plasma, responsible for recycling of water and plasma protein from the tissue fluids

**释** 淋巴管是一种薄壁管道系统，作为血浆的贮存器，负责从组织液中回收水和血浆蛋白。

### 129  platelet /'pleɪtlət/ *n.* 血小板

- ☐
- ☐
- ☐

**E** cell fragment of megakaryocytes; involved in the clotting mechanism of the blood

**释** 血小板是巨核细胞的细胞碎片，与血液的凝结机制有关。

### 130  pulmonary /'pʌlmənəri/ artery /'ɑ:təri/ 肺动脉

- ☐
- ☐
- ☐

**E** the blood vessels that carry deoxygenated blood from the heart to the lungs

**释** 肺动脉是将脱氧血从心脏输送到肺的血管。

### 131  vein /veɪn/ *n.* 静脉

- ☐
- ☐
- ☐

**E** blood vessels that carry blood towards the heart

**释** 静脉是将血液输送到心脏的血管。

**衍** venous *adj.* 静脉的

### 132  pulmonary vein 肺静脉

- ☐
- ☐
- ☐

**E** the blood vessels that carry oxygenated blood from the lungs to the heart

**释** 肺静脉是将含氧血液从肺输送到心脏的血管。

### 133  pulmonary circulation /ˌsɜ:kjə'leɪʃn/ 肺循环

- ☐
- ☐
- ☐

**E** see double circulation system

**释** 见双循环系统。

## 134 **semilunar** /ˌsemɪˈluːnə/ **valve** /vælv/ 半月阀

- **E** half-moon shaped one-way valves found in veins to prevent blood backflow
- **释** 半月阀是静脉中防止血液回流的半月形单向阀。

## 135 **septum** /ˈseptəm/ *n.* 隔膜

- **E** the thick muscular dividing wall through the centre of heart, separating left and right chambers, preventing mixing of oxygenated and deoxygenated blood
- **释** 隔膜是通过心脏中心厚的肌肉分隔墙，分隔左右心室，防止含氧和脱氧血液混合。

## 136 **systole** /ˈsɪstəli/ *n.* 收缩

- **E** contraction of the heart chambers; the muscles contract and force blood out
- **释** 收缩是心腔的收缩；肌肉收缩可迫使血液流出。

## 137 **tendinous** /ˈtendɪnəs/ **cords** 腱索

- **E** cord-like tendons pulling on bicuspid and tricuspid valves, making sure the valves do not flip inside out and cause backflow
- **释** 腱索是牵拉二尖瓣和三尖瓣的绳状肌腱，确保这些瓣膜不会翻转过来造成倒流。
- **同** heartstrings 心弦；valve tendons 瓣膜肌腱

## 138 **tissue** /ˈtɪsjuː/ **fluid** 组织液

- **E** extracellular fluid which bathes the cells of most tissues
- **释** 组织液是流经大多数组织中细胞的胞外液体。

## 139 **vena** /ˌviːnə/ **cava** /ˈkeɪvə/ 腔静脉

- **E** The large veins that return blood to the right atrium in vertebrates; include superior and inferior vena cava in human
- **释** 腔静脉是脊椎动物向右心房输送血液的大静脉，人体中包括上腔静脉和下腔静脉。

## 140 **ventricle** /ˈventrɪkl/          *n.* 心室

☐
☐   🅔 the heart chamber(s) that receives blood from an atrium,
☐       forces blood into arteries
    🅡 心室是心脏负责接收来自心房的血液并将血液输送到动脉的
      腔室。

## 141 **venule** /ˈvenjuːl/          *n.* 小静脉

☐
☐   🅔 farthest and smallest branches of the venous system
☐   🅡 小静脉是静脉系统中最远和最小的分支。

第一小节　Pathogens and Immunology
病原体与免疫

扫一扫
听本节音频

## 142 **active immunity** /ɪˈmjuːnəti/ 　　　　主动免疫

ⓔ the type of immunity in which antibodies are gained through
antibody synthesis of one's own lymphocytes

ⓡ 主动免疫是指通过自身淋巴细胞的抗体合成来获得抗体的免
疫类型。

## 143 **antibody** /ˈæntibɒdi/ 　　　　　　　　　n. 抗体

ⓔ glycoproteins produced in response to a specific antigen

ⓡ 抗体是针对特定抗原产生的糖蛋白。

## 144 **antigen** /ˈæntɪdʒən/ 　　　　　　　　　　n. 抗原

ⓔ molecule on cell surfaces, toxins, and some whole viruses
and bacteria that are recognised by the immune system and
triggers an immune response

ⓡ 抗原是能够被免疫系统识别并触发免疫反应的细胞表面的分子、
毒素和一些病毒和细菌。

## 145 **fever** /ˈfiːvə(r)/ 　　　　　　　　　　　　n. 发热

ⓔ raised body temperature caused by immune response

ⓡ 发烧是免疫反应引起的体温升高。

## 146 lymphocyte /ˈlɪmfəsaɪt/      *n.* 淋巴细胞

- ☐ **E** small leucocytes with very large nuclei that are vitally important in the specific immune response
- ☐ **释** 淋巴细胞是具有大细胞核的小型白细胞，在特异性免疫反应中起重要作用。

## 147 macrophage /ˈmækrəfeɪdʒ/      *n.* 巨噬细胞

- ☐ **E** phagocytes; engulf and digest pathogens as a part of the non-specific immune system
- ☐ **释** 巨噬细胞是一种吞噬细胞，吞噬和消化病原体，是非特异性免疫系统的一部分。

## 148 passive immunity /ɪˈmjuːnəti/      被动免疫

- ☐ **E** the type of immunity in gaining antibodies that are not made by one's own lymphocytes, though injection or other means
- ☐ **释** 被动免疫是指通过注射或其他方式获得非自身淋巴细胞产生抗体的免疫类型。

## 149 vaccination /ˌvæksɪˈneɪʃn/      *n.* 接种

- ☐ **E** the administration of a vaccine to help the immune system develop protection from a disease; contain a microorganism or virus in a weakened or killed state
- ☐ **释** 接种是指通过施用疫苗来帮助免疫系统抵御疾病的过程；接种疫苗含有减活或灭活状态的微生物或病毒。

## 150 vector /ˈvektə(r)/      *n.* 病媒

- ☐ **E** living organisms that transmit pathogens from one host to another
- ☐ **释** 病媒是将病原体从一个宿主传播到另一个宿主的活的有机体。

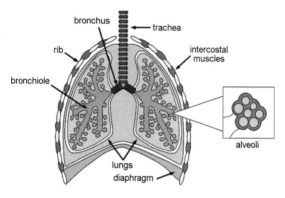

图中标注：
bronchus
trachea
rib
intercostal muscles
bronchiole
alveoli
lungs
diaphragm

## 151 **alveolus** /æl'viːələs/　　　　　　　　*n.* 肺泡

- ⓔ tiny air sacs of the lungs which allow for rapid gaseous exchange
- ㉓ 肺泡是帮助肺部进行快速气体交换的小气囊。

## 152 **bronchiole** /'brɒŋkɪəʊl/　　　　　　　　*n.* 细支气管

- ⓔ minute branches into which a bronchus divides
- ㉓ 细支气管是支气管分叉的细支。

## 153 **trachea** /trə'kiːə/　　　　　　　　*n.* 气管

- ⓔ membranous tube reinforced by rings of cartilage, extending from the larynx to the bronchial tubes and conveying air to and from the lungs
- ㉓ 气管是由软骨环加强的膜性管，从喉部延伸到支气管，空气借由气管进出双肺。

## 154 **bronchus** /ˈbrɒŋkəs/       *n.* 支气管

- 🄔 major air passages of the lungs which diverge from the windpipe
- 🄡 支气管是从气管分出的肺的主要气道。

## 155 **diaphragm** /ˈdaɪəfræm/       *n.* 膈膜

- 🄔 muscular partition separating the thorax from the abdomen in mammals; contracts to expand thorax to allow inspiration
- 🄡 膈膜是哺乳动物胸部和腹部之间的肌肉分隔；吸气时膈膜收缩，胸腔扩张。

## 156 **expiration** /ˌekspəˈreɪʃn/       *n.* 呼气

- 🄔 breathing out
- 🄡 呼气即呼出空气。

## 157 **inspiration** /ˌɪnspəˈreɪʃn/       *n.* 吸气

- 🄔 breathing in
- 🄡 吸气即吸入空气。

## 158 **oxygen debt**       氧债

- 🄔 excess post-exercise oxygen consumption
- 🄡 氧债是运动后过量的耗氧量。

---

### 第三小节　Excretion 排泄系统

扫一扫
听本节音频

## 159 **Bowman's** /ˈbəʊmənz/ **capsule** /ˈkæpsjuːl/       鲍曼囊

- 🄔 a cup-like sack at the beginning of the tubular component of a nephron in the mammalian kidney that performs the first step in the filtration of blood to form urine
- 🄡 鲍曼囊是哺乳动物肾单位的管状部分开端的杯状囊袋，执行血液过滤的第一步以形成尿液。

## 160 **collecting duct** 集合管

**E** the final duct in the nephron that takes urine from distal tubule and transfer it to the pelvis in the kidney

**释** 集合管是肾元的最后一个导管,从远端小管收集尿液并将其转移到肾盂。

## 161 **deamination** /di:ˌæmɪˈneɪʃən/ 脱氨基

**E** the removal of amino groups from excess amino acids

**释** 脱氨基即从过量的氨基酸中去除氨基。

## 162 **kidney** /ˈkɪdni/ **dialysis** /daɪˈæləsɪs/ 肾透析

**E** the process of removing excess water, solutes, and toxins from the blood in people whose kidneys can no longer perform these functions naturally

**释** 肾透析是在肾脏不能自然地将血液中多余的水分、溶质和毒素从肾脏中去除时帮助患者实现这些功能的过程

## 163 **loop of Henle** /ˈhenli/ 亨利氏环

**E** the part of a kidney tubule which forms a long loop in the medulla of the kidney, from which water and salts are resorbed into the blood

**释** 亨利氏环是肾小管的一部分,肾小管在肾髓质中形成一个长环,水和盐从肾髓质中被吸收到血液中。

## 164 **osmoregulation** /ˌɒzməʊˌregjʊˈleɪʃn/ *n.* 渗透调节

**E** the regulation of the osmotic potential in the tissues

**释** 渗透调节是对组织渗透势的调节。

## 165 **renal** /ˈriːnl/ **pelvis** /ˈpelvɪs/ 肾盂

**E** the funnel-like dilated part of the ureter in the kidney; a funnel for urine to flow to the ureter

**释** 肾盂是肾脏中输尿管漏斗状的扩张部分,是尿液流入输尿管的漏斗。

## 166 **ultrafiltration** /ˌʌltrəfɪlˈtreɪʃn/  *n.* 超滤

- 🇪 the process through which fluid is forced out of the capillaries into the glomerulus
- 🇨 超滤是液体被挤出毛细血管进入肾小球的过程。

## 167 **auxins** /ˈɔːksɪns/  *n.* 生长素

- 🇪 plant hormones that act as powerful growth stimulants (e.g. indoleacetic acid, IAA) and are involved in apical dominance, stem and root growth, and tropic responses to unilateral light
- 🇨 生长素是一种植物激素，具有很强的促生长作用（如吲哚乙酸、IAA 等），参与植物顶端优势、茎和根的生长，以及对单侧光照的向性反应。

扫一扫
听本节音频

### 第四小节　Coordination 神经协调系统

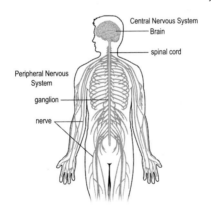

## 168 **axon** /ˈæksɒn/  *n.* 轴突

- 🇪 the long nerve fibre of a motor neurone, responsible for carrying the nerve impulse
- 🇨 轴突是运动神经元的长神经纤维，负责传递神经冲动。

## 169 **brain** /breɪn/ *n.* 脑

[E] the area of the CNS in which information can be processed and from which instructions can be issued as required to give fully coordinated responses to a range of situations

[释] 脑是中枢神经系统中处理信息的部分，根据脑发出的指令中枢神经系统做出一系列协调有序的反应。

## 170 **central nervous system** 中枢神经系统

[E] specialised concentration of nerve cell that processes and coordinates incoming signals

[释] 中枢神经系统是专门处理和协调传入信号的神经细胞群。

## 171 **cones** /kəʊnz/ *n.* 视锥细胞

[E] cone shaped photoreceptors that contain iodopsin; requires bright light to function, give great clarity of vision

[释] 视锥细胞是含有碘伏蛋白的锥形光感受器，需要明亮的光线才能发挥作用，能够形成清晰的视觉。

## 172 **dendrite** /'dendraɪt/ *n.* 树突

[E] branching thin extensions from the cell body of a neurone that connect with neighbouring neurones

[释] 树突是从神经元的细胞体上延伸出来的细枝状结构，连接相邻的神经元。

[同] dendron

## 173 **effector cell** 效应细胞

[E] cell specialised to bring about a response upon stimulation

[释] 效应细胞是特化于对刺激产生反应的细胞。

## 174 **receptor cell** 感受器细胞

[E] cell specialised to respond to changes in the environment

[释] 感受器细胞是专门对环境变化做出反应的细胞。

## 175 **etiolation** /'iːtɪəʊˌleɪʃən/     *n.* 黄化

- Ⓔ the state of plants resulting from growth in the dark, with long internodes, thin stems, small or unformed leaves and white or pale yellow in colour
- ㉟ 黄化是指植物因在黑暗中生长导致节间长，茎薄，叶小或不成形，颜色为白色或淡黄色。

## 176 **fovea** /'fəʊvɪə/     *n.* 中央凹

- Ⓔ area in retina with high density of cones, which provides colour vision and great visual acuity
- ㉟ 中央凹是视网膜上具有高度视锥细胞密度的区域，具有彩色视觉和极高的视敏度。

## 177 **motor neurone** /'njʊərɒn/     运动神经元

- Ⓔ neurone that carries impulses from the CNS to effectors
- ㉟ 运动神经元是将神经冲动从中枢传递到效应体的神经元。

## 178 **myelin** /'maɪəlɪn/ **sheath** /ʃiːθ/     髓鞘

- Ⓔ a fatty insulating layer around some neurones, produced by the Schwann cell
- ㉟ 髓鞘是在一些神经元周围由雪旺氏细胞产生的脂肪绝缘层。

## 179 **nerve** /nɜːv/     *n.* 神经

- Ⓔ bundles of nerve fibres
- ㉟ 神经即神经纤维束。

## 180 **nerve impulse**     神经冲动

- Ⓔ the electrical signal transmitted through the neurones
- ㉟ 神经冲动是通过神经元传输的电信号。

## 181 **neurone** /'njʊərɒn/     *n.* 神经元

- Ⓔ a nerve cell; rapidly transmit impulses through an organism
- ㉟ 神经元是在生物体内快速传播冲动的神经细胞。

## 182 **peripheral** /pəˈrɪfərəl/ **nervous system**

外周神经系统

**E** the parts of the nervous system that spread through the body and are not involved in the CNS

**释** 外周神经系统是神经系统除去中枢神经系统的部分,遍布全身。

## 183 **rods** /rɒdz/

*n.* 视杆细胞

**E** rod shaped photoreceptors that contain rhodopsin; respond to low light intensity and gives black and white vision; sensitive to movement

**释** 视杆细胞是含有视紫红质的杆状光感受器, 对弱光有反应, 能呈现出黑白景象, 对运动敏感。

## 184 **sensory neurone** /ˈnjʊərɒn/

感觉神经元

**E** neurone that carries impulses from receptor into the CNS

**释** 感觉神经元是将脉冲从感受器带入中枢神经系统的神经元。

## 185 **spinal** /ˈspaɪnl/ **cord**

脊髓

**E** the area of the CNS that carries the nerve fibres into and out of the brain and also coordinates many unconscious reflex actions

**释** 脊髓是中枢神经系统的区域, 负责将神经纤维进出大脑, 并协调许多无意识的反射动作。

## 186 **synapse** /ˈsɪnæps/

*n.* 突触

**E** the junction between two neurones

**释** 突触是两个神经元之间的连接点。

## 187 **tropism** /ˈtrəʊpɪzəm/

*n.* 向性

**E** plant growth responses to environmental cues; they are also known as tropic responses

**释** 向性是植物对环境线索的生长反应, 也被称为向性反应。

扫一扫
听本节音频

## 188 **ectotherm** /ˈektəʊˌθɜːm/　　　*n.* 外温动物

☐
☐
☐

**E** animal that gain heat from the environment

**释** 外温动物是从环境中获得热量的动物。

## 189 **endotherm** /ˈendəˌθɜːm/　　　*n.* 温血动物

☐
☐
☐

**E** animals that produce their own heat

**释** 温血动物是能自己产生热量的动物。

## 190 **homeotherm** /ˈhɒmɪəʊˌθɜːm/　　　*n.* 恒温动物

☐
☐
☐

**E** animals with a constant temperature

**释** 恒温动物是指体温恒定的动物。

## 191 **effector** /ɪˈfektə(r)/　　　*n.* 效应器

☐
☐
☐

**E** systems that affect to make changes to the surroundings in a system

**释** 效应器是影响系统对环境做出改变的系统。

## 192 **sensor** /ˈsensə(r)/　　　*n.* 传感器

☐
☐
☐

**E** a specialised cell that is sensitive to particular changes in the environment; generally, a structure that senses environmental information and feed it to the processor

**释** 传感器是一种对环境的特殊变化很敏感的专门细胞；传感器是一种感知环境信息并将其输入处理器的结构。

## 193 **endocrine** /ˈendəʊkrɪn/　　　*adj.* 内分泌

☐
☐
☐

**E** (glands) secreting hormones directly into the circulation

**释** 内分泌（腺）即直接向循环系统分泌激素（的腺体）。

## 194 **glucagon** /ˈgluːkəˌgɒn/      *n.* 胰高血糖素

☐
☐ **E** a hormone formed in the pancreas which promotes the breakdown
☐ of glycogen to glucose in the liver, reducing blood sugar level
**释** 胰高血糖素是在胰腺中形成的一种激素，它能促进肝糖原分解
为葡萄糖，降低血糖水平。

## 195 **homeostasis** /ˌhəʊmiəˈsteɪsɪs/      *n.* 体内平衡

☐
☐ **E** the maintenance of dynamic equilibrium of various parameters
☐ around the body
**释** 体内平衡是指机体各参数的动态平衡。

## 196 **hormone** /ˈhɔːməʊn/      *n.* 激素

☐
☐ **E** chemical signals transferred through the circulatory system
☐ **释** 激素是通过循环系统传递的化学信号。

## 197 **insulin** /ˈɪnsjəlɪn/      *n.* 胰岛素

☐
☐ **E** a hormone made by the pancreas that allows body to use
☐ sugar from carbohydrates; reduced blood sugar level
**释** 胰岛素是胰腺分泌的一种激素，能使身体利用碳水化合物中的
糖分，降低血糖水平。

## 198 **poikilotherm** /ˌpɔɪˈkɪləʊθɜːm/      *n.* 变温动物

☐
☐ **E** animals whose body temperature are dependent on the
☐ environment
**释** 变温动物是指体温依赖于环境的动物。

### 第六小节　Drugs 药物

扫一扫
听本节音频

## 199 **antibiotic** /ˌæntibaɪˈɒtɪk/      *n.* 抗生素

☐
☐ **E** a drug that targets microorganisms; targets a metabolic
☐ reaction specific to them
**释** 抗生素是一种针对微生物的药物，是微生物特有的代谢反应。

## 200 **drug** /drʌg/        *n.* 药物

- ☐ **E** any substance taken into the body that modifies or affects chemical reactions in the body
- ☐ **释** 药物是任何摄入人体的会改变或影响人体化学反应的物质。

## 201 **heroin** /ˈherəʊɪn/        *n.* 海洛因

- ☐ **E** a highly addictive analgesic drug derived from morphine
- ☐ **释** 海洛因是吗啡衍生的高度成瘾的止痛药。

## 202 **nicotine** /ˈnɪkəti:n/        *n.* 尼古丁

- ☐ **E** a chemical found in cigarettes that binds to cholinergic synapses; causes many temporary effects
- ☐ **释** 尼古丁是在香烟中发现的一种化学物质,可与胆碱能突触结合,会造成许多短时的影响。

## 203 **tar** /tɑː(r)/        *n.* 焦油

- ☐ **E** a residue of tobacco that damages the respiratory tract and increase risk for cancer
- ☐ **释** 焦油是烟草的残留物,会损害呼吸道并增加患癌症的风险。

扫一扫
听本节音频

## 第一小节　Human Reproduction 人类繁殖

**204　cervix** /'sɜːvɪks/     *n.* 宫颈

- **E** the lower portion of the uterus, open to the vagina
- **释** 宫颈是子宫的下部，与阴道相通。

**205　conception** /kən'sepʃn/     *n.* 妊娠

- **E** the fertilization of human ovum
- **释** 妊娠是指人类卵子受精。

**206　contraceptive** /ˌkɒntrə'septɪv/     *n.* 避孕药具

- **E** drugs or devices serving to prevent pregnancy
- **释** 避孕药具是用来防止怀孕的药物或器具。

**207　epididymis** /ˌepɪ'dɪdɪmɪs/     *n.* 附睾

- **E** the epididymis is where sperms mature and gain capability of swimming motion
- **释** 附睾是精子成熟和获得游动能力的场所。
- **复** epididymides

**208　fallopian** /fə'ləʊpɪən/ **tubes**     输卵管

- **E** ducts that carry the ovum or the early embryo to the uterus
- **释** 输卵管是将卵子或早期胚胎运送到子宫的导管。
- **同** oviducts 输卵管

## 209 **fertilisation** /ˌfɜːtəlaɪˈzeɪʃn/      *n.* 受精

- Ⓔ the action or process of fertilizing an egg; the fusion of male and female gametes, forming a zygote
- 释 受精是使一个卵子受精的过程,即雄配子与雌配子的融合,形成受精卵。

## 210 **menopause** /ˈmenəpɔːz/      *n.* 绝经

- Ⓔ the cessation of menstruation
- 释 绝经即月经停止。

## 211 **menstruation** /ˌmenstruˈeɪʃn/      *n.* 经期

- Ⓔ the process in a woman of discharging blood and other materials from the lining of the uterus at intervals
- 释 月经是女性定期从子宫内膜排出血液和其他物质的过程。

## 212 **vas** /ˌvæs/ **deferens** /ˈdefərenz/      输精管

- Ⓔ a muscular tube that carry mature sperm to the urethra during an ejaculation
- 释 输精管是一种肌肉管,射精时,将成熟的精子输送到尿道。

## 213 **penis** /ˈpiːnɪs/      *n.* 阴茎

- Ⓔ the organ that becomes erect as the result of blood engorgement to facilitate ejaculation
- 释 阴茎是充血而勃起以促进射精的器官。

## 214 **prostate** /ˈprɒsteɪt/ **gland** /glænd/      前列腺

- Ⓔ a gland that produce the body of the seminal fluid, including the sugar for the sperm respiration
- 释 前列腺是产生精液的腺体,包括用于精子呼吸的糖。

## 215 **scrotum** /ˈskrəʊtəm/      *n.* 阴囊

**E** sacs that hold the testes outside the body cavity so that sperm production and maintenance happen at a temperature colder than the body temperature

**释** 阴囊是在体腔外托起睾丸的囊，使精子的产生和维持能在低于体温的温度下进行。

## 216 **seminal** /ˈsemɪnl/ **vesicles** /ˈvesɪklz/      精囊

**E** small glands that produce and add seminal fluid to the semen

**释** 精囊是一种小腺体，产生精囊液并将其注入精液中。

## 217 **testis** /ˈtestɪs/      *n.* 睾丸

**E** the male gonads; the site for sperm production

**释** 睾丸是雄性生殖腺，是精子产生的场所。

**复** testes

## 218 **uterus** /ˈjuːtərəs/      *n.* 子宫

**E** a muscular structure where the embryo implants and develops

**释** 子宫是胚胎植入和发育的肌肉结构。

## 219 **vagina** /vəˈdʒaɪnə/      *n.* 阴道

**E** a muscular tube that leads from the external genitals to the cervix

**释** 阴道是一根从外生殖器通向子宫颈的肌肉管。

## 第二小节　Plant Reproduction 植物繁殖

扫一扫
听本节音频

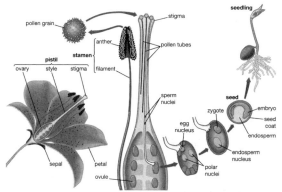

## 220 **anther** /ˈænθə(r)/         *n.* 花药

- **E** the part of a stamen that contains the pollen
- **释** 花药是雄蕊中含有花粉的部分。

## 221 **filament** /ˈfɪləmənt/         *n.* 花丝

- **E** the slender part of a stamen that supports the anther
- **释** 花丝是雄蕊中支撑花药的细长部分。

## 222 **germinate** /ˈdʒɜːmɪneɪt/         *n.* 发芽

- **E** (of a seed or spore) begin to grow and put out shoots after a period of dormancy
- **释** 发芽是指种子或孢子经过一段时间的休眠后开始生长并长出芽。

## 223 **nectary** /ˈnektərɪ/         *n.* 蜜腺

- **E** a nectar-secreting glandular organ in a flower
- **释** 蜜腺是花中分泌花蜜的腺体。

## 224 **ovary** /ˈəʊvəri/ *n.* 子房

☐ [E] (in plants) the hollow base of the carpel of a flower, containing one or more ovules.
☐ [释] 子房（在植物中）是花的心皮的中空基部，包含一个或多个胚珠。
☐

## 225 **ovule** /ˈɒvjuːl/ *n.* 胚珠

☐ [E] the part of the ovary of seed plants that contains the female germ cell and after fertilization becomes the seed
☐ [释] 胚珠是种子植物卵巢的一部分，含有雌性生殖细胞，受精后成为种子。
☐

## 226 **pollen** /ˈpɒlən/ *n.* 花粉

☐ [E] fine grains produced by anthers, containing male gametes
☐ [释] 花粉是由花药产生的，含有雄配子的细小颗粒。
☐

## 227 **pollen tube** 花粉管

☐ [E] a hollow tube which develops from a pollen grain when deposited on the stigma of a flower
☐ [释] 花粉管是由花粉粒在花柱头上沉积而成的中空管。
☐

## 228 **pollination** /ˌpɒləˈneɪʃn/ *n.* 授粉

☐ [E] the transfer of pollen to a stigma
☐ [释] 授粉是将花粉转移到柱头上的过程。
☐

## 229 **receptacle** /rɪˈseptəkl/ *n.* 花托

☐ [E] an enlarged area at the apex of a stem that bears the organs of a flower
☐ [释] 花托是茎的顶部的扩大区域，托起花的器官。
☐

## 230 **sepal** /ˈsepl/ *n.* 萼片

☐ [E] the parts of the calyx of a flower, enclosing the petals and typically green and leaflike
☐ [释] 萼片是花萼的一部分，包裹着花瓣，通常为绿色和叶状。
☐

## 231 **stamen** /'steɪmən/            *n.* 雄蕊

- ⓔ the male fertilizing organ of a flower, typically consisting of a pollen-containing anther and a filament
- ㉑ 雄蕊是花的雄性受精器官，通常由含有花粉的花药和花丝组成。

## 232 **stigma** /'stɪgmə/            *n.* 柱头

- ⓔ the part of a pistil that receives the pollen during pollination
- ㉑ 柱头是雌蕊在授粉过程中接受花粉的部分。

## 233 **style** /staɪl/            *n.* 花柱

- ⓔ a narrow, typically elongated extension of the ovary, bearing the stigma
- ㉑ 花柱是子房的狭窄的延伸部分，一般形状细长，带有柱头。

扫一扫
听本节音频

---

### 第三小节　Inheritance 遗传

---

## 234 **cell differentiation** /ˌdɪfəˌrenʃiˈeɪʃn/       细胞分化

- ⓔ the process by which a less specialized cell undergoes maturation to become more distinct
- ㉑ 细胞分化是一个特化程度较低的细胞成熟并变得更加独特的过程。

## 235 **chromatid** /'krəʊmətɪd/            *n.* 染色单体

- ⓔ each of the two threadlike strands into which a chromosome divides longitudinally during cell division. Each contains a double helix of DNA
- ㉑ 染色单体是细胞分裂时染色体纵向分裂成的两条线状线的每一条。每一个染色单体都包含一个双螺旋的 DNA。

## 236 **chromosome** /ˈkrəʊməsəʊm/      *n.* 染色体

- 🇪 a threadlike structure of nucleic acids and protein found in the nucleus of most living cells, carrying genes
- 🇨 染色体是在大多数活细胞的细胞核中携带基因的核酸和蛋白质的线状结构。

## 237 **dominant** /ˈdɒmɪnənt/      *adj.* 显性的

- 🇪 a characteristic which is expressed in an individual heterozygous for the allele
- 🇨 显性的（特征）即能够在杂合子等位基因个体中表达的特征。

## 238 **recessive** /rɪˈsesɪv/      *adj.* 隐性的

- 🇪 a characteristic which is not expressed in an individual heterozygous for the allele
- 🇨 隐性的是一种不表现在杂合的等位基因中的特征。

## 239 **haploid** /ˈhæplɔɪd/      *adj.* 单倍体

- 🇨 (of a cell or nucleus) containing only one complete set of chromosomes
- 🇨 单倍体是（指细胞或细胞核）只含有一套完整的染色体。

## 240 **diploid** /ˈdɪplɔɪd/      *adj.* 二倍体

- 🇨 (of a cell or nucleus) containing two complete sets of chromosomes
- 🇨 二倍体是（指细胞或细胞核）含有两套完整染色体。

## 241 **heterozygote** /ˌhetərəˈzaɪgəʊt/      *n.* 杂合子

- 🇪 an individual where the two alleles for a characteristic are different
- 🇨 杂合子是（同源染色体同一位点上的）两个等位基因不相同的基因型个体。

## 242 **homologous** /həˈmɒləgəs/ **chromosomes**
/ˈkrəʊməsəʊmz/
同源染色体

☐
☐
☐ **E** chromosome pairs that contain the genes for the same characteristic but have different alleles, one from each parent; usually paired during mitosis

**释** 同源染色体是包含同一事物的基因但有不同的等位基因的染色体对，每个等位基因来自其亲本中的一个，通常在有丝分裂时被配对。

## 243 **zygote** /ˈzaɪgəʊt/
*n.* 合子

☐
☐
☐ **E** a diploid cell resulting from the fusion of two haploid gametes; a fertilized ovum

**释** 合子是两个单倍体配子融合形成的二倍体细胞，是一个受精卵。

## 244 **homozygote** /ˌhɒməˈzaɪgəʊt/
*n.* 纯合子

☐
☐
☐ **E** an individual where both alleles for a characteristic are identical

**释** 纯合子是（同源染色体同一位点上的）两个等位基因相同的基因型个体。

## 245 **meiosis** /maɪˈəʊsɪs/
*n.* 减数分裂

☐
☐
☐ **E** a type of cell division that results in four daughter cells each with half the number of chromosomes of the parent cell

**释** 减数分裂是一种细胞分裂，产生四个子细胞，每个子细胞的染色体数是母细胞的一半。

## 246 **mitosis** /maɪˈtəʊsɪs/
*n.* 有丝分裂

☐
☐
☐ **E** the process by which a cell divides to produce two genetically identical daughter cells

**释** 有丝分裂是一个细胞分裂产生两个基因相同的子细胞的过程。

## 247 **monohybrid** /ˌmɒnəʊˈhaɪbrɪd/ **cross**　　　单杂交

- ☐
- ☐　🅔 a gene cross where only one gene for one characteristic is considered
- ☐　🅡 单杂交是一个基因只考虑一个特征的基因杂交。

## 248 **sexual reproduction**　　　有性生殖

- ☐
- ☐　🅔 the production of offspring's that are genetically different from the parent
- ☐　🅡 有性生殖是可以使后代具有与父母不同的基因的繁殖过程。

## 249 **stem** /stem/ **cell** /sel/　　　干细胞

- ☐
- ☐　🅔 an undifferentiated cell of a multicellular organism which is capable of differentiation and indefinite replication
- ☐　🅡 干细胞是多细胞生物的一种未分化细胞，具有分化和无限复制的能力。

扫一扫
听本节音频

> 第四小节　Natural Selection 自然选择

## 250 **continuous variation**　　　连续变异

- ☐
- ☐　🅔 variation where individual characteristics distribute in a continuum rather than discrete categories
- ☐　🅡 连续变异是个体特征分布在连续体而不是离散类别中的变异。

## 251 **discontinuous variation**　　　不连续变异

- ☐
- ☐　🅔 variation where individual characteristics fall into distinct classes or categories
- ☐　🅡 不连续变异是指个体特征被分为区分明确的类别的变异。

## 252 **directional** /dəˈrekʃənl/ **selection**　　　定向选择

- ☐ **E** a mode of natural selection in which one extreme phenotype is favoured over other phenotypes, causing the allele frequency to shift over to one direction
- ☐ **释** 定向选择是自然选择的一种模式，其中一个极端表型比其他表型更有利，导致等位基因频率向一个方向转移。

## 253 **disruptive** /dɪsˈrʌptɪv/ **selection**　　　破坏性选择

- ☐ **E** a mode of natural selection in which extreme phenotypes are favoured over other phenotypes, increasing variance and the population is gradually divided into two distinct groups
- ☐ **释** 破坏性选择是自然选择的一种模式，其中极端表型比其他表型更有利，方差增加，种群逐渐分为两个不同的组。

## 254 **stabilising selection**　　　稳定化选择

- ☐ **E** a type of natural selection in which the population mean stabilises on a particular non-extreme value
- ☐ **释** 稳定化选择是自然选择的一种，其中总体均值稳定在特定的非极值上。

## 255 **evolution** /ˌiːvəˈluːʃn/　　　*n.* 演化

- ☐ **E** change in the heritable characteristics of biological populations over successive generations
- ☐ **释** 演化是代与代之间种群遗传特性的变化。

## 256 **sickle** /ˈsɪkl/ **cell anaemia** /əˈniːmiə/　　　镰状细胞性贫血

- ☐ **E** a severe hereditary form of anaemia in which a mutated form of haemoglobin distorts the red blood cells into a crescent shape at low oxygen levels, causing insufficient oxygen supply and higher risk of blood vessel blockage
- ☐ **释** 镰状细胞性贫血是一种严重的遗传性贫血，其中突变的血红蛋白在低氧水平下将红细胞扭曲为新月形，从而导致氧气供应不足和血管阻塞的风险增加。

# 第七节

## Ecology 生态

### 第一小节 Organisms and Their Environment 有机体与环境

扫一扫
听本节音频

257 **carbon** /ˈkɑːbən/ **cycle** /saɪkl/ 碳循环

[E] a series of reactions in which carbon flows and is recycles between parts of an ecosystem

[释] 碳循环是碳在生态系统各部分之间流动和循环的一系列反应。

258 **carbon sink** 碳汇

[E] a reservoir where carbon dioxide is removed from atmosphere and locked into organic form

[释] 碳汇是一个将二氧化碳从大气中分离并锁定为有机形式的储集层。

259 **consumer** /kənˈsjuːmə(r)/ *n.* 消费者

[E] the trophic level for organisms that eat other organisms (producers or other consumers)

[释] 消费者是指以其他有机体（生产者或其他消费者）为食的有机体的营养水平。

260 **decomposer** /ˌdiːkəmˈpəʊzə/ *n.* 分解者

[E] the trophic level for organisms that break down remains of other organisms and return them back to soil; usually microorganisms

[释] 分解者是分解其他生物的遗体并把它们送回土壤的食性层次，通常为微生物。

## 261 ecology /iˈkɒlədʒi/      n. 生态

☐ ☐ ☐ **Ⓔ** the branch of biology that deals with the relations of organisms to one another and to their physical surroundings

**㊾** 生态学是生物学的一个分支，研究有机体之间的关系以及它们与周围环境的关系。

## 262 producer /prəˈdjuːsə(r)/      n. 生产者

☐ ☐ ☐ **Ⓔ** the trophic level for organisms that make food from inorganic materials through photosynthesis or chemosynthesis

**㊾** 生产者是通过光合作用或化学合成从无机材料中制造食物的生物体的食性层次。

## 263 ecosystem /ˈiːkəʊsɪstəm/      n. 生态系统

☐ ☐ ☐ **Ⓔ** a biological system of interacting organisms and their physical environment

**㊾** 生态系统是由相互作用的生物及其物理环境组成的生物系统。

## 264 trophic /ˈtrəʊfɪk/ level      食性层次

☐ ☐ ☐ **Ⓔ** the position of an organism in a food chain or web

**㊾** 食性层次是生物体在食物链或食物链网中的位置。

---

**第二小节** Humans and the Environment
人类与环境

扫一扫
听本节音频

---

## 265 eutrophication /ˌjuːtrəfɪˈkeɪʃn/      n. 富营养化

☐ ☐ ☐ **Ⓔ** when a body of water becomes overly enriched with minerals and nutrients which induce excessive growth of algae

**㊾** 富营养化是水体变得过于富含矿物质和营养物质的状态，会引起藻类的过度增长。

## 266 **greenhouse** /ˈgriːnhaʊs/ **effect** /ɪfekt/ 温室效应

☐
☐
☐

**Ⓔ** the process by which gases in the atmosphere absorb and radiate the solar radiation, rising atmospheric temperature near the surface of the Earth

**释** 温室效应是指大气中的气体吸收和发射太阳辐射，使地表附近的大气温度上升的过程。

## 267 **nuclear fallout** 核尘埃

☐
☐
☐

**Ⓔ** the residual radioactive material propelled into the upper atmosphere following a nuclear blast; severely damage the environment and very difficult to restore

**释** 核尘埃是核爆炸后进入高层大气的残余放射性物质，严重有害环境，且造成的破坏很难恢复。

# Biotechnology 生物技术

## 268 **bioplastic** /ˌbaiəu'plæstik/     *n.* 生物塑料

☐
☐ **E** a type of biodegradable plastic derived from biological
☐    substances
**释** 生物塑料是一种由生物物质衍生而来的可降解塑料。

## 269 **carbon neutral** /'nju:trəl/     碳中性

☐ **E** making no net release of carbon dioxide to the atmosphere
☐ **释** 碳中性是指不向大气中排放二氧化碳。
☐

## 270 **pectinase** /'pekti:ˌnəz/     *n.* 果胶酶

☐ **E** an enzyme that help breaking down pectin in plant cell walls;
☐    useful in juice extraction
☐ **释** 果胶酶是一种帮助植物细胞壁分解果胶的酶，可用于提取水果
   汁。

## 271 **penicillin** /ˌpenɪ'sɪlɪn/     *n.* 青霉素

☐ **E** the first antibiotic discovered; interferes with bacterial cell
☐    wall formation
☐ **释** 青霉素是第一个被发现的抗生素，可干扰细菌细胞壁的形成。

## 272 **tetracycline** /ˌtetrə'saɪklaɪn/     *n.* 四环素

☐ **E** a bacteriostatic antibiotic, inhibits protein synthesis
☐ **释** 四环素是一种抑菌抗生素，可抑制蛋白质合成。
☐

扫一扫
听本节音频

## 第一节
## Classification 分类学

**273 cladistics** /kləˈdɪstɪks/     *n.* 分支系统学

**E** a method of classification of animals and plants according to the proportion of measurable characteristics that they have in common

**释** 分支系统学是一种根据动植物共有的可测量特征的比例对动植物进行分类的方法。

**274 homologous** /həˈmɒləɡəs/ **feature**     同源特征

**E** a unique physical feature shared by multiple species, suggesting a common ancestor

**释** 同源特征是多种物种共有的独特物理特征，暗示着这些物种有共同的祖先。

**275 morphology** /mɔːˈfɒlədʒi/     *n.* 形态学

**E** the study of structure and form of organisms

**释** 形态学是研究生物结构和形态的学科。

扫一扫
听本节音频

### 第一小节　Biochemistry Essentials
### 生物化学必备词汇

276 **anion** /'ænaɪən/　　　　　　　　　　　*n.* 阴离子

- ☐ **E** a negatively charged ion
- ☐ **释** 负离子是带负电荷的离子。
- ☐

277 **cation** /'kætaɪən/　　　　　　　　　　　*n.* 阳离子

- ☐ **E** a positively charged ion
- ☐ **释** 阳离子是带正电荷的离子。
- ☐

278 **buffer** /'bʌfə(r)/　　　　　　　　　　　*n.* 缓冲剂

- ☐ **E** a solution that resists changes in pH when acid or alkali is
- ☐ added to it
- ☐ **释** 缓冲剂是一种溶液，当加入酸或碱时能防止 pH 值的变化。

279 **colloid** /'kɒlɔɪd/　　　　　　　　　　　*n.* 胶体

- ☐ **E** a homogeneous substance consisting of large molecules of
- ☐ one substance dispersed through a second substance; gels
- ☐ and colloids are emulsions
- **释** 胶体是一种均质物质，由分散在一种物质中的另一种物质的大
  分子组成；凝胶和胶体都属于乳剂。

280 **dipole** /'daɪpəʊl/　　　　　　　　　　　*n.* 偶极子

- ☐ **E** a molecule where positive and negative electric charge is
- ☐ separated
- ☐ **释** 偶极子是正电荷和负电荷分离的分子。

## 281 **dissociation** /dɪˌsəʊsiˈeɪʃn/      *n.* 离解

- **E** separation
- **释** 离解即解离。

## 282 **polarity** /pəˈlærəti/      *n.* 极性

- **E** a separation of electric charge leading to a molecule or its groups having an electric dipole moment; the molecule would have a negatively charged end and a positively charged end
- **释** 极性是造成分子或其基团产生电偶极矩的电荷分离；这个分子将一端带负电，另一端带正电。

## 283 **precursor** /priˈkɜːsə(r)/      *n.* 前体

- **E** a substance from which another is formed, especially by metabolic reaction.
- **释** 前体是形成另一种物质的物质，尤指通过代谢反应形成的物质。

## 284 **suspension** /səˈspenʃn/      *n.* 悬浊液

- **E** a mixture in which particles are dispersed throughout the bulk of a fluid
- **释** 悬浊液是一种液体中四散悬浮着大量颗粒的混合物。

## 285 **adenine** /'ædənɪn/　　　　　　　　　　　　*n.* 腺嘌呤

- **E** a purine base found in DNA and RNA
- **释** 腺嘌呤是 DNA 和 RNA 中的一种嘌呤碱。

## 286 **adenosine** /æ'denəˌsiːn/ **triphosphate** /traɪˈfɒsfeɪt/
三磷酸腺苷

- **E** can break to release energy
- **释** 三磷酸腺苷可以分解以释放能量。

## 287 **amino** /əˌmiːnəʊ/ **acid** /'æsɪd/
氨基酸

- **E** a simple organic compound containing both a carboxyl and an amino group; the monomer of proteins
- **释** 氨基酸是一种含有一个羧基和一个氨基的简单有机化合物，即蛋白质的单体。

## 288 **amylopectin** /ˌæmɪləʊ'pektɪn/　　　　　　　*n.* 支链淀粉

- **E** the non-crystallizable form of starch, consisting of branched polysaccharide chains
- **释** 支链淀粉是淀粉的不可结晶形式，由支链多糖链组成。

## 289 **amylose** /'æmɪˌləʊz/　　　　　　　　　　　　*n.* 直链淀粉

- **E** the crystallizable form of starch, consisting of long unbranched polysaccharide chains
- **释** 直链淀粉是淀粉的可结晶形式，由长链不分枝的多糖链组成。

## 290 **chitin** /ˈkaɪtɪn/ *n.* 几丁质

- **E** a fibrous substance consisting of polysaccharides and forming the major constituent in the exoskeleton of arthropods and the cell walls of fungi
- **释** 几丁质是由多糖类组成的纤维物质，是构成节肢动物外骨骼和真菌细胞壁的主要成分。

## 291 **collagen** /ˈkɒlədʒən/ *n.* 胶原

- **E** a structural protein found in skin and other connective tissues
- **释** 胶原蛋白是一种存在于皮肤和其他结缔组织中的结构蛋白。

## 292 **complementary** /ˌkɒmplɪˈmentri/ **base pairing**
互补碱基配对

- **E** the phenomenon where in DNA G always binds to C and A always binds to T; A binding to U in RNA and other possible bindings also exist
- **释** 互补碱基对是指脱氧核糖核酸中，G 总是与 C 结合，A 总是与 T 结合的现象，也存在在核糖核酸中 A 与 U 的结合和其他可能的结合。

## 293 **conjugated** /ˈkɒndʒuɡeɪtɪd/ **protein** 结合蛋白

- **E** a complex protein consisting of amino acids combined with other substances
- **释** 结合蛋白是由氨基酸与其他物质结合而成的复合蛋白。

## 294 **globular** /ˈɡlɒbjələ(r)/ **protein** 球状蛋白

- **E** globe-like proteins folded into shape; somewhat water-soluble
- **释** 球状蛋白是折叠成形的类球状的蛋白，具有一定程度的水溶性。

## 295 **cytosine** /ˈsaɪtəsɪn/ *n.* 胞嘧啶

- **E** a pyrimidine base found in DNA and RNA
- **释** 胞嘧啶是脱氧核糖核酸和核糖核酸中的一种嘧啶碱基。

## 296 **dipeptide** /daɪˈpeptaɪd/     *n.* 二肽

- **E** a peptide composed of two amino acids
- **释** 二肽是由两个氨基酸组成的肽。

## 297 **disaccharide** /daɪˈsækəˌraɪd/     *n.* 二糖

- **E** a sugar that is the result of condensation of two monosaccharides
- **释** 双糖是由两个单糖缩合而成的糖。

## 298 **disulfide** /daɪˈsʌlfaɪd/ **bond**     二硫键

- **E** a covalent bond between two sulphur containing groups; exceptionally strong
- **释** 二硫键是两个含硫基团之间特别强大的的共价键。

## 299 **ester** /ˈestə(r)/ **bond**     酯键

- **E** a bond formed in an ester group, usually between a alcohol and an acid
- **释** 酯键是酯基上通常在醇和酸之间形成的键。

## 300 **fructose** /ˈfrʌktəʊs/     *n.* 果糖

- **E** a hexose monosaccharide found especially in honey and fruit
- **释** 果糖是一种己糖单糖，尤其存在于蜂蜜和水果中。

## 301 **fibrous** /ˈfaɪbrəs/ **protein**     纤维蛋白

- **E** elongated protein with simple folding
- **释** 纤维蛋白是简单折叠的细长蛋白。

## 302 **galactose** /gəˈlæktəʊz/     *n.* 半乳糖

- **E** a hexose monosaccharide which is a constituent of lactose
- **释** 半乳糖是一种己糖单糖，是乳糖的组成部分。

**303  glycerol** /ˈɡlɪsərɒl/                                  *n.* 甘油

**E** a three carbon molecule that builds up to fat with fatty acids

**释** 甘油是一种三碳化合物，与脂肪酸共同构成脂肪。

**304  glycogen** /ˈɡlaɪkəʊdʒən/                             *n.* 糖原

**E** a substance deposited in bodily tissues as a store of carbohydrates; a polysaccharide which forms glucose on hydrolysis

**释** 糖原是一种储存在身体组织中的物质，是碳水化合物的储存形式，一种在水解时可以形成葡萄糖的多糖。

**305  glycoprotein** /ˌɡlaɪkəʊˈprəʊtiːn/                     *n.* 糖蛋白

**释** a class of proteins that have carbohydrate groups attached to the polypeptide chain

**释** 糖蛋白是一类蛋白质，其中碳水化合物基团与多肽链相连。

**306  glycosidic** /ˌɡlaɪkəʊˈsɪdɪk/ **bond**                    糖苷键

**E** a type of covalent bond that joins a carbohydrate (sugar) molecule to another group

**释** 糖苷键是一种将碳水化合物〔糖〕分子连接到另一个基团上的共价键。

**307  guanine** /ˈɡwɑːniːn/                                  *n.* 鸟嘌呤

**E** a purine base found in DNA and RNA

**释** 鸟嘌呤是 DNA 和 RNA 中的一种嘌呤碱基。

**308  triose** /ˈtraɪəʊz/                                     *n.* 三糖

**E** a three carbon sugar molecule

**释** 三糖即三碳糖。

**309  pentose** /ˈpentəʊs/                                   *n.* 戊糖

**E** a five carbon sugar molecule

**释** 戊糖即五碳糖。

310 **hexose** /ˈheksəʊs/       *n.* 己糖

☐ **E** a six carbon sugar molecule
☐ **释** 己糖即六碳糖。
☐

311 **isomer** /ˈaɪsəmə(r)/       *n.* 异构体

☐ **E** each of two or more compounds with the same formula but a
☐     different arrangement of atoms in the molecule and different
☐     properties.
    **释** 异构体是指两种或两种以上的化合物，它们的分子式相同，但
    原子的排列方式不同，性质也不同。

312 **lactose** /ˈlæktəʊs/       *n.* 乳糖

☐ **E** a disaccharide found in animals
☐ **释** 乳糖是一种存在于动物体内的双糖。
☐

313 **lipoprotein** /ˈlɪpəprəʊtiːn/       *n.* 脂蛋白

☐ **E** a group of soluble proteins that combine with and transport
☐     fat or other lipids in the blood plasma
☐ **释** 脂蛋白是一组可溶性蛋白，可与血浆中的脂肪或其他脂质结合
    并运输。

314 **maltose** /ˈmɔːltəʊz/       *n.* 麦芽糖

☐ **E** a disaccharide produced by the breakdown of starch,
☐     consisting of two glucose molecules
☐ **释** 麦芽糖是由淀粉分解产生的二糖，由两个葡萄糖分子组成。

315 **monosaccharide** /ˌmɒnəʊˈsækəˌraɪd/       *n.* 单糖

☐ **E** any sugar that cannot be hydrolysed to give a simpler sugar
☐ **释** 单糖即任何不能被水解为更简单的糖的糖。
☐

## 316 **monounsaturated** /ˌmɒnəʊʌnˈsætʃəˌreɪtɪd/ **fatty acid**
### 单不饱和脂肪酸

- ☐ 🇪 fatty acids with one double bond
- ☐ 🇨 单不饱和脂肪酸是具有一个双键的脂肪酸。
- ☐

## 317 **nucleic** /njuːˈkliːɪk/ **acids** /ˈæsɪdz/      核酸

- ☐ 🇪 polymers made up of nucleotide monomers that carry genetic information
- ☐ 🇨 核酸是核苷酸单体组成的聚合物，携带遗传信息。
- ☐

## 318 **oligosaccharide** /ˌɒlɪgəʊˈsækəˌraɪd/      n. 低聚糖

- ☐ 🇪 a carbohydrate whose molecules are composed of a relatively small number of monosaccharide units.
- ☐ 🇨 低聚糖是一种分子由相对较少的单糖单位组成的碳水化合物。
- ☐

## 319 **peptide** /ˈpeptaɪd/ **bond**      肽键

- ☐ 🇪 a chemical bond formed between the amino group and the carboxyl group of two amino acids
- ☐ 🇨 肽键是两个氨基酸的氨基和羧基之间形成的化学键。
- ☐

## 320 **phosphodiester** /ˌfɒsfəˈdɪəstə/ **bond** 磷酸二酯键

- ☐ 🇪 a chemical bond joining successive sugar molecules in a polynucleotide
- ☐ 🇨 磷酸二酯键是连接多核苷酸中连续糖分子的化学键。
- ☐

## 321 **polypeptide** /ˌpɒlɪˈpeptaɪd/      n. 多肽

- ☐ 🇪 a peptide composed of three amino acids
- ☐ 🇨 多肽是由三种氨基酸组成的肽。
- ☐

## 322 **polyunsaturated** /ˌpɒlɪˈʌnˈsætʃəˌreɪtɪd/ **fatty acid**
### 多不饱和脂肪酸

- ☐ 🇪 fatty acids with more than one double bond
- ☐ 🇨 多不饱和脂肪酸是具有多个双键的脂肪酸。
- ☐

## 323 **prosthetic** /prɒs'θetɪk/ **group** 辅基

- ☐ **Ⓔ** a non-protein compound or group that binds with an enzyme
- ☐ and is required for its activity as a catalyst
- ☐ **㉑** 辅基是一种与酶结合的非蛋白化合物或基团，是酶的催化活性所必需的结构。

## 324 **purine** /'pjʊəriːn/ *n.* 嘌呤

- ☐ **Ⓔ** a nitrogen-rich base found in nucleotides with one ring
- ☐ **㉑** 嘌呤是核苷酸中的一种单环含氮碱基。
- ☐

## 325 **pyrimidine** /paɪ'rɪmɪˌdiːn/ *n.* 嘧啶

- ☐ **Ⓔ** a nitrogen-rich base found in nucleotides with two rings
- ☐ **㉑** 嘧啶是核苷酸中的一种双环含氮碱基。
- ☐

## 326 **thymine** /'θaɪmiːn/ *n.* 胸腺嘧啶

- ☐ **Ⓔ** a pyrimidine base found in DNA
- ☐ **㉑** 胸腺嘧啶是 DNA 中的一种嘧啶碱基。
- ☐

## 327 **uracil** /'jʊərəsɪl/ *n.* 尿嘧啶

- ☐ **Ⓔ** a pyrimidine base found in RNA
- ☐ **㉑** 尿嘧啶是 RNA 中的一种嘧啶碱基。
- ☐

## 328 **saturated** /'sætʃəˌreɪtɪd/ **fatty acid** 饱和脂肪酸

- ☐ **Ⓔ** straight chain fatty acids with no double bonds
- ☐ **㉑** 饱和脂肪酸是没有双键的直链脂肪酸。
- ☐

## 329 **unsaturated** /ʌn'sætʃəˌreɪtɪd/ **fatty acid**
不饱和脂肪酸

- ☐ **Ⓔ** fatty acids with double bonds
- ☐ **㉑** 不饱和脂肪酸是具有双键的脂肪酸。
- ☐

第三小节　Enzymes and Enzymatic Reactions
酶与酶反应

## 330　**activation energy**　　　　　　活化能

🄴 the energy required to initiate a reaction

🄲 活化能是启动一个化学反应所需要的能量。

## 331　**affinity** /əˈfɪnəti/　　　　　　*n.* 亲和力

🄴 the tendency of the binding between two substances

🄲 亲和力是两种物质结合的倾向性。

## 332　**allosteric** /ˌæləˈsterɪk/ **site**　　　变构位点

🄴 a site on protein that may alter the activity of the protein

🄲 变构位点是指蛋白上可能改变蛋白质活性的位点。

## 333　**competitive inhibition**　　　　竞争抑制

🄴 inhibition of enzyme in which the inhibitor binds with the normal active site to prevent substrate binding

🄲 竞争抑制是一种酶的抑制，竞争性抑制剂与正常的活性位点结合，防止底物与酶结合。

## 334　**uncompetitive inhibition**　　　非竞争抑制

🄴 inhibition of enzyme in which the inhibitor binds to an allosteric site to change the shape of the enzyme active site to prevent substrate binding; reduce rate regardless of whether enzyme has already bound to substrate

🄲 非竞争性抑制是一种酶的抑制，非竞争性抑制剂与变构位点结合以改变酶活性位点的形状，使酶不能与底物结合；无论酶是否已与底物结合，非竞争性抑制剂都会使酶活性下降。

## 335 **denaturation** /dɪˌneɪtʃəˈreɪʃən/     *n.* 变性

- **E** the loss of three-dimensional shape of a protein, usually through high temperature or change of pH
- **释** 变性是指蛋白质失去其三维形状，通常是由高温或 pH 值的变化造成的。

## 336 **end-product inhibition**     终产物抑制

- **E** the mechanism in metabolic pathways where the end product will inhibit a reaction, leading to a negative feedback system
- **释** 终产物抑制是代谢途径中的一种机制，其中终产物将抑制反应，从而建立负反馈系统。

## 337 **intracellular** /ˌɪntrəˈseljʊlə/ **enzymes**     细胞内酶

- **E** enzymes that work within a cell
- **释** 细胞内酶是在细胞内起作用的酶。

## 338 **extracellular** /ˌekstrəˈseljʊlə/ **enzymes**     细胞外酶

- **E** enzymes that work outside of the cell in which they are produced
- **释** 细胞外酶是在细胞外起作用的酶。

## 339 **lock-and-key hypothesis** /haɪˈpɒθəsɪs/

终    锁匙假设

- **E** a model of enzyme action that explains enzyme action by substrates binding to active sites on enzymes with complementary shapes to them
- **释** 锁匙假设是一个酶作用的模型，通过底物与酶上具有互补结构的活性位点结合的底物来解释酶的作用。

## 340 **Michaelis-Menten constant**     米氏常数

- **E** the enzymatic kinetics constant defined by the substrate concentration needed to reach one half of the maximal rate of reaction
- **释** 米氏常数是一个酶促动力学常数，其含义是酶促反应速率达到最大速率一半时的底物的浓度。

## 341 **molecular** /mə'lekjələ(r)/ **activity**　　分子活性

**E** the number of substrate molecules transformed per unit time by a single enzyme molecule

**释** 分子活性是底物分子在单位时间内被一个酶分子转化的数量。

## 342 **temperature coefficient** /ˌkəʊɪ'fɪʃnt/　　温度系数

**E** the measure of the effect of temperature on the rate of reaction

**释** 温度系数是温度对反应速率影响的量度。

## 343 **turnover rate**　　周转率

**同** molecular activity 分子活性

第一小节　Microscopy 显微镜

扫一扫
听本节音频

344 **artefact** /ˈɑːtɪfækt/　　　　　　　　　　　　　　　　*n.* 误差

☐
☐  **E** things observed in a scientific investigation that are not
☐　　naturally present, usually introduced during the process of
　　preparation or investigation

　　**释** 误差是在科学研究中观察到的非自然存在的东西，通常是在准
　　备或研究过程中引入的。

345 **electron** /ɪˌlektrɒn/ **microscope** /ˈmaɪkrəskəʊp/
　　　　　　　　　　　　　　　　　　　　　　　　　电子显微镜

☐
☐  **E** a tool that uses a beam of electrons and magnetic lenses to
☐　　magnify specimens
　　**释** 电子显微镜是用电子束和电磁透镜放大样本的工具。

346 **light microscope**　　　　　　　　　　　　　　光学显微镜

☐
☐  **E** a microscope that uses visible light and lenses to magnify
☐　　specimens
　　**释** 光学显微镜是用可见光和透镜放大样本的显微镜。

347 **scanning electron microscope**
　　　　　　　　　　　　　　　　　　　　　　扫描电子显微镜

☐
☐  **E** an electron microscope in which the surface of a specimen is
☐　　scanned by a beam of electrons that are reflected to form an
　　image, yielding pictures of the surface of the specimen
　　**释** 扫描电子显微镜是一种电子显微镜，用电子束扫描样品的表面，
　　该电子束被反射形成图像，从而生成样品表面的图片。

## 348 **transmission electron microscope**
透射电子显微镜

- **E** a form of electron microscope in which an image is derived from electrons which have passed through the specimen, leading to pictures of the cross sections of an organism
- **释** 透射电子显微镜是一种电子显微镜，通过透射电子显微镜，电子穿过标本生成图像，从而得到生物体的截面图。

## 349 **eyepiece graticule** /'grætɪˌkju:l/
目镜刻度

- **E** a scaled piece of glass on the eyepiece; not magnified by the microscope
- **释** 目镜刻度是未被显微镜放大时目镜上的刻度玻璃片。

## 350 **magnification** /ˌmægnɪfɪˈkeɪʃn/
*n.* 放大

- **E** a measure of the ratio of the size of the image and the real object
- **释** 放大是图像和真实物体尺寸之比的度量。

## 351 **resolution** /ˌrezəˈlu:ʃn/
*n.* 解析度

- **E** a measure of how close together two objects must be before they are seen as one
- **释** 解析度是衡量两个物体被视为一个物体之前的距离的标准。

## 352 **stage micrometer**
载物台千分尺

- **E** a slide that comes with a scale on its surface
- **释** 载物台千分尺是一个表面带有刻度的载玻片。

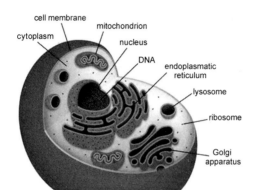

cell membrane
mitochondrion
cytoplasm
nucleus
DNA
endoplasmatic reticulum
lysosome
ribosome
Golgi apparatus

### 353 **apoptosis** /ˌæpəp'təʊsɪs/　　　　　　　　*n.* 凋亡

**E** the programmed and controlled death which occurs to a normal cell

**释** 细胞凋亡是正常细胞中出现的具有程式性和可控性的死亡。

### 354 **bacillus** /bə'sɪləs/　　　　　　　　　　　*n.* 杆菌

**E** rod shaped bacteria

**释** 杆菌即杆状细菌。

### 355 **bacteriophage** /bæk'tɪərɪəˌfeɪdʒ/　　　　*n.* 噬菌体

**E** a virus that parasitizes a bacterium by infecting it and reproducing inside it.

**释** 噬菌体是一种通过感染细菌并在细菌内繁殖而使细菌寄生的病毒。

## 356 capsule /'kæpsjuːl/      *n.* 荚膜

- 🅔 a layer of starch, gelatin, protein or glycolipid found around some bacteria
- 🅡 荚膜是覆盖在细菌周围的一层淀粉、明胶、蛋白质或糖脂。

## 357 centriole /'sentrɪˌəʊl/      *n.* 中心粒

- 🅔 a tiny cylindrical organelle near the nucleus in animal cells, occurring in pairs and involved in the development of spindle fibres in cell division
- 🅡 中心粒是动物细胞中靠近细胞核的圆柱形小细胞器，成对出现，参与细胞分裂中纺锤体纤维的发育。

## 358 coccus /'kɒkəs/      *n.* 球菌

- 🅔 spherical bacteria
- 🅡 球菌即球形细菌。

## 359 eubacteria /juːbæk'tɪərɪə/      *n.* 真细菌

- 🅔 true bacteria
- 🅡 真细菌即真正的细菌。

## 360 facultative /'fækəltətɪv/ anaerobes /æ'neərəʊbz/ 兼性厌氧菌

- 🅔 organisms which uses oxygen for respiration but can switch to anaerobic fermentation if needed
- 🅡 兼性厌氧菌是一种利用氧气进行呼吸的生物，但在必要时可以转换为厌氧发酵。

## 361 obligate aerobes /'eərəʊbz/ 专性需氧菌

- 🅔 organisms that require oxygen to survive
- 🅡 专性需氧菌是需要氧气才能生存的生物。

## 362 **obligate anaerobes** /æˈneərəubz/     专性厌氧菌

- [ ] **E** organisms that can't survive under oxygen
- [ ] **释** 专性厌氧菌是不能在氧气下生存的生物。
- [ ]

## 363 **spirilla** /spaɪˈrɪlə/     *n.* 螺旋菌

- [ ] **E** twist or spiral shaped bacteria
- [ ] **释** 螺旋菌即扭曲或螺旋形细菌。
- [ ]

## 364 **vibrio** /ˈvɪbrɪ,əu/     *n.* 弧菌

- [ ] **E** comma-shaped bacteria
- [ ] **释** 弧菌是一种逗号形状的细菌。
- [ ]

## 365 **cristae** /ˈkrɪsti:/     *n.* 嵴

- [ ] **E** unfolding of inner membranes in mitochondria
- [ ] **释** 嵴是线粒体内膜的折叠。
- [ ]

## 366 **endoplasmic** /ˌendəˈplazmɪk/ **reticulum** /rɪˈtɪkjʊləm/
内质网

- [ ] **E** a 3D network of membrane-bound cavities in the cytoplasm,
- [ ] linked to the nuclear membrane and makes up a large part of
- [ ] the cellular transport system
- **释** 内质网是细胞质中膜包裹的内腔的三维结构，与核膜相连，是细胞运输系统的重要组成部分。
- **衍** rough ER 粗面内质网

  ER that is covered in 80S ribosomes, involved in protein synthesis and transport

  粗面内质网是由 80S 核糖体覆盖，参与蛋白质的合成和运输。
- **衍** smooth ER 光面内质网

  a smooth tubular structure without ribosomes attached, involved in the synthesis and transport of steroids and lipids in the cell

  光面内质网是一种光滑的管状结构，没有核糖体附着，参与细胞内类固醇和脂类的合成和运输。

## 367 **endosymbiotic** /ˌendəʊˌsɪmbaɪˈɒtɪk/ **theory**
内共生理论

- 🇪 a theory that suggest that mitochondria and chloroplasts originated as independent prokaryotic organisms that began living symbiotically inside other cells
- 🇨 内共生理论认为线粒体和叶绿体起源于独立的原核生物，并在其他细胞内共生。

## 368 **exocytosis** /ˌeksəʊsaɪˈtəʊsɪs/
*n.* 胞吐

- 🇪 a process by which the contents of a cell vacuole are released to the exterior through fusion of the vacuole membrane with the cell membrane
- 🇨 胞吐是细胞液泡内的物质通过液泡膜与细胞膜的融合向外释放的过程。

## 369 **Golgi** /ˈɡɒldʒi/ **apparatus** /ˌæpəˈreɪtəs/
高尔基体

- 🇪 a complex of vesicles and folded membranes within the cytoplasm of most eukaryotic cells, involved in secretion and intracellular transport.
- 🇨 高尔基体是真核细胞胞质内的囊泡和折叠膜的复合体，参与细胞的分泌和胞内运输。

## 370 **Gram staining** /ˈsteɪnɪŋ/
革兰氏染色法

- 🇪 a staining technique for the preliminary identification of bacteria, utilizing the different dye retention of different cell wall types
- 🇨 革兰氏染色法是一种利用不同细胞壁类型的不同染料留存率对细菌进行初步鉴定的染色技术。
- 🇩 Gram-positive *adj.* 革兰氏阳性的
  - bacteria with thicker peptidoglycan layers and teichoic acid in their cell walls; stain purple/blue with Gram staining
  - 革兰氏阳性菌是细胞壁中有较厚的肽聚糖层和磷壁酸的细菌，用革兰氏染色法会呈现蓝或紫色。

  Gram-negative *adj.* 革兰氏阴性的
  - bacteria with thicker peptidoglycan layers and teichoic acid in their cell walls; stain red with Gram staining

• 革兰氏阴性菌的细胞壁中含有较厚的肽聚糖层和磷壁酸，用革兰染色法会显红色。

## 371 **intracellular** /ˌɪntrəˈseljʊlə/      *adj.* 细胞内的

□ **E** within a cell
□ **释** 细胞内的即在细胞内部的。
□

## 372 **mesosome** /ˈmesəˌsəʊm/      *n.* 中膜体

□ **E** folded invaginations in the plasma membrane of bacteria; a
□ site of localization of respiratory enzymes
□ **释** 中膜体是细菌细胞质膜向内凹陷折皱形成的，是呼吸酶的定位点。

## 373 **nucleoid** /ˈnjuːklɪˌɔɪd/      *n.* 类核

□ **E** the region within prokaryotic cells that contain most genetic
□ material
□ **释** 类核是原核细胞中包含大多数遗传物质的区域。

## 374 **nucleolus** /ˌnjuːklɪˈəʊləs/      *n.* 核仁

□ **E** the extra dense region within the nucleus, made of pure DNA
□ and protein; responsible for ribosome production
□ **释** 核仁是细胞核内物质特别稠密的区域，由纯 DNA 和蛋白质构成；核仁负责核糖体的生产。

## 375 **peptidoglycan** /ˌpeptɪdəʊˈɡlaɪkæn/      *n.* 肽聚糖

□ **E** a component found in all bacterial cell walls; made up of large
□ amounts of parallel polysaccharide chains with short peptide
□ cross-linkages
**释** 肽聚糖是存在于所有细菌细胞壁中的一种成分，由大量具有短肽交联的平行多糖链组成。

## 376 **pili** /prˈliː/                                      *n.* 菌毛

☐
☐
☐

**E** small hairs that enable some pathogens to attach and adhere easily to cell surface; some types allow connection between bacteria cells, leading to horizontal genetic transfer

**释** 菌毛是能使某些病原体轻易附着并黏附在细胞表面的小绒毛，一些菌毛可使细菌细胞之间相联系，从而催生基因的水平转移。

## 377 **plasmid** /ˈplæzmɪd/                              *n.* 质粒

☐
☐
☐

**E** a small, circular DNA found in the cytoplasm that can replicate independently of the chromosomes

**释** 质粒是细菌细胞质中能自主复制的小型环状 DNA 分子。

## 378 **protoplasm** /ˈprəʊtəplæzəm/                      *n.* 原生质

☐
☐
☐

**E** the cytoplasm and the nucleus combined

**释** 原生质是细胞质和细胞核结合的产物。

## 379 **spindle** /ˈspɪndl/                                 *n.* 纺锤

☐
☐
☐

**E** a slender mass of microtubules formed when a cell divides

**释** 纺锤是细胞分裂时形成的细长的微管团。

## 380 **ultrastructure** /ˈʌltrəˌstrʌktʃə/                 *n.* 超微结构

☐
☐
☐

**E** the sub-cellular level of cell structure, only visible under electronic microscopes

**释** 超微结构是在电子显微镜下才能观察到的细胞的亚显微结构。

## 381 **antiporter** /'æntɪ,pɔːtə/      *n.* 逆向转运蛋白

☐
☐
☐

**E** a transmembrane transport protein that pump two species of ion or other solutes in opposite directions

**释** 逆向转运蛋白是一种跨膜转运蛋白，它将两种离子或其他溶质向相反的方向泵送。

## 382 **aquaporin** /,ækwə'pɔːrɪn/      *n.* 水通道蛋白

☐
☐
☐

**E** integral membrane proteins that serve as water channels allowing rapid water movement through the plasma membrane, in some cases allow small solutes too

**释** 水通道蛋白是水通道的结合膜蛋白，通过细胞质膜水可以快速进出，在某些情况下小的溶质也可通过。

## 383 **carrier protein**      载体蛋白

☐
☐
☐

**E** a transmembrane transport protein that changes its configuration to transport molecules inwards or outwards; has binding sites and allow selective passage to particular types of particles

**释** 载体蛋白是一种跨膜转运蛋白，通过改变其结构将分子向内或向外转运；载体蛋白具有结合位点，可选择性地通过特定类型的粒子。

## 384 **channel protein**      通道蛋白

☐
☐
☐

**E** a transmembrane transport protein that is open to both sides, allowing free diffusion of certain type of particles through the membrane

**释** 通道蛋白是一种跨膜转运蛋白，向两边开放，允许某些类型的颗粒通过膜自由扩散。

## 385 **Davson—Danielli model** Davson – Danielli 模型

- **E** The plasma membrane model that a phospholipid bilayer that lies between two layers of globular proteins and it is trilaminar and lipoprotinious
- 释 Davson-Danielli 模型是一种质膜模型，其磷脂双层位于两层球状蛋白之间，具有三层结构，由脂质和蛋白质构成。
- 回 biomembrane model 生物膜模型

## 386 **fluid mosaic** /məʊˈzeɪɪk/ **model** 流体镶嵌模型

- **E** the current model of cell membrane structure in which protein are dispersed through lipid membranes
- 释 流体镶嵌模型是目前接受的蛋白质通过脂质膜分散的细胞膜结构模型。
- 回 Singer-Nicolson model 辛格·尼科尔森模型

## 387 **glycolipid** /ˌglaɪkəʊˈlɪpɪd/ *n.* 糖脂

- **E** lipids with a carbohydrate attached by a glyosidic bond
- 释 糖脂质是一种脂质，其碳水化合物通过粘着键连接在一起。

## 388 **hydrostatic** /ˌhaɪdrəʊˈstætɪk/ **pressure** 静水压力

- **E** the pressure exerted by a fluid in an equilibrium
- 释 静水压力是流体在平衡状态下施加的压力。

## 389 **incipient** /ɪnˈsɪpiənt/ **plasmolysis** /plæzˈmɒlɪsɪs/
初始质壁分离

- **E** the beginning stage of plasmolysis, when plasma membrane start to recede and the cell wall is completely relaxed; occurs when the cell is isotonic to the environment
- 释 初始质壁分离是质壁分离的开始阶段，此时质膜开始后退，细胞壁完全松弛；当细胞与环境呈等渗状态时发生初始质壁分离。

### 390 **osmosis** /ɒzˈməʊsɪs/                                  *n.* 渗透

🇪 spontaneous net movement of solvent molecules through a membrane into a region of higher solute concentration

🇨 渗透是指溶剂分子通过膜进入溶质浓度较高区域的自发净运动。

### 391 **partially permeability** /ˌpɜːmiəˈbɪləti/   部分渗透性

🇪 the property of a membrane; being permeable to the small molecules of water and certain solutes but does not allow the passage of large solute molecules

🇨 部分渗透性是膜的特性，即水的小分子和某些溶质可渗透，但不允许大溶质分子通过。

### 392 **endocytosis** /ˌendəʊsaɪˈtəʊsɪs/              *n.* 内吞作用

🇪 the taking in of matter by a living cell by invagination of its membrane to form a vacuole

🇨 内吞作用即活细胞通过细胞膜凹陷形成液泡来吸收物质。

### 393 **phagocytosis** /ˌfægəsaɪˈtəʊsɪs/              *n.* 吞噬作用

🇪 the ingestion of bacteria or other material through endocytosis

🇨 吞噬作用是通过内吞作用摄取细菌或其他物质。

### 394 **pinocytosis** /ˌpaɪnəʊsaɪˈtəʊsɪs/              *n.* 胞饮作用

🇪 the ingestion of liquid into a cell by the budding of small vesicles from the cell membrane.

🇨 胞饮作用即通过细胞膜的内陷包裹形成小囊泡，将液体摄入细胞中。

### 395 **plasmolysis** /plæzˈmɒlɪsɪs/                    *n.* 质壁分离

🇪 contraction of the protoplast of a plant cell as a result of loss of water from the cell

🇨 质壁分离是植物细胞原生质体因失去水分而收缩的过程。

## 396 **primary active transport** 主要主动运输

**E** active transport that consume ATP, usually enabled with a transmembrane ATPase

**释** 主要主动运输是消耗 ATP 的主动运输，通常通过跨膜 ATP 酶实现。

## 397 **secondary active transport** 二次主动运输

**E** active transport that is powered by an electrochemical gradient rather than ATP ; usually through a symporter or an antiporter

**释** 二次主动运输是由电化学梯度而不是 ATP 驱动的主动运输；二次主动运输通常通过一个协同转运蛋白或逆向转运蛋白来完成。

## 398 **symporter** /sɪmˈpɔːrtəʳ/ *n.* 协同转运蛋白

**E** a transmembrane transport protein that pump two species of ion or other solutes in the same direction, using concentration of one solute to move the other

**释** 协同转运蛋白是一种跨膜转运蛋白，将两种离子或其他溶质泵向同一方向，利用一种溶质的浓度来移动另一种溶质。

## 399 **turgor** /ˈtɜːgə/ *n.* 膨胀

**E** the state of turgidity, swollen; the result of influx of water in cells

**释** 膨胀是肿胀的状态，是水流入细胞的结果。

## 400 **unit membrane** /ˈmembreɪn/ 单位膜

**E** a early membrane model preceding the fluid mosaic model, similar to the Davson-Danielli model

**释** 单位膜是流体镶嵌模型之前的早期膜模型，类似于 Davson-Danielli 模型。

## 第四节

### Cell Division 细胞分裂

第一小节　Chromosomes, the Mitotic Cell Cycle and Stem Cells 有丝分裂，细胞周期与干细胞

扫一扫
听本节音频

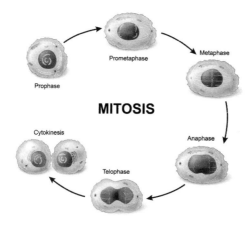

Prophase

Prometaphase

Metaphase

**MITOSIS**

Cytokinesis

Telophase

Anaphase

---

401 **adult stem cell**　　　　　　　　　　　　　成体干细胞

☐
☐　🅔 stem cells that are still present in adult bodies; usually multipotent
☐　㊟ 成体干细胞是仍然存在于成人体内的干细胞，通常有多能性。

---

402 **asexual reproduction**　　　　　　　　　　　无性繁殖

☐　🅔 the production of genetically identical offspring
☐　㊟ 无性繁殖是只能产生相同基因后代的繁殖过程。
☐

## 403 **autosome** /ˈɔːtəˌsəʊm/　　　　　*n.* 常染色体

- ☒
- ☒
- ☒

**Ⓔ** chromosomes that do not determine the sex of an individual

**㊣** 常染色体是不决定个体性别的染色体。

## 404 **cell cycle**　　　　　细胞周期

- ☒
- ☒
- ☒

**Ⓔ** a regulated process in which cells divide

**㊣** 细胞周期是受调控的细胞分裂过程。

## 405 **centromere** /ˈsentrəˌmɪə/　　　　　*n.* 着丝粒

- ☒
- ☒
- ☒

**Ⓔ** the region where a pair of chromatids are joined

**㊣** 着丝粒是一对染色体单体的连接处。

## 406 **chromatin** /ˈkrəʊmətɪn/　　　　　*n.* 染色质

- ☒
- ☒
- ☒

**Ⓔ** DNA bound to proteins that are not actively dividing

**㊣** 染色质是与不活跃分裂的蛋白质结合的 DNA。

## 407 **clones** /kləʊnz/　　　　　*n.* 克隆

- ☒
- ☒
- ☒

**Ⓔ** genetically identical individuals resulting from asexual reproduction in a single parent

**㊣** 克隆是由单亲无性繁殖产生的基因相同的个体。

## 408 **cyclin** /ˈsaɪklɪn/　　　　　*n.* 细胞周期蛋白

- ☒
- ☒
- ☒

**Ⓔ** small proteins that build up during interphase and are involved in regulation of the cell cycle; work in conjunction with the CDKs

**㊣** 细胞周期蛋白是在细胞间期形成并参与细胞周期调控的小蛋白，与 CDK 协同工作。

## 409 **cyclin-dependent kinase** /ˈkaɪneɪz/
### 细胞周期蛋白依赖性激酶

- ☐
- ☐ **ⓔ** enzymes involved in the regulation of the cell cycle, by
- ☐ phosphorylating other proteins
- **㊣** 细胞周期蛋白依赖性激酶是一种参与细胞周期调控的酶，作用方式是磷酸化其他蛋白。

## 410 **cytokinesis** /ˌsaɪtəʊkɪˈniːsɪs/      *n.* 胞质分裂

- ☐
- ☐ **ⓔ** the final stage of the cell cycle, where cytoplasm divide to
- ☐ form two independent, genetically identical cells
- **㊣** 胞质分裂是细胞周期的最后阶段，细胞质分裂形成两个独立的、遗传基因相同的细胞。

## 411 **embryonic** /ˌembriˈɒnɪk/ **stem cell**      胚胎干细胞

- ☐
- ☐ **ⓔ** pluripotent stem cells derived from the inner cell mass of a
- ☐ blastocyst; a type of pluripotent stem cells
- **㊣** 胚胎干细胞是来源于胚泡内细胞团的多能干细胞，是多能干细胞的一种。

## 412 **histone** /ˈhɪstəʊn/      *n.* 组蛋白

- ☐
- ☐ **ⓔ** coiled protein responsible for the coiling of DNA into
- ☐ chromosomes
- **㊣** 组蛋白是一种盘绕的蛋白质，负责将 DNA 盘绕成染色体。

## 413 **karyotype** /ˈkærɪəˌtaɪp/      *n.* 核型

- ☐
- ☐ **ⓔ** a display of chromosomes to show pairs of autosomes and
- ☐ sexual chromosomes
- **㊣** 核型是染色体的表型，呈现的是常染色体和性染色体对。

## 414 **prophase** /ˈprəʊˌfeɪz/      *n.* 前期

- ☐ 🇪 the first stage of mitotic cell division
- ☐ 🇨 前期是有丝分裂细胞分裂的第一阶段。
- ☐

## 415 **anaphase** /ˈænəˌfeɪz/      *n.* 后期

- ☐ 🇪 the third stage of mitotic cell division
- ☐ 🇨 后期是有丝分裂细胞分裂的第三阶段。
- ☐

## 416 **interphase** /ˈɪntəˌfeɪz/      *n.* 间期

- ☐ 🇪 the period between active cell divisions, where cell grow in
- ☐     size and mass, replicate DNA, and perform normal metabolic
- ☐     activities
-     🇨 间期是细胞活跃分裂之间的阶段，细胞在此期间生长，复制 DNA，进行正常的代谢活动。

## 417 **metaphase** /ˈmetəˌfeɪz/      *n.* 中期

- ☐ 🇪 the second stage of mitotic cell division
- ☐ 🇨 中期是有丝分裂细胞分裂的第二阶段。
- ☐

## 418 **telophase** /ˈteləˌfeɪz/      *n.* 末期

- ☐ 🇪 the fourth stage of mitotic cell division
- ☐ 🇨 末期是有丝分裂细胞分裂的第四阶段。
- ☐

## 419 **metaphase plate**      中期板

- ☐ 🇪 the region of the spindle in the middle of the cell along which
- ☐     the chromatids line up
- ☐ 🇨 中期板即细胞中央纺锤体的所在区域，染色单体沿着纺锤体排列。

## 420 **mitotic** /maɪˈtɒtɪk/ **index**　　　　　有丝分裂指数

- **E** the ratio between the number of cells in a tissue sample that are in the process of mitosis and the total number of cells observed in the sample
- **释** 有丝分裂指数是指组织样本中处于有丝分裂过程中的细胞数量与样本中观察到的细胞总数的比值。

## 421 **nucleosome** /ˈnjuːklɪəˌsəʊm/　　　　　*n.* 核小体

- **E** dense clusters of DNA wound around histones
- **释** 核小体是缠绕在组蛋白周围的密集的 DNA 簇。

## 422 **multipotent** /ˌmʌltɪˈpəʊtənt/　　　　　*adj.* 多能的

- **E** (of a stem cell) capable of differentiating in to several types of cells
- **释** 多能的指（干细胞）有能力分化成几种不同类型的细胞。

## 423 **pluripotent** /ˌplʊrɪˈpəʊtənt/　　　　　*adj.* 多能的

- **E** (of a stem cell) capable of differentiating into many different types of cells, specifically all cells that are derivative from all three embryo germ layers but not extra-embryonic tissues like the placenta
- **释** 多能的是指（干细胞）能够分化成许多不同类型的细胞，特别是所有的能够从三个胚层中衍生出来的细胞，而不包括从像胎盘这样的胚胎外组织衍生而来的细胞。

## 424 **totipotent** /təʊˈtɪpətənt/　　　　　*adj.* 全能的

- **E** (of a stem cell) capable of giving rise to any cell type or a complete embryo
- **释** 全能的指（干细胞）能产生任何细胞类型或完整胚胎的能力。

## 第二小节 Meiosis, Gametogenesis and Embryotic Development 减数分裂，配子生成与胚胎发育

扫一扫
听本节音频

## DEVELOPMENT OF THE EMBRYO

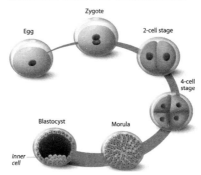

### 425 **blastocyst** /'blæstəʊ,sɪst/      *n.* 胚泡

- **E** a mammalian blastula in which some differentiation of cells has occurred
- **释** 胚泡是一种哺乳动物发生细胞分化的囊胚。

### 426 **blastula** /'blæstjʊlə/      *n.* 囊胚

- **E** an animal embryo at the early stage of development when it is a hollow ball of cells
- **释** 囊胚是发育早期的动物胚胎，是一个中空的细胞球。

### 427 **chiasma** /kaɪˈæzmə/      *n.* 交叉

- **E** a point at which paired chromosomes remain in contact during the first metaphase of meiosis, and at which crossing over and exchange of genetic material occur between the strands
- **释** 交叉是在减数分裂的第一个中期，成对的染色体保持接触的一个点，在这个点上，遗传物质在各股之间发生交叉和交换。

### 428 **crossing over** 交叉互换

- ☑ the connection and exchange of genes between homologous chromosome pairs during mitosis, resulting a mixture of parental genetic information
- ☑ 交叉互换是有丝分裂过程中同源染色体对之间基因的连接和交换，产生父母遗传信息的混合体。

### 429 **gene linkage** 基因连锁

- ☑ the tendency of DNA sequences that are close together on a chromosome to be inherited together, due to the mechanisms of the meiosis process
- ☑ 基因连锁是指染色体上靠得很近的 DNA 序列，由于减数分裂过程的作用，容易被遗传到一起的特性。

### 430 **gonad** /'gəʊnæd/ *n.* 性腺

- ☑ an organ that produces gametes; the sex organ
- ☑ 生殖腺是产生配子的器官，即性器官。

### 431 **homologous** /hə'mɒləɡəs/ **pair** 同源对

- ☑ chromosome pairs that contain the genes for the same thing but have different alleles, one from each parent; usually paired during mitosis
- ☑ 同源对是包含同一事物的基因但有不同的等位基因的染色体对，每个等位基因来自亲本中的一个；同源对通常在有丝分裂期间配对。

### 432 **independent assortment** /ə'sɔːtmənt/ 自由组合

- ☑ Mendel's law of inheritance which states that the alleles of two (or more) different genes get sorted into gametes independently of one another
- ☑ 自由组合是孟德尔的遗传定律，该定律规定两个（或多个）不同基因的等位基因彼此独立地分为配子。

## 433 **induced pluripotent** /ˌplʊrɪ'pəʊtənt/ **stem cells**
诱导多能干细胞

- **E** cells that are derived from skin or blood cells that have been reprogrammed back into an embryonic-like pluripotent state, allowing development into all kinds of tissues like a pluripotent stem cell
- **释** 诱导多能干细胞是源自皮肤或血细胞的细胞，这些细胞已被重编程为类似胚胎细胞的多能状态，从而可以发育成各种组织，如多能干细胞。

## 434 **megaspore** /'megəˌspɔː/　　　　　　　　*n.* 大孢子

- **E** land plant spore that contain female gametes, which develop into female gametophytes
- **释** 大孢子是含有雌配子的陆地植物孢子，会生长成雌配子体。

## 435 **microspore** /'maɪkrəʊˌspɔː/　　　　　　　*n.* 小孢子

- **E** land plant spore that contain male gametes, which develop into male gametophytes
- **释** 小孢子是含有雄配子的陆地植物孢子，会生长成雄配子。

## 436 **morula** /'mɒrjʊlə/　　　　　　　　　　　*n.* 桑葚胚

- **E** a solid ball of cells resulting from division of a fertilized ovum, and from which a blastula is formed
- **释** 桑葚胚是受精卵分裂形成的实心细胞球，囊胚形成于此。

## 437 **polyploidy** /'pɒlɪˌplɔɪdɪ/　　　　　　　*n.* 多倍体

- **E** the state of a cell or organism having more than two paired (homologous) sets of chromosomes
- **释** 多倍体是指一个细胞或有机体有两对以上（同源）染色体的状态。

## 438 **spermatozoon** /ˌspɜːmətə'zəʊən/　　　　*n.* 精子

- **E** the mature motile male sex cell of an animal; sperm cell
- **释** 精子是动物成熟的可运动的雄性生殖细胞。
- **复** spermatozoa

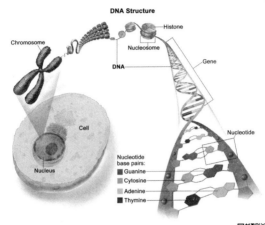

**DNA Structure**

第一小节　Nucleic Acid and Protein Synthesis
　　　　　核酸与蛋白质合成

扫一扫
听本节音频

439　**antisense** /ˈænti,sens/ **strand** /strænd/　　反义链

- **E** the strand of DNA that has the complementary sequence to the mRNA, also the template of the transcription process
- **释** 反义链是与信使 RNA 具有互补序列的 DNA 链，也是转录过程的模板。

440　**codon** /ˈkəʊdɒn/　　　　　　　　　　　　*n.* 密码子

- **E** a sequence of three nucleotides which together form a unit of genetic code in a DNA or RNA
- **释** 密码子是由三个核苷酸组成的序列，共同构成 DNA 或 RNA 的遗传密码单位。

## 441 **anticodon** /ˌæntɪˈkəʊdɒn/     *n.* 反密码子

**E** a sequence of three nucleotides forming a unit of genetic code in a transfer RNA molecule; complementary to the corresponding codon on mRNA

**释** 反密码子是 tRNA 分子中由三个核苷酸构成的一个序列，在形成一个遗传密码单位，与 mRNA 上对应的密码子互补。

## 442 **conservative replication**     全保留复制

**E** the model of DNA replication that resulting DNA molecules possess two template strands and the other possess two new strands

**释** 全保留复制是 DNA 复制的模型，得到的 DNA 分子拥有两条模板链，另一条拥有两条新链。

## 443 **degenerate** /dɪˈdʒenəreɪt/     *adj.* 简并的

**释** (of codons) having more combinations than necessary to encode for each amino acid

**释** 简并的是密码子的特性，指其可能的序列种类比编码所有氨基酸所需要的序列种类要多。

## 444 **DNA helicase** /ˈhiːlɪˌkeɪz/     DNA 解旋酶

**E** the enzyme responsible for unwinding DNA, preparing it for DNA replication

**释** DNA 解旋酶是负责解开 DNA，为 DNA 复制做准备的酶。

## 445 **DNA ligase** /ˈlaɪˌgeɪz/     DNA 连接酶

**E** the enzyme that connect Okazaki fragments on the lagging strand during DNA replication

**释** DNA 连接酶是在 DNA 复制过程中连接冈崎片段与后随链的酶。

## 446 **DNA polymerase** /pəˈlɪməreɪz/     DNA 聚合酶

**E** the enzyme that synthesises DNA from single deoxyribonucleotides; form phosphodiester bonds

🅡 DNA 聚合酶是由单脱氧核糖核酸合成 DNA 的酶，在此过程中形成磷酸二酯键。

## 447 **DNA topoisomerase** /ˌtɒpəʊaɪˈsɒməreɪs/
### DNA 拓扑异构酶

🅔 enzymes that participate in the over winding or underwinding of DNA, relieving the helical stress in the wound up DNA ahead of the helicase action site

🅡 DNA 拓扑异构酶是一种参与 DNA 过缠绕或缠绕不足的酶，在解旋酶作用位点之前解除缠绕 DNA 的螺旋应力。

## 448 **gene** /dʒiːn/
*n.* 基因

🅔 a sequence of nucleotides forming part of a chromosome; codes for one protein

🅡 基因是构成染色体一部分的核苷酸序列，是一种蛋白质的编码。

## 449 **lagging strand**
滞后链

🅔 the one separated DNA strand in DNA replication that goes in the 5' to 3' direction, on which DNA is replicated discontinuously in short sections

🅡 滞后链是指在 DNA 复制过程中分离出来的一条沿 5' 到 3' 方向的 DNA 链, 在这条 DNA 链上, DNA 被不连续地复制为一个个短片段。

## 450 **sense strand**
正义链

🅔 the strand of DNA that has the same sequence as the mRNA

🅡 正义链是与 mRNA 序列相同的 DNA 链。

## 451 **leading strand**
前导链

🅔 the one separated DNA strand in DNA replication that goes in the 3' to 5' direction, on which replicated DNA is continuous

🅡 前导链是在 DNA 复制过程中分离出来的一条从 3' 到 5' 方向的 DNA 链, 在这条 DNA 链上复制的 DNA 是连续的。

## 452 **mRNA**     *abbr.* 信使 RNA；信使核糖核酸

- **E** a single-stranded RNA molecule that is complementary to one of the DNA strands of a gene, the result of transcription; binds with ribosomes to produce proteins
- **释** 信使 RNA 是一种单链 RNA 分子，与一个基因的一条 DNA 链互补，是转录的结果，与核糖体结合可制作蛋白质。

## 453 **tRNA**     *abbr.* 转运 RNA；转移核糖核酸

- **E** RNA consisting of folded molecules which transport amino acids from the cytoplasm of a cell to a ribosome in the translation process
- **释** 转运 RNA 是由折叠分子组成的 RNA，在翻译过程中，这些分子将氨基酸从细胞的细胞质运输到核糖体。

## 454 **non-overlapping** /nɒn ˌəʊvəˈlæpɪŋ/     *adj.* 不重叠的

- **E** (of codons) not sharing base pairs with other codons
- **释** 不重叠的是指（密码子）不与其他密码子共享碱基对的特性。

## 455 **Okazaki fragment**     冈崎片段

- **E** short sequences of DNA synthesized discontinuously on the lagging strand; will be later linked up by DNA ligase to form a continuous strand
- **释** 冈崎片段是在滞后链上不连续合成的 DNA 短序列，可通过 DNA 连接酶连接形成连续链。

## 456 **point mutation** /mjuːˈteɪʃn/     点突变

- **E** a mutation affecting only one or very few nucleotides
- **释** 点突变是仅影响一个或很少核苷酸的突变。

## 457 **polysome** /ˈpɒlɪˌsəʊm/     *n.* 多核糖体

- **E** a cluster of ribosomes held together by a strand of messenger RNA on which ribosome are translating simultaneously
- **释** 多核糖体是由一条信使 RNA 连接在一起的核糖体簇，核糖体同时进行翻译过程。

**458 RNA polymerase** /pəˈlɪməreɪz/                    RNA 聚合酶

- **E** the enzyme that synthesises the RNA strand during the transcription
- **释** RNA 聚合酶是在转录过程中合成 RNA 链的酶。

**459 semi-conservative replication**            半保留复制

- **E** the model of DNA replication that two resulting DNA molecules each possess one template strand and one new strand
- **释** 半保留复制是 DNA 复制的模型，指两个 DNA 分子分别拥有一个模板链和一个新链。

**460 start codon** /ˈkəʊdɒn/                        起始密码子

- **E** a codon that signifies the start of a gene. It is the first codon translated by a ribosome, and the binding site for the ribosome; most commonly AUG while different species may employ variations; AUG codes for methionine
- **释** 起始密码子是表示基因起始的密码子。该密码子是第一个由核糖体翻译的密码子，也是与核糖体结合的位点；最常见的起始密码子是 AUG，而不同的物种可能使用不同形式；AUG 是蛋氨酸的编码。

**461 stop codon** /ˈkəʊdɒn/                          终止密码子

- **释** a nucleotide triplet within messenger RNA that signals a termination of translation; does not code for amino acid
- **释** 终止密码子是信使 RNA 中的一个核苷酸三联体，标志着翻译过程的终止；终止密码子不编码氨基酸。

**462 transcription** /trænˈskrɪpʃn/                  *n.* 转录

- **E** the process by which genetic information represented by a sequence of DNA nucleotides is copied into newly synthesized molecules of RNA
- **释** 转录是将 DNA 核苷酸序列表达的遗传信息复制到新合成的 RNA 分子中的过程。

### 463 **translation** /trænz'leɪʃn/       *n.* 翻译

☐
☐
☐
**E** the process by which a sequence of nucleotide triplets in a messenger RNA molecule gives rise to a specific sequence of amino acids

**译** 翻译是信使 RNA 分子中核苷酸三联体的序列产生特定氨基酸序列的过程。

### 464 **triplet** /'trɪplət/ **code**       三联体代码

☐
☐
☐
**E** the genetic code comprised of three bases, coding for one amino acid

**译** 三联体代码是由三个碱基组成的遗传密码，可编码一个氨基酸。

---

第二小节    Regulation of Gene Expression
基因表达的控制

扫一扫
听本节音频

### 465 **DNA methylation** /meθɪ'leɪʃn/       DNA 甲基化

☐
☐
☐
**E** reversible addition of a methyl group to DNA, usually disabling the gene

**译** DNA 甲基化是指在 DNA 上加上一个甲基，往往使其失效。

### 466 **DNA demethylation** /dɪmeθɪ'leɪʃn/ DNA 去甲基化

☐
☐
☐
**E** removal of a methyl group from DNA, enabling the gene allowing for its transcription

**译** DNA 去甲基化是脱去 DNA 上甲基的过程，使基因得以被转录。

### 467 **enhancer sequence**       增强子序列

☐
☐
☐
**E** a DNA sequence that, when bound by certain transcription factors, enhances the transcription of a gene

**译** 增强子序列是一种 DNA 序列，当它与某些转录因子结合时，可以增强基因的转录。

## 468 epigenetics /ˌepɪdʒɪˈnetɪks/      *n.* 表观遗传学

☐☐☐ **英** the study of changes in organisms caused by modification of gene expression rather than alteration of the genetic code itself

**释** 表观遗传学是对由基因表达的改变而不是遗传密码本身的改变以引起生物变化的研究。

## 469 exon /ˈeksɒn/      *n.* 外显子

☐☐☐ **英** a part of a gene that will encode a part of the final mature RNA produced by that gene, after introns have been removed by RNA splicing

**释** 外显子是基因的一部分，在通过 RNA 剪接除去内含子后，编码该基因产生的最终成熟的 RNA 的一部分。

## 470 heterochromatin /ˌhetərəʊˈkrəʊmətɪn/      *n.* 异染色质

☐☐☐ **英** chromosome material of different density from normal (usually greater), in which the activity of the genes is modified or suppressed

**释** 异染色质是密度与正常不同于一般水平的染色体物质（通常更高），可调整或抑制基因的活性。

## 471 histone /ˈhɪstəʊn/ acetylation /əsetɪˈleɪtʃən/
组蛋白酰化

☐☐☐ **英** addition of an acetyl group to a lysine on the histone, relaxing the structure of the chromatin to increase level of transcription

**释** 组蛋白酰化是在组蛋白上的赖氨酸上添加一个乙酰基的过程，可使染色质的结构松弛，从而提高转录程度。

## 472 histone /ˈhɪstəʊn/ methylation /meθɪˈleɪʃn/
组蛋白甲基化

☐☐☐ **英** a process by which methyl groups are transferred to amino acids of histone proteins that make up nucleosomes; can either increase or decrease transcription of genes depending on the site of the methylation

[释] 组蛋白甲基化是甲基转移到构成核小体的组蛋白氨基酸的过程；根据甲基化位点的不同，组蛋白甲基化可以增加或减少基因的转录。

## 473 intron /'ɪntrɒn/ n. 内含子

[E] a segment of a DNA or RNA molecule which does not code for proteins and interrupts the sequence of genes, removed during RNA splicing

[释] 内含子是 DNA 或 RNA 分子的一个片段，不编码蛋白质，且打断基因序列，但在 RNA 剪接过程中被剪切掉。

## 474 operon /'ɒpəˌrɒn/ n. 操纵子

[E] a series of linked genes that can regulate the expression of other genes in the course of protein synthesis

[释] 操纵子是在蛋白质合成过程中调控其他基因表达的一系列连锁基因。

## 475 non-coding RNA abbr. 非编码 RNA

[E] an RNA molecule that is not translated into a protein

[释] 非编码 RNA 是一种不被翻译成蛋白质的 RNA 分子。

## 476 pre-mRNA abbr. 前信使 RNA

[E] precursor mRNA; the RNA made through transcription, unspliced, containing introns and exons

[释] 前信使 RNA 是转录后未剪接包含内含子和外显子的 RNA。

## 477 promoter sequence /'siːkwəns/ 启动子序列

[E] a DNA sequence that define the beginning of a transcription; may be bound to by transcription factors to prevent transcription

[释] 启动子序列是定义转录开始的 DNA 序列，可能会与转录因子结合而阻止转录。

## 478 spliceosome /ˈsplɪʃɪəusəum/      *n.* 剪接体

☐
☐ 🄴 an assembly of small nuclear RNAs responsible for splicing
☐ 🄷 剪接体是负责剪接的小核 RNA 的组装体。

## 479 transcription factor      转录因子

☐
☐ 🄴 a protein that controls the rate of transcription of genetic
☐ information from DNA to messenger RNA, by binding to a
specific DNA sequence
🄷 转录因子是一种蛋白质，通过结合特定的 DNA 序列来控制从 DNA 到信使 RNA 的遗传信息的转录速率。

扫一扫
听本节音频

---

### 第三小节　Heredity 遗传学

---

## 480 allele /əˈliːl/      *n.* 等位基因

☐
☐ 🄴 versions of a gene, variants
☐ 🄷 等位基因是基因的不同变体形式。

## 481 chromosomal /ˌkrəuməˈsəuməl/ mutation
/mjuːˈteɪʃn/      染色体突变

☐
☐ 🄴 mutation on the scale of a chromosome: can be change in the
☐ position of entire genes within a chromosome, or the loss or
duplication of a whole chromosome
🄷 染色体突变是指整个染色体规模上发生的突变，可以是整个基因在染色体内位置的改变，也可以是整个染色体的丢失或复制。

## 482 codominance /kəuˈdɒmɪnəns/      *n.* 共显性

☐
☐ 🄴 the characteristic of certain genes where both alleles will be
☐ expressed in a heterozygote, leading to both alleles considered
dominant
🄷 共显性是某些基因的特征，这些基因中两个等位基因都在杂合子中表现，导致两个等位基因都被认为是显性的。

**483** **deletion** /dɪ'liːʃn/      *n.* 删除

- **E** a type of point mutation where one base is lost
- **释** 删除即缺失一个碱基时发生的一种点突变。

**484** **dihybrid** /daɪ'haɪbrɪd/ **inheritance** /ɪn'herɪtəns/

双杂交遗传

- **E** the inheritance of two pairs of characteristics simultaneously
- **释** 双杂交遗传即同时遗传两对性状。

**485** **gamete** /'gæmiːt/      *n.* 配子

- **E** sex cells; haploid cells that fuse to form a new diploid cell in sexual reproduction; spermatozoon (sperm cells) and ovum (egg cells) in human
- **释** 配子是生殖细胞，是有性生殖中融合形成新的二倍体细胞的单倍体细胞，即人类的精子（细胞）和卵（细胞）。

**486** **gametogenesis** /gə,mɪtəʊ'dʒenɪsɪs/      *n.* 配子发生

- **E** the process of gamete generation
- **释** 配子发生即配子产生的过程。

**487** **genome** /'dʒiːnəʊm/      *n.* 基因组

- **E** the complete set of genes or genetic material present in a cell or organism
- **释** 基因组是存在于细胞或有机体中的一套完整的基因或遗传物质。

**488** **genotype** /'dʒenətaɪp, 'dʒiːnətaɪp/      *n.* 基因型

- **E** the genetic make-up of an organism with respect to a particular feature
- **释** 基因型是一个生物个体对应一个特定特征的基因组成。

## 489 **heterogametic** /ˌhetərəʊɡəˈmetɪk/    *n.* 异配子个体

**ⓔ** an individual of a species that contains two different types of sex chromosomes; e.g. males in human with XY, females in birds with ZW

**释** 异配子个体是一个物种的包含两种不同类型的性染色体的个体；例如，人类中的男性性染色体为 XY，鸟类中的雌性性染色体为 ZW。

## 490 **homogametic** /ˌhəʊməɡəˈmetɪk/    *n.* 同配子个体

**ⓔ** an individual of a species that contains only one type of sex chromosomes; e.g. females in human with XX, males in birds with ZZ

**释** 同配子个体是一个物种中只包含一种性染色体的个体；例如，人类中的女性性染色体为 XX，鸟类中的雄性性染色体为 ZZ。

## 491 **insertion** /ɪnˈsɜːʃn/    *n.* 插入

**ⓔ** a type of point mutation where an extra base (or bases) is added to a gene

**释** 插入是一个额外的碱基（或多个碱基）被添加到一个基因的一种点突变类型。

## 492 **locus** /ˈləʊkəs/    *n.* 基因座

**ⓔ** the location of a gene on a chromosome

**释** 基因座是基因在染色体上的位置。

## 493 **macrogamete** /ˌmækrəʊˈɡæmiːt/    *n.* 巨配子

**ⓜ** megagamete 巨配子

## 494 **megagamete** /ˌmeɡəˈɡæmiːt/    *n.* 巨型配子

**ⓔ** the larger of a pair of conjugating gametes, usually regarded as female

**释** 巨型配子是一对接合配子中较大的一个，通常被认为是雌性的。

## 495 **microgamete** /ˌmaɪkrəʊˈgæmiːt/     *n.* 微配子

- **E** the smaller of a pair of conjugating gametes, usually regarded as male
- **释** 微配子是一对接合配子中较小的一种，通常被认为是雄性的。

## 496 **multiple alleles** /əˈliːlz/     *n.* 复等位基因

- **E** a type of non-Mendelian inheritance pattern that involves more than just the typical two alleles
- **释** 复等位基因是一种非孟德尔遗传模式，不仅涉及两个典型的等位基因。

## 497 **mutagen** /ˈmjuːtədʒən/     *n.* 致畸物

- **E** chemicals, radiation or other factors of any kind that increases the likelihood of mutation
- **释** 致畸物是化学物质，辐射或任何其他增加突变可能性的因素。

## 498 **mutation** /mjuːˈteɪʃn/     *n.* 突变

- **E** a permanent alteration in the DNA sequence of an organism
- **释** 突变是生物体 DNA 序列的永久性改变。

## 499 **variation** /ˌveəriˈeɪʃn/     *n.* 变异

- **E** differences between organisms which may be the result of different genes or the environment they live in
- **释** 变异是生物体之间的差异，可能是由不同的基因或生存环境造成的。

## 500 **phenotype** /ˈfiːnətaɪp/     *n.* 表现型

- **E** the traits and/or characteristics expressed as the result of the interactions of the genotype with the environment
- **释** 表现型是基因型与环境相互作用所表现出来的性状或特征。

501 **polygenic** /ˌpɒliˈdʒenik/  *adj.* 多基因的

☐
☐ 🄴 (characteristics) being determined by more than one interacting
☐ genes

🄡 多基因的（特征）是指由多个相互作用的基因决定的（特征）。

502 **polygenic inheritance** /ɪnˈherɪtəns/  多基因遗传

☐
☐ 🄴 the inheritance pattern where one characteristic is the result
☐ of interactions between multiple genes

🄡 多基因遗传是一种由多基因相互作用形成一个特征的遗传模式。

503 **recessive** /rɪˈsesɪv/  *adj.* 隐性的

☐
☐ 🄴 (characteristics) not expressed in an individual heterozygous
☐ for the allele

🄡 隐性的（特征）是指不表现在杂合等位基因个体中的（特征）。

504 **sex-linked trait** /treɪt/  性相关性状

☐
☐ 🄴 characteristics which are inherited on the sex chromosomes
☐ 🄡 性相关性状是在性染色体上遗传的性状。

505 **substitution** /ˌsʌbstɪˈtjuːʃn/  *n.* 代换

☐
☐ 🄴 a type of point mutation where one base is substituted for
☐ another

🄡 代换是一种用一个碱基替换另一个碱基的点突变。

506 **true breed**  纯种

☐
☐ 🄴 a homozygous organism which always produce the same
☐ offspring when crossed with another true-breeding organism
for the same characteristic

🄡 纯种是一种纯合子生物，当与另一个相同特征的纯种生物杂交
时，总是产生相同的后代。

扫一扫
听本节音频

## 第四小节　Evolution 演化

**507 adaptive radiation** 适应辐射

英 the process in which a species develop rapidly, resulting in several different species in response to different environmental pressure

释 适应性辐射是一个物种快速发展的过程，在不同的环境压力下会产生多种不同的物种。

**508 anatomical** /ˌænəˈtɒmɪkl/ **adaptation** /ˌædæpˈteɪʃn/
解剖适应

英 adaptation that modifies the anatomical structure of the species

释 解剖适应即改变物种解剖结构的适应。

**509 behavioural adaptation** 行为适应

英 adaptation that alters the behaviours of the organism

释 行为适应是改变机体行为的适应。

**510 physiological** /ˌfɪziəˈlɒdʒɪkl/ **adaptation**
生理适应

英 adaptation that alters the physiological behaviours of the organism, including its metabolic pathways

释 生理适应是改变代谢途径等机体生理行为的适应。

**511 artificial selection** 人为选择

英 the intentional breeding of plants or animals

释 人为选择是对植物或动物的人为有意繁殖。

## 512 **gene flow** 基因流

- **E** the transfer of genetic variation from one population to another
- **释** 基因流是基因种类从一个种群转移到另一个种群的过程。

## 513 **gene pool** 基因库

- **E** the stock of different genes in an interbreeding population
- **释** 基因库是指一个可繁殖种群中不同基因的存量。

## 514 **genetic drift** /drɪft/ 基因漂变

- **E** variation in the relative frequency of different genotypes owing to chance
- **释** 基因漂变是不同基因型相对频率的随机变化。

## 515 **Hardy-Weinberg equilibrium** /ˌiːkwɪˈlɪbriəm/ 哈迪-温伯格平衡

- **E** the mathematical relationship between the frequencies of alleles and genotypes in a population
- **释** 哈迪-温伯格平衡是一个群体中等位基因频率和基因型频率之间的数学关系。

## 516 **hybridisation** /ˌhaɪbrɪdaɪˈzeɪʃn/ *n.* 杂交

- **E** the production of offspring as a result of sexual reproduction between individuals from two different species
- **释** 杂交是指两种不同生物通过有性繁殖而生育后代。

## 517 **population bottleneck** 人口瓶颈

- **E** an event that dramatically reduces the size of a population and causes a severe decrease in its gene pool, resulting in large changes in allele frequencies; a form of gene drift
- **释** 人口瓶颈是指种群规模急剧缩小，基因库严重减少，导致等位基因频率大幅度改变的事件；人口瓶颈是基因漂变的一种形式。

## 518  **selection pressure**　　　　　　　　选择压力

- **E** a factor that leads to difference of survival chance between individuals that tends to make a population change genetically
- **释** 选择压力是导致个体之间生存机会差异的一个因素，这种差异往往会导致种群的遗传变化。

## 519  **speciation** /ˌspiːʃɪˈeɪʃən/　　　　　　*n.* 物种形成

- **E** the formation of new species
- **释** 物种形成是指新物种的形成。

## 520  **sympatric** /sɪmˈpætrɪk/ **speciation**　　同域种化

- **E** speciation where populations are in the same geographical location; and are reproductively isolated through different means
- **释** 同域种化是指种群在同一地理位置上，通过不同的方式繁殖分离的物种形成方式。

## 521  **allopatric** /ˌæləˈpætrɪk/ **speciation**　　异域种化

- **E** speciation where populations are geographically separated and hence see no interbreeding or gene flow
- **释** 异域种化是指种群在地理上分离，因此无法形成杂交或基因流动。

扫一扫
听本节音频

### 第一小节　Cell Respiration 细胞呼吸

---

522 **acetyl** /ˈæsɪˌtaɪl/ **CoA**　　　　乙酰辅酶 A

- 🇪 the 2-carbon production of link reaction
- 🇨 乙酰辅酶 A 是偶联反应产生的二碳化合物。

---

523 **ADP**　　　　腺苷二磷酸

- 🇪 adenosine diphosphate; a compound consisting of an adenosine molecule bonded to two phosphate groups, one product of ATP breakdown
- 🇨 腺苷二磷酸是一种由一个腺苷分子与两个磷酸基结合而成化合物，其中一个磷酸基是腺苷三磷酸分解的产物。

---

524 **aerobic** /eəˈrəʊbɪk/　　　　*adj.* 有氧的

- 🇪 (respiration) in the presence of oxygen
- 🇨 有氧的即有氧气存在的（呼吸作用）。

---

525 **anaerobic** /ˌænəˈrəʊbɪk/　　　　*adj.* 无氧的

- 🇪 (respiration) in the absence of oxygen
- 🇨 无氧的即无氧气条件下的（呼吸作用）。

---

526 **ATP** /ˌeɪ tiː ˈpi/　　　　腺苷三磷酸

- 🇪 adenosine triphosphate; a compound consisting of an adenosine molecule bonded to three phosphate groups, can break down into ADP and a phosphate group to provide energy to other reactions
- 🇨 腺苷三磷酸是一种由一个腺苷分子与三个磷酸基结合而成的化合物，可以分解成腺苷二磷酸和一个磷酸基，为其他反应供能。

## 527 cellular /'seljələ(r)/ respiration /ˌrespə'reɪʃn/
细胞呼吸

- **E** the process through which food is broken down to yield ATP
- **释** 细胞呼吸是食物被分解产生 ATP 的过程。

## 528 chemiosmotic /ˌkemɪɒz'mɒtɪk/ theory
化学渗透理论

- **E** the modal developed by Peter Mitchell to explain the ATP production in electron transport chains
- **释** 化学渗透理论是彼得·米切尔提出的解释电子传递链中 ATP 生成的机制。

## 529 cytochrome /'saɪtəʊˌkrəʊm/
n. 细胞色素

- **E** a group of members of the electron transport chain; protein pigments with an iron group
- **释** 细胞色素是电子传递链的一组成员，是含铁基的蛋白质色素。

## 530 decarboxylase /ˌdiːkɑː'bɒksɪˌleɪs/
n. 脱羧酶

- **E** an enzyme that removes carbon dioxide
- **释** 脱羧酶是一种去除二氧化碳的酶。

## 531 dehydrogenase /diː'haɪdrədʒəˌneɪz/
n. 脱氢酶

- **E** an enzyme that removes hydrogen
- **释** 脱氢酶是一种去除氢的酶。

## 532 electron transport chain
电子传输链

- **E** a series of electron carrier protein compounds that pass on electrons in a series of redox reactions; powers the oxidative phosphorylation
- **释** 电子传递链是通过一系列氧化还原反应传递电子的一系列蛋白质递电子体，为氧化磷酸化提供动力。

## 533 **ethanol** /ˈeθənɒl/            *n.* 乙醇

- **🇪** an alcohol with two carbons
- **释** 乙醇是一种含有两个碳原子的醇。

## 534 **FAD** /fæd/          *abbr.* 黄素腺嘌呤二核苷酸

- **🇪** a hydrogen carrier and coenzyme
- **释** 黄素腺嘌呤二核苷酸是一种递氢体，是辅酶。

## 535 **glycolysis** /glaɪˈkɒlɪsɪs/       *n.* 糖酵解

- **🇪** the first stage of cellular respiration, the breakdown of sugar into pyruvates
- **释** 糖酵解是细胞呼吸的第一阶段，在该过程中糖分解为丙酮酸。

## 536 **heterotroph** /ˈhetərətrəʊf/       *n.* 异养

- **🇪** an organism deriving its nutritional requirements from complex organic substances
- **释** 异养是指一种从复杂的有机物质中获取营养的生物。

## 537 **hydrogen** /ˈhaɪdrədʒən/ **acceptor**       氢受体

- **🇪** a molecule which receives hydrogen and becomes reduced
- **释** 氢受体是接受氢并被还原的分子。

## 538 **Krebs cycle**                 克雷布斯循环

- **🇪** a series of biochemical steps that leads to the complete glucose oxidation
- **释** 克雷布斯循环是导致葡萄糖完全氧化的一系列生化过程。

## 539 **lactate** /lækˈteɪt/           *n.* 乳酸根

- **🇪** a 3-carbon ion, which is the end-product of anaerobic respiration in mammals
- **释** 乳酸根是一种三碳离子，是哺乳动物无氧呼吸的最终产物。

## 540 link reaction 偶联反应

- **E** the reaction that moves pyruvate from glycolysis into the Krebs cycle
- **释** 偶联反应是丙酮酸从糖酵解进入克雷布斯循环的反应。

## 541 NAD 烟酰胺腺嘌呤二核苷酸

- **E** a coenzyme that acts as a hydrogen acceptor
- **释** 烟酰胺腺嘌呤二核苷酸是作为氢受体的辅酶。

## 542 oxaloacetate /ˌɒksələʊˈæsɪteɪt/ n. 草酰乙酸

- **E** a 4-carbon intermediate in the Krebs cycle
- **释** 草酰乙酸是克雷布斯循环中的一种四碳中间物。

## 543 phosphorylation /ˌfɒsfərɪˈleɪʃən/ n. 磷酸化

- **E** synthesis of ATP through ADP
- **释** 磷酸化是指通过 ADP 合成 ATP 的过程
- **固** oxidative phosphorylation 氧化磷酸化
  - oxygen-dependent phosphorylation completed in the electron transport chain
  - 氧化磷酸化是在电子传递链中依赖氧气完成的磷酸化。

## 544 oxidation /ˌɒksɪˈdeɪʃn/ n. 氧化

- **E** the removal of electrons from a substance
- **释** 氧化是物质失去电子的过程。

## 545 reduction /rɪˈdʌkʃn/ n. 还原

- **E** the addition of electrons to a substance
- **释** 还原即把电子加到一种物质上。

## 546 pyruvate /paɪˈruːveɪt/ n. 丙酮酸

- **E** the three-carbon product of glycolysis
- **释** 丙酮酸是糖酵解的三碳化合物。

## 547 redox /ˈriːdɒks/ indicator 氧化还原指示剂

**E** chemicals that show different colours when they are oxidised and reduced

**释** 氧化还原指示剂是一种化学物质，当被氧化和还原时，会显示出不同的颜色。

## 548 redox reaction 氧化还原反应

**E** a reaction with electron transfer

**释** 氧化还原反应是发生了电子转移的反应过程。

## 549 respiratory /rəˈspɪrətri/ quotient /ˈkwəʊʃnt/ 呼吸商数

**E** the relationship between the amount of carbon dioxide produced and the amount of oxygen used

**释** 呼吸商数是产生的二氧化碳量和使用的氧气量之间的关系。

## 550 respirometer /ˌrespɪˈrɒmɪtə(r)/ n. 呼吸计

**E** an apparatus used for measuring the respiration rate in organisms

**释** 呼吸计是一种用来测量生物呼吸速率的仪器。

## 551 stalked /stɔːkt/ particle 有柄颗粒

**E** structure on the inner mitochondrial membrane on which ATP production occurs

**释** 有柄颗粒是线粒体内膜上产生 ATP 的结构。

扫一扫
听本节音频

## 第二小节　Photosynthesis 光合作用

### 552 **absorption spectrum** /ˈspektrəm/　吸收光谱

- ☐
- ☐ **E** a spectrum of light of different wavelength transmitted through a substance, showing absorption of specific wavelengths
- ☐ **释** 吸收光谱是一种通过不同波长的光穿过物质从而表现出物质对特定波长吸收能力的光谱。

### 553 **action spectrum** /ˈspektrəm/　作用谱

- ☐
- ☐ **E** a graph of the rate of biological effectiveness plotted against wavelength of light, usually measuring rate of oxygen production
- ☐ **释** 作用谱是生物效率与光波长的关系图，通常通过测量氧的产生速率来衡量。

### 554 **carotene** /ˈkærətiːn/　*n.* 胡萝卜素

- ☐
- ☐ **E** an orange or red plant pigment found in carrots and many other plant structures
- ☐ **释** 胡萝卜素是一种橙色或红色的植物色素，存在于胡萝卜和许多其他植物结构中。

### 555 **carotenoid** /kəˈrɒtɪˌnɔɪd/　*n.* 类胡萝卜素

- ☐
- ☐ **E** a class of mainly yellow, orange, or red fat-soluble pigments, including carotene
- ☐ **释** 类胡萝卜素主要是一类黄色、橙色或红色的脂溶性色素，包括胡萝卜素。

### 556 **chloroplast** /ˈklɒrəplɑːst/ **envelope**　叶绿体包膜

- ☐
- ☐ **E** the double membrane outer envelope of a chloroplast
- ☐ **释** 叶绿体包膜是叶绿体的双层膜外膜。

## 557 cyclic photophosphorylation

/ˌfəʊtəʊˌfɒsfərɪˈleɪʃən/　　　　　　　循环光合磷酸化

- **E** the synthesis of ATP coupled to electron transport activated by Photosystem I solely; requires no new electrons
- **释** 循环光磷酸化是仅由光系统 I 激活的与电子传输耦合的 ATP 的合成，不需要新的电子。

## 558 non-cyclic photophosphorylation

非循环光合磷酸化

- **E** The photophosphorylation process which results in the movement of the electrons in a non-cyclic manner for synthesizing ATP molecules using the energy from excited electrons provided by photosystem II
- **释** 非循环光磷酸化是导致电子以非循环方式运动的光磷酸化过程，利用光系统 II 提供的激发电子的能量来合成 ATP 分子。

## 559 gluconeogenesis /ˌgluːkəʊˌniːəʊˈdʒenɪsɪs/　　　n. 糖异生

- **E** a metabolic pathway that results in the generation of glucose from non-carbohydrate carbon substrates
- **释** 糖异生是一种用非碳水化合物碳底物生成葡萄糖的代谢途径。

## 560 glyceraldehyde /ˌglɪsəˈrældəˌhaɪd/ 3-phosphate

/θriːˈfɒsfeɪt/　　　　　　　　　　　　　3- 磷酸甘油醛

- **E** a three carbon intermediate in the photosynthesis process
- **释** 3-磷酸甘油醛是光合作用过程中的一种三碳中间物。

## 561 glycerate /ˈglɪsəreɪt/ 3-phosphate

/θriːˈfɒsfeɪt/　　　　　　　　　　　　　3- 磷酸甘油酯

- **E** a three carbon intermediate in the photosynthesis process
- **释** 3-磷酸甘油酯是光合作用过程中的一种三碳中间物。

## 562 **grana** /ˈgreɪnə/      *n.* 基粒

☐ Ⓔ the stacks of thylakoids embedded in the stroma of a chloroplast
☐ Ⓡ 基粒是在叶绿体基质中堆积的类囊体。
☐

## 563 **light-dependent reaction**    循环光合磷酸化

☐ Ⓔ the part of photosynthesis that take place in the light on the
☐    thylakoid membranes, involves ATP production and water
☐    photolysis
   Ⓡ 循环光合磷酸化是光合作用的一部分，发生在类囊体膜上，包
   括 ATP 的产生和水的光解。

## 564 **light-independent reaction**   非循环光合磷酸化

☐ Ⓔ the part of photosynthesis that take place in the thylakoids,
☐    features a series of reaction known as the Calvin cycle, results
☐    in the reduction of carbon dioxide to cause the synthesis of
   carbohydrates
   Ⓡ 非循环光合磷酸化是发生在类囊体中的光合作用的一部分，包
   含一系列被称为卡尔文循环的反应，导致二氧化碳的减少，从
   而造成碳水化合物的合成。

## 565 **NADP**      咽酰胺腺嘌呤二核苷酸磷酸

☐ Ⓔ a cofactor used in anabolic reactions, such as the Calvin cycle
☐ Ⓡ 咽酰胺腺嘌呤二核苷酸磷酸是合成代谢反应（如卡尔文循环）
☐    中使用的辅助因子。

## 566 **phaeophytin** /fiːəˈfaɪtɪn/      *n.* 脱镁叶绿素

☐ Ⓔ structurally a chlorophyll molecule lacking a central Mg2+ ion,
☐    a chemical compound that serves as the first electron carrier
☐    intermediate in PS II in plants
   Ⓡ 脱镁叶绿素在结构上是一种缺乏中心镁离子的叶绿素分子，在
   植物的光系统 II（PS II）中充当第一个电子载体中间物。

## 567 **photochemical** /ˌfəʊtəʊˈkemɪkl/ **reaction**
光化学反应

- Ⓔ a reaction initiated by light
- Ⓡ 光化学反应是光引发的反应。

## 568 **photorespiration** /ˌfəʊtəʊˌrespəˈreɪʃən/ *n.* 光呼吸

- Ⓔ a respiratory process in many higher plants by which they take up oxygen in the light and give out some carbon dioxide, contrary to photosynthesis; hinders photosynthesis rate
- Ⓡ 光呼吸是一种出现在许多高等植物中的呼吸过程，在光中吸收氧气并释放出一些二氧化碳，这与光合作用相反，阻碍了光合作用速率。

## 569 **photosystem** /ˈfəʊtəʊˌsɪstəm/ *n.* 光系统

- Ⓔ a combination of chlorophyll pigments; photosystem I and II (PS I & PS II) absorb light of different wavelengths
- Ⓡ 光系统是叶绿素色素的组合，光系统 I 和光系统 II（PS I 和 PS II）吸收不同波长的光。

## 570 **plastid** /ˈplæstɪd/ *n.* 质体

- Ⓔ any of a class of small organelles, such as chloroplasts, in the cytoplasm of plant cells, containing pigment or food
- Ⓡ 质体是植物细胞质中含有色素或食物的一类小细胞器，如叶绿体。

## 571 **R$_f$ value** 比移值

- Ⓔ The distance travelled by a given component divided by the distance travelled by the solvent front in chromatography; characteristic of the component and can be used to identify components
- Ⓡ 比移值是色层分析中某一组分迁移距离与溶剂前沿迁移距离之比值；比移值是组分的特征，可以用于组分的鉴定。

## 572 **ribulose** /ˈraɪbjʊləʊz/ **bisphosphate** /ˌbɪsˈfɒsfeɪt/

核酮糖二磷酸

- ⓔ an organic substance that is involved in photosynthesis; the molecule that is combined with carbon dioxide to form a 6C compound in the reaction called carbon fixation
- ⓕ 核酮糖二磷酸是一种参与光合作用的有机物质，是与二氧化碳结合形成 6C 化合物的分子，在反应中被称为固碳。

## 573 **ribulose bisphosphate carboxylase** /kɑːˈbɒksɪˌleɪz/ **oxygenase** /ˈɒksɪdʒəˌneɪz/

核糖二磷酸羧化酶 / 氧化酶

- ⓔ the anabolic enzyme responsible for carbon fixation in 3C plant photosynthesis
- ⓕ 核糖二磷酸羧化酶 / 氧化酶是合成代谢酶，负责 3C 植物光合作用中的碳固定。

## 574 **stroma** /ˈstrəʊmə/ *n.* 基质

- ⓔ the matrix of a chloroplast, in which the grana are embedded
- ⓕ 基质是内嵌着基粒的叶绿体基质。

## 575 **thylakoid** /ˈθaɪləˌkɔɪd/ *n.* 类囊体

- ⓔ each of a number of flattened sacs inside a chloroplast, bounded by pigmented membranes on which the light reactions of photosynthesis take place, and arranged in stacks or grana
- ⓕ 类囊体是叶绿体中许多扁平的小囊，囊体的边界是色素膜，光合作用的光反应发生在色素膜上，并排列成堆叠或颗粒状。

## 576 **xanthophyll** /ˈzænθəʊfɪl/ *n.* 叶黄素

- ⓔ a yellow or brown carotenoid plant pigment which causes the autumn colours of leaves
- ⓕ 叶黄素是一种黄色或褐色类胡萝卜素的植物色素，能使叶子变成枯黄色。

## Animal Physiology 动物生理

第一小节　Circulatory System 循环系统

扫一扫
听本节音频

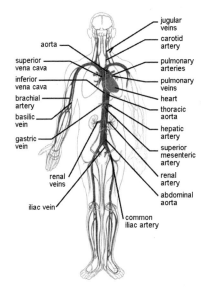

jugular veins
carotid artery
aorta
superior vena cava
pulmonary arteries
inferior vena cava
pulmonary veins
brachial artery
heart
basilic vein
thoracic aorta
gastric vein
hepatic artery
superior mesenteric artery
renal veins
renal artery
abdominal aorta
iliac vein
common iliac artery

---

### 577 **acetylcholine** /ˌæsɪtaɪlˈkəʊliːn/　　　　　*n.* 乙酰胆碱

☐
☐　**E** neurotransmitter in the parasympathetic nervous system
☐　**释** 乙酰胆碱是副交感神经系统的神经递质。

### 578 **adrenaline** /əˈdrenəlɪn/　　　　　*n.* 肾上腺素

☐
☐　**E** hormone produced by the adrenal glands, which also
　　stimulate some nerves
☐　**释** 肾上腺素是肾上腺分泌的激素，会刺激神经。

## 579 **anaerobic** /ˌænəˈrəʊbɪk/ **respiration** 无氧呼吸

- ☒ cellular respiration in the absence of oxygen; much less efficient than aerobic respiration
- ☒ 无氧呼吸是在无氧状态下的细胞呼吸，比有氧呼吸效率低得多。

## 580 **aneurysm** /ˈænjərɪzəm/      *n.* 动脉瘤

- ☒ an abnormal blood-filled dilatation of a blood vessel and especially an artery resulting from disease of the vessel wall
- ☒ 动脉瘤即血管尤其是动脉的异常扩张，由血管壁疾病引起。

## 581 **angina** /ænˈdʒaɪnə/      *n.* 心绞痛

- ☒ a disease marked by attacks of suffocative chest pain, caused by reduced blood flow to cardiac muscles, usually from partial blockage of the coronary artery
- ☒ 心绞痛是一种以窒息性胸痛作为特征的疾病，通常是由于冠状动脉部分阻塞，导致心肌血流量减少。

## 582 **atheroma** /ˌæθəˈrəʊmə/      *n.* 动脉粥样硬化

- ☒ the build-up in atherosclerosis
- ☒ 动脉粥样硬化是动脉粥样硬化症的堆积物。

## 583 **atherosclerosis** /ˌæθərəʊsklɪəˈrəʊsɪs/

     *n.* 动脉粥样硬化

- ☒ a condition where fatty deposits build up on arterial linings, narrowing and stiffening the vessels, leading to numerous subsequent health problems
- ☒ 动脉粥样硬化是一种脂肪沉积物堆积在动脉内壁使血管变窄和变硬的病状，会导致许多后续健康问题。

## 584 **autonomic** /ˌɔːtəˈnɒmɪk/ **neurons** 自主神经元

- ☒ (motor) neurons that are incontrollable consciously
- ☒ 自主神经元是不受意志控制的运动神经元。

## 585 **autorhythmicity** /ˌɔːtəˌrɪðˈmɪsəti/     *n.* 自律性

- **E** the capability of the cardiac muscle cells to generate its own rhythm
- **释** 自律性是心肌细胞产生自身节律的能力。

## 586 **baroreceptor** /ˈbærəʊrɪˌseptə/     *n.* 压力感受器

- **E** mechanical receptors that are sensitive to pressure changes
- **释** 压力感受器是对压力变化敏感的机械感受器。

## 587 **bicuspid** /baɪˈkʌspɪd/ **valve** /vælv/     二尖瓣

- **E** the valve between the left atrium and the left ventricle
- **释** 二尖瓣是位于左心房和左心室之间的瓣膜。

## 588 **blood clotting cascade**     凝血级联反应

- **E** The series of reaction in blood clotting, resulting in the cessation of blood loss from blood vessel; "cascade" describes its magnifying nature of enzymatic action
- **释** 凝血级联反应是凝血中的一系列反应，最终血管停止失血；词中的"瀑布"表现出其酶促作用加强的本质。

## 589 **Bohr effect**     玻尔效应

- **E** the change in Hb dissociation curve that occur due to elevated carbon dioxide level
- **释** 玻尔效应是二氧化碳水平升高而导致的血红蛋白（Hb）解离曲线的变化。

## 590 **bundle of His**     希斯氏束

- **E** a group of conducting fibres in the septum, for rapid electrical signal transport
- **释** 希斯氏束是隔膜中的一组导电纤维，用于快速传递电信号。

## 591 **capillary** /kəˈpɪləri/       *n.* 毛细血管

- **🇬🇧** tiny blood vessels that spread throughout tissues around the body
- **释** 毛细血管是遍布全身组织的细小血管。

## 592 **carbamino** /ˌkɑːbəˈmiːnəʊ/ **haemoglobin**
/ˌhiːməˈgləʊbɪn/       氨基甲酸血红蛋白

- **🇬🇧** haemoglobin bound to carbon dioxide
- **释** 氨基甲酸血红蛋白是与二氧化碳结合的血红蛋白。

## 593 **carbonic anhydrase** /ænˈhaɪdreɪz/       碳酸酐酶

- **🇬🇧** an enzyme catalysing reversible hydration of carbon dioxide to carbonic acid; facilitates carbon dioxide transport in erythrocytes in human
- **释** 碳酸酐酶是一种催化二氧化碳与水可逆生成碳酸的酶，可促进人体红细胞中二氧化碳的运输。

## 594 **carboxy** /kɑːˌbɒksɪ/ **haemoglobin**       碳氧血红蛋白

- **🇬🇧** haemoglobin bound to carbon monoxide
- **释** 碳氧血红蛋白是与一氧化碳结合的血红蛋白。

## 595 **cardiac cycle**       *n.* 心动周期

- **🇬🇧** the cycle of contraction and relaxation of the heart chambers
- **释** 心动周期是心脏腔收缩和舒张的周期。

## 596 **cardiac muscle**       心肌

- **🇬🇧** the special muscle tissue exclusive to the heart; has intrinsic rhythmicity, never fatigues
- **释** 心肌是心脏独有的特殊肌肉组织，有内在的节奏，一直处在不断运作当中。

## 597 **cardiac output** 心脏输出

🇪 the volume of blood pumped in each heartbeat per unit time

🇨 心脏输出是单位时间内每一次心跳所泵入的血量。

## 598 **cardiac volume** 心脏容量

🇪 the volume of blood pumped in each heartbeat

🇨 心容量是每一次心跳所泵出的血液体积。

## 599 **cardiovascular control centre** 心血管控制中心

🇪 a part of the medulla oblongata that receives information from a number of different receptors to control changes to the heart rate

🇨 心血管控制中心是延髓的一部分，接收来自许多不同感受器的信息以控制心率的变化。

## 600 **cardiovascular diseases** 心血管疾病

🇪 diseases of the heart and the circulatory system

🇨 心血管疾病是指心脏和循环系统的疾病。

## 601 **cardiovascular system** 心血管系统

🇪 the mass transport system of an animal body, comprised of a series of vessels with a pump (the heart) to move blood through the vessels

🇨 心血管系统是动物身体的大规模运输系统，由一系列血管和一个泵（心脏）输送血液。

## 602 **chemoreceptors** /'kiːməʊrɪseptə(r)/ *n.* 化学感受器

🇪 sensory nerve cells that respond to chemical stimuli

🇨 化学感受器是对化学刺激做出反应的感觉神经细胞。

## 603　**circulation** /ˌsɜːkjəˈleɪʃn/　　　　　　*n.* 循环

- 🄔 the passage of blood through the blood vessels
- 🄡 循环是血液通过血管的过程。

## 604　**circulatory** /ˌsɜːkjəˈleɪtəri/ **system**　　**循环系统**

- 🄔 A mass transport network consisting of blood, blood vessels, and the heart; supply tissues in the body with oxygen and nutrients
- 🄡 循环系统是由血液、血管和心脏组成的大规模运输网络，为身体组织提供氧气和营养。

## 605　**coronary** /ˈkɒrənri/ **artery** /ˈɑːtəri/　　**冠状动脉**

- 🄔 blood vessels that supply oxygenated blood to heart
- 🄡 冠状动脉是向心脏输送含氧血液的血管。

## 606　**electrocardiogram** /ɪˌlektrəʊˈkɑːdɪəʊˌɡræm/　**心电图**

- 🄔 technology that use electrical current observation to investigate rhythms of the heart
- 🄡 心电图是通过观察电流来研究心脏节律的技术。

## 607　**fetal** /ˈfiːtl/ **haemoglobin** /ˌhiːməˈɡləʊbɪn/

**胚胎血红蛋白**

- 🄔 a form of haemoglobin found exclusively in fetus, with a high affinity for oxygen
- 🄡 胚胎血红蛋白是一种仅存在于胎儿体内的血红蛋白，对氧有很高的亲和力。

## 608　**fetus** /ˈfiːtəs/　　　　　　　　　　　*n.* 胚胎

- 🄔 an unborn, developing vertebrate
- 🄡 胚胎是未出生的、发育中的脊椎动物。
- 🄟 fetal adj. 胚胎的

## 609  fibrillation /ˌfaɪbrɪˈleɪʃən/　　　　　　*n.* 纤维性颤动

☐
☐ ⓔ very rapid irregular contractions of the muscle fibres of the
☐ heart resulting in a lack of synchronism between heartbeat
and pulse
ⓡ 纤维性颤动是心脏肌肉纤维快速不规则的收缩，导致心跳和脉搏不同步。

## 610  fibrin /ˈfaɪbrɪn/　　　　　　　　　　*n.* 纤维蛋白

☐
☐ ⓔ an insoluble protein, formed from fibrinogen; creates a mesh
☐ of fibres at wound, trapping erythrocytes and platelets to form
a blood clot
ⓡ 纤维蛋白是一种不溶性蛋白，由纤维蛋白原形成。纤维蛋白可
在伤口处形成纤维网，困住红细胞和血小板形成血块。

## 611  fibrinogen /faɪˈbrɪnədʒən/　　　　　*n.* 纤维蛋白原

☐
☐ ⓔ a soluble plasma protein; the precursor to fibrin in the blood
☐ clotting cascade
ⓡ 纤维蛋白原是一种可溶性血浆蛋白，是凝血瀑布中纤维蛋白
的前体。

## 612  heartstrings /ˈhɑːtstrɪŋz/　　　　　　*n.* 心弦

☐
☐ ⓔ cord-like tendons pulling on bicuspid and tricuspid valves,
☐ making sure the valves do not flip inside out and cause
backflow
ⓡ 腱索是牵拉二尖瓣和三尖瓣的绳状肌腱，确保这些瓣膜不会翻
转过来造成倒流。
ⓘ tendinous cords 腱索

## 613  inferior /ɪnˈfɪəriə(r)/ vena cava /ˌviːnə ˈkeɪvə/　下腔静脉

☐
☐ ⓔ The large veins that return blood to the right atrium in
☐ vertebrates; include superior and inferior vena cava in human
ⓡ 腔静脉是脊椎动物向右心房输送血液的大静脉，人体中包括上
腔静脉和下腔静脉。

## 614 **intrinsic** /ɪn'trɪnzɪk/ **rhythmicity** /rɪð'mɪsəti/
**内生节律性**

- **E** the internal rhythm of contraction and relaxation of cardiac muscles, under the control of heart itself (no dependence on brain activity)
- **释** 内生节律性是心肌收缩和舒张的内在节律，由心脏本身控制（不依赖于大脑活动）。
- **同** autorhythmicity 内生节律性

## 615 **lumen** /'luːmɪn/
*n.* 内腔

- **E** the central space inside the blood vessel
- **释** 内腔是血管内的中央空间。

## 616 **lymph** /'lɪmf/ **node** /nəʊd/
**淋巴结**

- **E** small swellings in the lymphatic system where lymph is filtered and lymphocytes are formed
- **释** 淋巴结是淋巴系统内的小肿块，是淋巴液过滤及淋巴细胞形成的场所。

## 617 **mass transport system**
**质量运输系统**

- **E** a system of arranged structures that transport substances in the flow of a fluid, with a mechanism to move the fluid around a body
- **释** 质量运输系统是一套借由流体流动来运输物质的结构，包括一个在身体中推动流体流动的机制。

## 618 **megakaryocyte** /ˌmeɡə'kærɪəˌsaɪt/
*n.* 巨核细胞

- **E** large cells found in the bone marrow that produce platelets
- **释** 巨核细胞是在骨髓中产生血小板的大细胞。

619 **myocardial** /ˌmaɪəʊˈkɑːdɪəl/ **infarction** /ɪnˈfɑːkʃn/

心肌梗死

- ☐ ☐ ☐ **ⓔ** a heart attack; the interruption of heart function due to full blockage of the coronary artery by blood clots, caused by atherosclerosis in the circulation
- **㊧** 心肌梗死是一种心脏病发作，是由于冠状动脉被血凝块完全堵塞而导致的心脏功能中断，凝块来自循环中的动脉粥样硬化。

620 **myogenic** /ˌmaɪəˈdʒenɪk/

*adj.* 肌原性的

- ☐ ☐ ☐ **ⓔ** generated through muscle; (contraction) contracts without external stimulus
- **㊧** 肌原性的即没有外界刺激的情况下通过肌肉收缩而产生的。

621 **myoglobin** /ˌmaɪəʊˈgləʊbɪn/

*n.* 肌红蛋白

- ☐ ☐ ☐ **ⓔ** a red, iron-containing respiratory pigment protein pigment found in muscles, similar to haemoglobin but with a stronger affinity
- **㊧** 肌红蛋白是一种存在于肌肉中的红色含铁的呼吸色素，与血红蛋白相似，但具有更强的亲和力。

622 **noradrenaline** /ˌnɔːrəˈdrenəlɪn/

*n.* 去甲肾上腺素

- ☐ ☐ ☐ **ⓔ** neurotransmitter in the sympathetic nervous system and a stimulator to cholinergic synapses
- **㊧** 去甲肾上腺素是交感神经系统中的神经递质，是胆碱能突触的一种刺激物。

623 **oxyhaemoglobin** /ˌɒksɪˌhiːməʊˈgləʊbɪn/

*n.* 氧合血红蛋白

- ☐ ☐ ☐ **ⓔ** haemoglobin bound to oxygen
- **㊧** 氧血红蛋白是与氧结合的血红蛋白。

## 624　peripheral /pə'rɪfərəl/ arteries /'ɑːtərɪz/　外周动脉

- **E** arteries further away from the heart but before arterioles
- **释** 外周动脉是离心脏较远但在小动脉之前的动脉。

## 625　plaque /plæk/　*n.* 斑块

- **E** yellowish fatty deposits that form on the inside of arteries in atherosclerosis
- **释** 斑块是在动脉粥样硬化中形成的黄色脂肪沉积。

## 626　prothrombin /prəʊ'θrɒmbɪn/　*n.* 凝血酶原

- **E** a soluble plasma protein; the precursor to thrombin in the blood clotting cascade
- **释** 凝血酶原是一种可溶性血浆蛋白,是凝血瀑布中凝血酶的前体。

## 627　pulmonary /'pʌlmənəri/　*adj.* 肺的

- **E** of, relating to, affecting or occurring in the lungs
- **释** 肺的即属于、关于、影响或发生在肺部的。

## 628　pulmonary /'pʌlmənəri/ artery /'ɑːtəri/　肺动脉

- **E** the blood vessels that carry deoxygenated blood from the heart to the lungs
- **释** 肺动脉是将脱氧血从心脏输送到肺的血管。
- **回** superior vena cava

## 629　Purkyne tissue　浦肯野纤维

- **E** specialised conducting fibres composed of electrically excitable cells that are larger than cardiomyocytes with fewer myofibrils and many mitochondria and which (cells) conduct cardiac action potentials more quickly and efficiently than any other cells in the heart. Goes down the septum of the heart, spreading between and around ventricles
- **释** 浦肯野纤维是一种特殊的传导纤维,由比心肌细胞大的可电激发细胞组成,其肌原纤维更少,线粒体更多;该细胞比心脏内的其他细胞传导心脏动作电位更快、更高效。其分布沿心脏隔膜向下，在心室之间和周围扩散。

🔵 Purkynje fibres 浦肯野纤维

---

### 630 **serotonin** /ˌserə'təʊnɪn/      *n.* 血清素

☐
☐ 🇪 a hormone that causes contraction in smooth muscle around
☐ blood vessels, leading to vasoconstriction (narrowing of blood
vessels)

🔵 血清素是一种激素，能使血管周围的平滑肌收缩，导致血管收缩。

---

### 631 **single circulation system**      单循环系统

☐
☐ 🇪 a circulation where the heart pumps the blood to the organs
☐ and travels around the body before returning to the heart;
blood travels through the heart once in a full cycle

🔵 单循环系统是一种循环系统，心脏将血液泵到各个器官，并在
身体各处循环，然后再回到心脏；在单循环系统的整个循环中，
血液通过心脏一次。

---

### 632 **sinoatrial** /ˌsaɪnəʊ'eɪtrɪəl/ **node**      窦房结

☐
☐ 🔵 a small mass of tissue that is embedded in the musculature
☐ of the right atrium of higher vertebrates and that originates
the impulses stimulating the heartbeat

🔵 窦房结是嵌在高级脊椎动物右心房肌肉组织中的一小块组织，
可产生刺激心跳的脉冲。

---

### 633 **stent** /stent/      *n.* 支架

☐
☐ 🇪 a elastic mesh that is inserted to atherosclerosis affected
☐ patients; supports and holds affected arteries open and allow
free passage of blood flow

🔵 支架是一种弹性网片，用于动脉粥样硬化患者；支架可支撑动
脉并使受影响的动脉保持张开状态，允许血液自由流通。

---

### 634 **stroke** /strəʊk/      *n.* 卒中；中风

☐
☐ 🇪 an event featuring sudden decrease or loss of consciousness
☐ and sensation, caused by rupture or obstruction (as by a clot)
of a blood vessel of the brain

🔐 中风是一种由于大脑血管破裂或阻塞（如血栓）而引起的意识和感觉突然减少或丧失的疾病。

## 635 **systemic** /sɪˈstemɪk/ **circulation** 系统循环

🅔 see double circulation system

🔐 见双循环系统。

## 636 **thrombin** /ˈθrɒmbɪn/ n. 凝血酶

🅔 an enzyme that converts fibrinogen to fibrin in the blood clotting cascade

🔐 凝血酶是一种在凝血级联反应中将纤维蛋白原转化为纤维蛋白的酶。

## 637 **thromboplastin** /ˌθrɒmbəʊˈplæstɪn/ n. 凝血激酶

🅔 an enzyme in the blood clotting cascade that starts a series of reaction; released by damaged cells, especially platelets

🔐 凝血激酶是凝血级联反应中引起一系列反应的一种酶，它由受损细胞（尤其是血小板）释放。

## 638 **thrombosis** /θrɒmˈbəʊsɪs/ n. 血栓

🅔 a clot formed in a blood vessel

🔐 血栓是在血管中形成的血块。

## 639 **tissue fluid** 组织液

🅔 extracellular fluid which bathes the cells of most tissues

🔐 组织液是细胞外的液体，流经大多数组织的细胞。

## 640 **tricuspid** /traɪˈkʌspɪd/ **valve** /vælv/ 三尖瓣

🅔 the valve between the right atrium and the right ventricle

🔐 三尖瓣是位于右心房和右心室之间的瓣膜。

641 **venous** /'viːnəs/ *adj.* 静脉的

[E] of vein
[释] 静脉的即有关静脉的。

## 第二小节 Gas Exchange System 气体交换系统

扫一扫
听本节音频

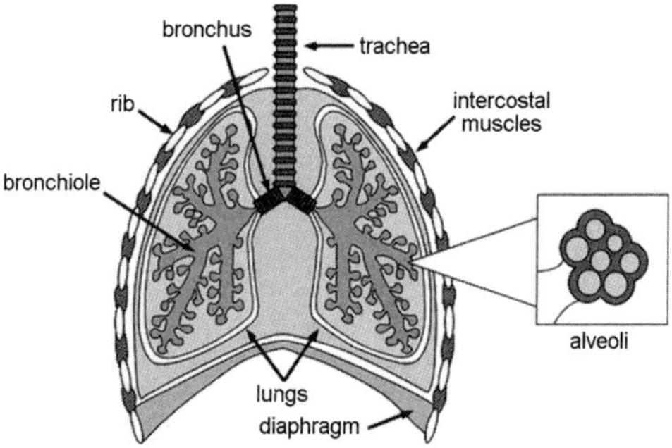


642 **cartilage** /'kaːtɪlɪdʒ/ *n.* 软骨

[E] hard but flexible skeletal tissue; found around trachea and bronchi, providing support and protection
[释] 软骨是在气管和支气管周围的坚硬但有弹性的骨骼组织，可为气管和支气管提供支持和保护。

643 **inhalation** /ˌɪnhə'leɪʃn/ *n.* 吸入

[E] breathing in
[释] 吸气，即吸入空气
[同] inspiration

644 **exhalation** /ˌekshə'leɪʃn/ *n.* 呼气

[E] breathing out
[释] 呼气，即呼出空气
[同] expiration

## 645 **inspiratory** /ɪnˈspaɪərətərɪ/ **centre** 吸气中心

☐
☐ **E** main area of ventilation centre, responsible for breathing in,
☐ usually passive (involuntary)

**释** 吸气中心是换气中心的主要部分，负责吸气，吸气过程通常为被动的（无意识的）。

## 646 **expiratory** /ɪkˈspaɪərətərɪ/ **centre** 呼气中心

☐
☐ **E** region of ventilation centre responsible for voluntary
☐ expiration

**释** 呼气中心是控制自主呼气的通风中心区域。

## 647 **inspiratory** /ɪnˈspaɪərətərɪ/ **reserve volume**
吸气储备量

☐
☐ **E** the volume of air one can take in above the normal tidal
☐ volume

**释** 吸气储备量是一个人在潮气量之上所能吸入的空气量。

## 648 **expiratory** /ɪkˈspaɪərətərɪ/ **reserve volume**
呼气储备量

☐
☐ **E** the volume of air one can breathe out above the normal tidal
☐ volume

**释** 呼气储备量是一个人能呼出的高于潮气量的空气量。

## 649 **ventilation centre** 换气中心

☐
☐ **E** a neural centre in the medulla oblongata
☐ **释** 换气中心是延髓的神经中枢。

## 650 **ventilation rate** 换气率

☐
☐ **E** the volume of air breathed per minute
☐ **释** 换气率是每分钟吸入的空气量。

## 651 intercostal /ˌɪntəˈkɒstəl/ muscle 肋间肌

- **E** muscles situated between and connecting ribs
- **释** 肋间肌是位于肋骨间连接肋骨的肌肉。

## 652 larynx /ˈlærɪŋks/ n. 喉

- **E** the hollow muscular organ forming an air passage to the lungs and holding the vocal cords in humans and other mammals; the voice box
- **释** 喉是中空的肌肉器官，形成通向肺部的空气通道，并控制着人类和其他哺乳动物的声带，即声匣。

## 653 surfactant /sɜːˈfæktənt/ n. 表面活性剂

- **E** a substance that reduces surface tension in water or other solvents; prevents alveoli from collapsing in the lung
- **释** 表面活性剂是一种能降低水或其他溶剂表面张力的物质，可防止肺泡塌陷。

## 654 thorax /ˈθɔːræks/ n. 胸腔

- **E** the chest cavity
- **释** 胸腔是胸腔内的空腔。

## 655 inspiratory capacity 吸气量

- **E** the volume that can be inspired from one normal expiration: IC = VT + IRV
- **释** 吸气量是指一次正常呼气所能吸气的量，即吸气量 = 肺活量 + 气储备量。

## 656 residual /rɪˈzɪdjuəl/ volume 残气量

- **E** the volume of air left in the lungs after the strongest possible expiration
- **释** 残气量是指尽最大力呼气后尚留在肺部的空气量。

## 657 **tidal** /'taɪdl/ **volume**  潮气量，一次换气量

☐
☐
☐

**E** the volume of air that enters and leaves lung in a natural resting breath

**释** 潮气量是在自然的静息呼吸中进入和离开肺的空气量。

## 658 **vital capacity**  肺活量

☐
☐
☐

**E** the greatest volume of air one can breathe out after taking in as much air as possible; the total of the tidal volume and IRV and ERV; VC = TV + IRV + ERV

**释** 肺活量是一个人吸入尽可能多的空气后能呼出的最大空气量，是潮气量、吸气储备量和呼气储备量的总和，即肺活量 = 潮气量 + 吸气储备量 + 呼气储备量。

## 659 **total lung capacity**  总肺活量

☐
☐
☐

**E** the sum of the vital capacity and the residual volume; the total volume of lung; TLC = VC + RV

**释** 总肺活量为肺活量与残气量之和，也是肺的总容积，即总肺活量 = 残气量 + 肺活量。

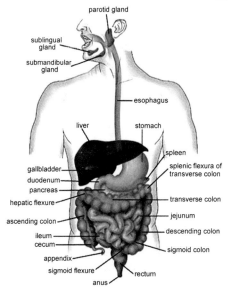

parotid gland

sublingual
gland

submandibular
gland

esophagus

liver

stomach

spleen

splenic flexura of
transverse colon

gallbladder

duodenum

pancreas

hepatic flexure

transverse colon

ascending colon

jejunum

ileum

descending colon

cecum

appendix

sigmoid colon

sigmoid flexure

rectum

anus

---

660 **alimentary** /ˌælɪˈmentəri/ **canal**　　　消化道

- ☐ ☐ ☐ **ⓔ** the whole passage along which food passes through the body from mouth to anus
- **⟨译⟩** 消化道是食物从口腔进入肛门的整个通道。

661 **bile** /baɪl/　　　*n.* 胆汁

- ☐ ☐ ☐ **ⓔ** a bitter greenish-brown alkaline fluid that aids digestion by emulsifying food and is secreted by the liver and stored in the gallbladder
- **⟨译⟩** 胆汁是一种苦味的棕绿色碱性液体，通过乳化食物帮助消化，由肝脏分泌并储存在胆囊中。

662 **cecum** /'si:kəm/          *n.* 盲肠

☐
☐
☐

**E** a pouch connected to the junction of the small and large intestines

**释** 盲肠是连接小肠和大肠的小袋。

663 **colon** /'kəʊlən/          *n.* 结肠

☐
☐
☐

**E** the main part of the large intestine, which passes from the cecum to the rectum and absorbs water and electrolytes from food

**释** 结肠是从盲肠到直肠的部分，是大肠的主要部分，可从食物中吸收水分和电解质。

664 **duodenum** /,dju:ə'di:nəm/          *n.* 十二指肠

☐
☐
☐

**E** the first part of the small intestine immediately beyond the stomach, leading to the jejunum

**释** 十二指肠是小肠的第一部分，紧挨着胃，通向空肠。

665 **gallbladder** /'gɔl,blædər/          *n.* 胆囊

☐
☐
☐

**E** the small sac-shaped organ beneath the liver, in which bile is stored after secretion by the liver and before release into the intestine

**释** 胆囊是肝脏下方蓄积胆汁的囊状小器官，胆汁由肝脏分泌后蓄积于此，然后进入肠道。

666 **ileum** /'ɪliəm/          *n.* 回肠

☐
☐
☐

**E** the third portion of the small intestine, between the jejunum and the cecum

**释** 回肠是小肠的第三部分，位于空肠和盲肠之间。

667 **jejunum** /dʒɪ'dʒu:nəm/          *n.* 空肠

☐
☐
☐

**E** the part of the small intestine between the duodenum and ileum

**释** 空肠是小肠的一部分，位于十二指肠和回肠之间。

## 668 **lacteal** /ˈlæktɪəl/ n. 乳糜管

**E** the lymphatic vessels of the small intestine which absorb digested fats

**释** 乳糜管是小肠吸收消化脂肪的淋巴管。

## 669 **liver** /ˈlɪvə(r)/ n. 肝

**E** a large lobed organ in the abdomen of vertebrates, involved in many metabolic processes.

**释** 肝是脊椎动物腹部的一个大型分叶器官，参与多种代谢过程。

## 670 **microvilli** /ˌmaɪkrəʊˈvɪlaɪ/ n. 微绒毛

**E** minute projections from the surface of villi cells; further increase surface area

**释** 微绒毛是绒毛细胞表面的微小突起，可进一步增加表面积。

## 671 **oesophagus** /iˈsɒfəgəs/ n. 食管

**E** the part of the alimentary canal that connects the throat to the stomach. In humans and other vertebrates, it is a muscular tube lined with mucous membrane

**释** 食管是消化道中连接咽喉和胃的一部分，在人类和其他脊椎动物中，食管是一种有黏膜衬里的肌肉管。

## 672 **pancreas** /ˈpæŋkriəs/ n. 胰腺

**E** a large gland behind the stomach which secretes digestive enzymes into the duodenum; also an endocrine gland

**释** 胰腺是胃后面的一个大腺体，向十二指肠分泌消化酶；胰腺也是一个内分泌腺。

## 673 **pancreatic** /ˌpæŋkriˈætɪk/ **duct** 胰管

**E** a duct joining the pancreas to the common bile duct to supply pancreatic juice provided from the exocrine pancreas

**释** 胰管是连接胰腺与胆总管的一根导管，用于供应外分泌胰腺的胰液。

**回** duct of Wirsung 胰管

## 674 **rectum** /'rektəm/      *n.* 直肠

- Ⓔ the final section of the large intestine, terminating at the anus; stores feces
- 釋 直肠是大肠的最后一部分，止于肛门，可储存粪便。

## 675 **small intestine** /ɪn'testɪn/      小肠

- Ⓔ the part of the intestine that runs between the stomach and the large intestine; comprises duodenum, jejunum, and ileum collectively
- 釋 小肠是肠的一部分，位于胃和大肠之间，包括十二指肠、空肠和回肠。

## 676 **large intestine** /ɪn'testɪn/      大肠

- Ⓔ the cecum, colon, and rectum collectively; manages water absorption from remains back to the circulation
- 釋 大肠包括盲肠、结肠和直肠，管理水分从排泄物向循环内的吸收过程。

## 677 **stomach** /'stʌmək/      *n.* 胃

- Ⓔ the part of the alimentary canal where the major part of the digestion of food occurs
- 釋 胃是消化道的一部分，是食物消化的主要部位。

## 678 **villi** /'vɪlaɪ/      *n.* 绒毛

- Ⓔ finger-like projections from the surface of intestinal epithelial cells, which increase surface area to facilitate absorption
- 釋 绒毛是肠上皮细胞表面的指状突起，增加了表面积，可促进吸收。

扫一扫
听本节音频

**679 afferent** /ˈæfərənt/ **arterioles** /ɑːˈtɪəriˌəʊlz/

入球小动脉

- **E** cells in the Bowman's capsule in the kidneys that wrap around capillaries of the glomerulus.
- **释** 入球小动脉是鲍曼囊内包裹肾小球毛细血管的细胞。

**680 efferent** /ˈefərənt/ **arterioles**

出球小动脉

- **E** blood vessels that take blood away from the glomerulus
- **释** 出球小动脉是将血液从肾小球带走的血管。

**681 cortex** /ˈkɔːteks/

*n.* 皮质

- **E** (of the kidney) the outer part of the kidney
- **释** 皮质是肾脏的外层。

**682 counter-current multiplier** /ˈmʌltɪplaɪə(r)/

逆流倍率

- **E** a system where neighbouring fluids flow in opposite directions, creating greater concentration or temperature gradient facilitating mass or heat transfer in between
- **释** 逆流倍率是一个系统，其中相邻的流体向相反的方向流动，产生更大的浓度或温度梯度，从而促进两者之间的物质传输或热传递。

**683 glomerulus** /ɡlɒˈmerʊləs/

*n.* 肾小球

- **E** a network of small blood vessels (capillaries) known as a tuft, located at the beginning of a nephron in the kidney; receives its blood supply from an afferent arteriole of the renal arterial circulation, creates resistance to cause strong hydrostatic pressure to power ultrafiltration
- **释** 肾小球是被称为簇的小血管（毛细血管）网络，位于肾脏的肾单位开始处，通过从肾动脉循环的入球小动脉接收血液供应产生阻力以引起强大的静水压力推动超滤。

## 684 **medulla** /mɪˈdʌlə/      *n.* 髓质

- **E** (of the kidney) innermost part of the kidney, high in solute concentration to facilitate water reabsorption
- **释** 髓质是肾脏的最内层，溶质浓度高，有助于水的再吸收。

## 685 **nephron** /ˈnefrɒn/      *n.* 肾单位

- **E** microscopic tubules that make up most of the structure of the kidney
- **释** 肾单位是构成肾脏大部分结构的微管。

## 686 **ornithine** /ˈɔːnɪˌθiːn/ **cycle**      鸟氨酸循环

- **E** a series of enzyme-controlled reactions that convert ammonia from excessive amino acids into urea in the liver
- **释** 鸟氨酸循环是一系列酶控制的反应，在肝脏中将过量氨基酸中脱下的氨基转化为尿素。

## 687 **osmoreceptor** /ˌɒzməʊrɪˈseptə/      *n.* 渗透压感受器

- **E** sensory receptors in the hypothalamus that detect plasma concentration change
- **释** 渗透感受器是位于下丘脑的感觉感受器，用来检测血浆浓度的变化。

## 688 **podocyte** /ˈpɒdəˌsaɪt/      *n.* 足细胞

- **E** cells in the Bowman's capsule in the kidneys that wrap around capillaries of the glomerulus. Podocyte cells make up the epithelial lining of Bowman's capsule, the third layer through which filtration of blood takes place
- **释** 足细胞是鲍曼囊中的细胞，包裹在肾小球的毛细血管周围。足细胞构成鲍曼胶囊的上皮衬里，这是血液过滤的第三层。

## 689 **proximal tubule** /ˈtjuːbjuːl/      近曲小管

- **E** the first region of the nephron, after the Bowman's capsule, responsible for a large portion of reabsorption
- **释** 近曲小管是肾元的第一个区域，在鲍曼囊之后，负责大部分的再吸收。

690 **distal** /ˈdɪstl/ **tubule**　　　　　　远曲小管

- ⓔ the section of the nephron after the loop of Henle that leads into the collecting duct
- ㊟ 远曲小管是肾单位的一部分，位于亨利氏环之后，引导肾单位进入收集管。

691 **selective reabsorption** /ˌriːəbˈzɔːpʃən/　选择性重吸收

- ⓔ the process in kidney through which substances are reabsorbed back into the body from the urinary tract
- ㊟ 选择性重吸收是肾脏将尿液中的物质重新吸收回体内的过程。

692 **tubular** /ˈtjuːbjələ(r)/ **secretion** /sɪˈkriːʃn/　肾小管分泌

- ⓔ the process through which substances are actively secreted into or out of the kidney, to facilitate osmoregulation
- ㊟ 肾小管分泌是物质主动分泌进或出肾脏的过程，促进渗透调节。

## 第五小节　Immune System 免疫系统

扫一扫
听本节音频

693 **agglutination** /əˌɡluːtɪˈneɪʃən/　　*n.* 凝集

- ⓔ the grouping of cells causes when antibodies bind to the antigens on pathogens
- ㊟ 凝集是当抗体与病原体上的抗原结合时引起的细胞集聚。

694 **agranulocytes** /əˈɡrænjʊləˌsaɪts/　　*n.* 非粒细胞

- ⓔ leucocytes with round nuclei but no granules in the cytoplasm
- ㊟ 非粒细胞是具有圆形核但细胞质中没有颗粒的白细胞。

695 **antigen-presenting** /ˈæntɪdʒən prɪˈzentɪŋ/ **cell**
　　　　　　　　　　　　　　　　　　抗原呈递细胞

- ⓔ a cells that displays an antigen on its surface; usually an infected cell or a phagocyte

**释** 抗原呈递细胞是一种在其表面呈现抗原的细胞，通常是被感染的细胞或吞噬细胞。

## 696 artificial immunity 人工免疫

**E** gaining antibodies through artificial means

**释** 人工免疫是通过人工手段获得抗体的免疫方式。

## 697 attenuated /əˈtenjueɪtɪd/ *adj.* 减毒的

**E** (pathogens) modified, weakened in a way that pathogenic capability is greatly reduced but still cause an immune response

**释** 减毒的即通过调整或削弱的使其致病性显著降低的，但仍会引起免疫反应的（病原体）。

## 698 autoimmunity /ˌɔːtəʊɪˈmjuːnəti/ *n.* 自体免疫

**E** system of immune responses of an organism against its own healthy cells and tissues, leading to tissue damage and other health issues

**释** 自体免疫是机体对自身健康细胞和组织的免疫反应，会导致组织损伤和其他健康问题。

## 699 natural immunity 自然免疫

**E** gaining antibodies through natural means, as opposed to artificial immunity

**释** 自然免疫是通过自然途径获得抗体，而不是通过人工免疫。

## 700 B cell B 细胞

**E** lymphocytes that matured in the bone marrow; found in lymph glands and the circulation

**释** B 细胞是在骨髓中成熟的淋巴细胞，存在于淋巴腺和血液循环中。

## 701 effector B cell 效应 B 细胞

- **E** B cells that divide and differentiate into plasma cells
- **释** 效应 B 细胞是分化为浆细胞的 B 细胞。

## 702 memory B cell 记忆 B 细胞

- **E** B cells that provide immunological memory; allows a rapid second response
- **释** 记忆 B 细胞是提供免疫记忆的 B 细胞，允许快速的二次免疫反应。

## 703 bactericidal /bæk,tɪərɪ'saɪdl/ *adj.* 杀菌的

- **E** kills bacteria
- **释** 杀菌的即可将细菌杀死的。

## 704 bacteriostatic /bæk,tɪərɪəu'stætɪk/ *adj.* 抑菌的

- **E** inhibitory to bacterial growth
- **释** 抑菌的即可抑制细菌生长的。

## 705 basophil /'beɪsəfɪl/ *n.* 嗜碱性粒细胞

- **E** leucocyte that has a two-lobed nucleus, produce histamines
- **释** 嗜碱性粒细胞是具有双裂核的白细胞，可产生组胺。

## 706 clonal /'kləunəl/ selection 克隆选择

- **E** the selection of the cells that carry the required antibody for a specific antigen through cloning
- **释** 克隆选择是通过克隆挑选携带特定抗原所需抗体的细胞的过程。

## 707 clostridium /klɒ'strɪdɪəm/ difficile /dɪ'fɪsɪl/ 艰难梭菌

- **E** a type of bacteria that often exists in intestine, usually causes no problem until the gut flora is disturbed or damaged by antibiotic treatment
- **释** 艰难梭菌是一种经常在肠道中出现的细菌，通常只有在肠道菌群被抗生素治疗扰乱或破坏时才会产生问题。

## 708 **cytokine** /ˈsaɪtəʊˌkaɪn/      *n.* 细胞因子

- **E** molecule that act as a messenger between cells; a common signal molecule used by the immune system
- **释** 细胞因子是作为细胞间信使的分子，是免疫系统常用的信号分子。

## 709 **eosinophil** /ˌiːəʊˈsɪnəˌfɪl/      *n.* 嗜酸性粒细胞

- **E** leucocyte active in the non-specific defence, in allergic reactions and inflammation, and in immunity development
- **释** 嗜酸性粒细胞是在非特异性防御、过敏反应和炎症反应以及免疫发育中都活跃的白细胞。

## 710 **granulocytes** /ˈgrænjʊləˌsaɪts/      *n.* 粒细胞

- **E** leucocytes with granules in the cytoplasm of cells that absorb stain, making them easily visible under a microscope; they have lobed nuclei and are involved in non-specific responses
- **释** 粒细胞是细胞质中有颗粒的白细胞，这些颗粒易于吸收染剂，因而在显微镜下易于观察；粒细胞具有分叶的细胞核，参与非特异性免疫反应。

## 711 **herd immunity**      群体免疫

- **E** the concept of immunity in a large portion of a population lowers infection risk to the whole group, including individuals not vaccinated
- **释** 群体免疫是指人群中很大一部分人具有免疫性，从而降低了整个群体的感染风险，包括未接种疫苗的个体。

## 712 **histamine** /ˈhɪstəmiːn/      *n.* 组织胺

- **E** the chemical released by the tissues in an allergic reaction
- **释** 组织胺是组织在过敏反应中释放的化学物质。

## 713 **hospital-acquired infection**      医院获得性感染

- **E** infections acquired in hospitals or care facilities
- **释** 医院获得性感染是指在医院或护理机构中获得的感染。

## 714 **immunoglobulin** /ˌɪmjʊnəʊˈɡlɒbjʊlɪn/ *n.* 免疫球蛋白

- ⓔ glycoproteins produced in response to a specific antigen
- ⓡ 抗体是针对特定抗原产生的糖蛋白。
- ⓢ antibody 抗体

## 715 **inflammation** /ˌɪnfləˈmeɪʃn/ *n.* 炎症

- ⓔ a type of non-specific immune response that involve histamine release, leading to local redness, swelling and heat
- ⓡ 炎症是一种非特异性免疫反应，涉及组胺释放，导致局部发红、肿胀和发热。

## 716 **interferon** /ˌɪntəˈfɪərɒn/ *n.* 干扰素

- ⓔ chemicals produced by cells in very small amounts when invaded by viruses; can bind to viruses to prevent further entry to cells
- ⓡ 干扰素是细胞受到病毒侵袭时产生的少量化学物质，可与病毒结合，防止病毒进一步侵入细胞。

## 717 **major histocompatibility** /ˌhɪstəʊkəmˌpætɪˈbɪlɪtɪ/ **complex proteins** 主要组织相容性复合蛋白

- ⓔ proteins that display antigens on the cell surface membrane of an APC
- ⓡ 主要组织相容性复合蛋白是在 APC 的细胞膜上呈现抗原的蛋白。

## 718 **mast** /mɑːst/ **cells** 肥大细胞

- ⓔ cells found in connective tissue that release histamine in case of tissue damage
- ⓡ 肥大细胞是在结缔组织中发现的细胞，在组织损伤时释放组织胺。

**719** **methicillin-resistant** /ˌmeθɪˈsɪlɪn-/
**Staphylococcus** /ˌstæfɪləʊˈkɒkəs/ **aureus** /ˈɔːrɪəs/
耐甲氧西林金黄色葡萄球菌

- **E** a strain of S. aureus that is resistant to multiple common antibiotics, including methicillin
- **释** 耐甲氧西林金黄色葡萄球菌是一种金黄色葡萄球菌，对包括甲氧西林在内的多种常见抗生素具有耐药性。

**720** **monocyte** /ˈmɒnəsaɪt/        *n.* 单核细胞

- **E** the largest type of leucocyte; can enter tissues to form macrophages
- **释** 单核细胞是白细胞中最大的类型，可进入组织形成巨噬细胞。

**721** **neutralisation** /ˌnjuːtrəlaɪˈzeɪʃn/        *n.* 中和

- **E** the process of antibodies in neutralising toxins by binding to them
- **释** 中和是抗体通过与毒素结合来压制毒素的过程。

**722** **neutrophil** /ˈnjuːtrəˌfɪl/        *n.* 中性粒细胞

- **E** the most common type of leucocytes; a phagocyte, engulf and digest pathogens through phagocytosis
- **释** 中性粒细胞是最常见的白细胞类型，是一种吞噬细胞，通过吞噬作用吞噬和消化病原体。

**723** **opsonin** /ˈɒpsənɪn/        *n.* 调理素

- **E** chemicals that bind to pathogens and label them
- **释** 调理素是一种能与病原体结合并对其进行标记的化学物质。

**724** **opsonisation** /ˌɒpsɒnaɪˈzeɪʃən/        *n.* 调理作用

- **E** a process that makes a pathogen more easily recognised, in which opsonin binds to pathogens and facilitate phagocytosis of them
- **释** 调理作用是一个使病原体更容易识别的过程，在此过程中，调理素可结合病原体，促进吞噬作用。

725 **phagocyte** /ˈfægəˌsaɪt/     *n.* 吞噬细胞

- **E** a cell that performs phagocytosis
- **释** 吞噬细胞是发挥吞噬作用的细胞。

726 **phagosome** /ˈfægəʊsəm/     *n.* 吞噬体

- **E** the vesicle in which a pathogen is enclosed in a phagocyte
- **释** 吞噬体是将病原体包裹在吞噬细胞内的囊泡。

727 **plasma** /ˈplæzmə/ **cell**     浆细胞

- **E** cells that produce antibodies to specific antigens en masse
- **释** 浆细胞是一种大量产生针对特定抗原的抗体的细胞。

728 **selective toxicity** /tɒkˈsɪsəti/     选择毒性

- **E** the property of being toxic against some types of cells but not others
- **释** 选择毒性是指对某些类型的细胞有毒性，而对其他类型的细胞没有毒性的性质。

729 **T cell**     T 细胞

- **E** lymphocytes that mature in the thymus
  T 细胞是在胸腺中成熟的淋巴细胞。

730 **memory T cell**     记忆 T 细胞

- **E** T cells that provide immunological memory; very long lived
- **释** 记忆 T 细胞是提供免疫记忆的 T 细胞，是一种寿命很长的细胞。

731 **tetracycline** /ˌtetrəˈsaɪklaɪn/     *n.* 四环素

- **E** a bacteriostatic antibiotic, inhibits protein synthesis
- **释** 四环素是一种抑菌抗生素，可抑制蛋白质合成。

## 第六小节　Nervous System 神经系统

扫一扫
听本节音频

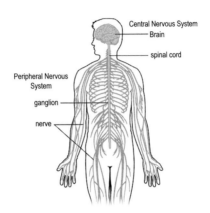

Central Nervous System
— Brain
— spinal cord

Peripheral Nervous System

ganglion

nerve

### 732　**absolute refractory** /rɪˈfræktəri/ **period**

绝对不应期

- ☐ **E** the period immediately after action potential where the fibre is impossible to reactivate
- ☐ **释** 绝对不应期是指紧接在动作电位之后神经纤维完全无法重新激活的时期。

### 733　**action potential**

动作电位

- ☐ **E** the process of the transmission of a nerve impulse, when depolarisation and repolarisation occurs
- ☐ **释** 动作电位是神经冲动传递的过程，去极化和再极化均是其中步骤。

## 734 **adrenergic** /ˌædrəˈnɜːdʒɪk/ **synapses**

/ˈsɪnæpsɪs/

肾上腺素突触

☐ **ⓔ** nerves using noradrenaline as their synaptic neurotransmitter
☐ **㊟** 肾上腺素突触即一种以去甲肾上腺素为突触神经递质的神经。
☐

## 735 **arteriovenous** /ɑːˌtɪərɪəʊˈviːnəs/ **shunt** /ʃʌnt/

动静脉分流

☐ **ⓔ** a system which closes to allow blood to flow through major
☐ capillary networks near the surface of the skin, or opens to
☐ allow blood along a 'shortcut' from arterioles to venules, so it
does not flow through the capillaries
**㊟** 动静脉分流是一个系统，系统关闭时血液会流经皮肤表面附近
的主要毛细血管网络，系统开启时，血液不流经毛细血管，而
是沿着"捷径"从小动脉到小静脉。

## 736 **autonomic (involuntary) nervous system**

自主（非自愿）神经系统

☐ **ⓔ** the involuntary nervous system; autonomic motor neurones
☐ control bodily functions that the conscious area of the brain
☐ does not normally control
**㊟** 自主神经系统是非自愿的神经系统，自主运动神经元控制着通
常不受大脑有意识区域控制的身体功能。

## 737 **axon** /ˈæksɒn/

*n.* 轴突

☐ **ⓔ** the long nerve fibre of a motor neurone, responsible for
☐ carrying the nerve impulse
☐ **㊟** 轴突是运动神经元的长神经纤维，负责传递神经冲动。

## 738 **bleaching** /ˈbliːtʃɪŋ/

*n.* 视网膜漂白

☐ **ⓔ** the photochemical breakdown of visual pigments
☐ **㊟** 视网膜漂白是视觉色素的光化学分解。
☐

## 739 **cerebellum** /ˌserə'beləm/       *n.* 小脑

- **E** the area of the brain that coordinates smooth movements; it uses information from the muscles and the ears to control balance and maintain posture
- **译** 小脑是大脑中协调躯体平衡运动的部分，可利用由肌肉和双耳传来的信息保持躯体平衡和维持体势。

## 740 **cerebrum** /sə'ri:brəm/       *n.* 大脑

- **E** the area of the brain responsible for conscious thought, personality, control of movement and much more
- **译** 大脑是控制有意识思维、性格和操控动作等的脑区域。

## 741 **cerebral** /'serəbrəl/ **hemispheres** /'hemɪsfɪə(r)z/
### 大脑半球

- **E** the two parts of the cerebrum, joined by the corpus callosum
- **译** 大脑半球是大脑的两个部分，由胼胝体连接。

## 742 **cholinergic** /ˌkəʊlɪ'nɜːdʒɪk/ **nerves**   胆碱能神经

- **E** nerves that use Ach as their synaptic neurotransmitter
- **译** 胆碱能神经是将乙酰胆碱作为突触神经递质的神经。

## 743 **cobra** /'kəʊbrə/ **venom** /'venəm/      眼镜蛇毒

- **E** a toxin that binds reversibly to Ach receptors to produce temporary paralysis effect
- **译** 眼镜蛇毒是一种毒素，通过与乙酰胆碱受体可逆结合，可产生暂时的麻痹作用。

## 744 **convergence** /kən'vɜːdʒəns/       *n.* 收束

- **E** the situation where multiple sensory receptors feed into one sensory neurone, so the signal add together to tigger an action potential in the sensory neurone
- **译** 收束是指多个感觉感受器进入一个感觉神经元，因此信号加在一起以触发该感觉神经元的动作电位。

## 745 **dendron** /'dendrɒn/                    *n.* 树突

☐
☐  ⓢ dendrite 树突
☐

## 746 **polarised**                              *n.* 极化

☐
☐  ⓔ (neurone) in the state where the inside of the neuron is
☐  electrostatically more negative relative to the outside
   ⓒ (神经元) 极化是神经元内部相较于外部，神经元静电偏负极
   的一种状态。

## 747 **depolarisation** /diː,pəʊlə,raɪ'zeɪʃn/    *n.* 去极化

☐
☐  ⓔ the condition of a neurone where ion flux causes brief
☐  reversion potential difference across the membrane during an
   action potential
   ⓒ 去极化是一种神经元的状态，指的是动作电位过程中离子流在
   膜上引起短暂的反向电位差。

## 748 **repolarisation** /,riː,pəʊləraɪ'zeɪʃn/    *n.* 再极化

☐
☐  ⓔ the condition of a neurone where ion flux restores potential
☐  difference across the membrane during an action potential;
   occurs after the depolarisation
   ⓒ 再极化是指在去极化后，离子通量在动作电位作用下恢复跨膜
   的电位差。

## 749 **excitatory** /ɪk'saɪtətərɪ/ **post-synaptic potential**
兴奋性突触后电位

☐
☐  ⓔ a postsynaptic potential that makes the postsynaptic neuron
☐  more likely to fire an action potential
   ⓒ 兴奋性突触后电位是一种突触后电位，使突触后神经元更容易
   激发动作电位。

750 **ganglion** /'gæŋgliən/ *n.* 神经节

[E] a collection of nerve cell bodies outside of the central nervous system

[释] 神经节是中枢神经系统外的神经细胞体的集合。

[复] ganglia

751 **generator potential** 发生器电位

[E] a graded response to a stimulus found in the synapse of a sensory receptor

[释] 发生器电位是在感觉感受器突触中的对刺激的分级反应。

752 **grey** /'greɪ/ **matter** /mætə(r)/ 灰质

[E] the cell bodies of neurones in the CNS

[释] 灰质是中枢神经系统神经元的胞体。

753 **habituation** /həˌbɪtʃu'eɪʃn/ *n.* 习惯化

[E] diminishing of an innate response to a frequently repeated stimulus

[释] 习惯化是对频繁重复刺激的先天反应的减弱。

754 **hypothalamus** /ˌhaɪpə'θæləməs/ *n.* 下丘脑

[E] a small area of brain directly above the pituitary gland that controls the activities of the pituitary gland and coordinates the autonomic (unconscious) nervous system

[释] 下丘脑是脑下垂体上方的一个小区域，控制着脑下垂体的活动并协调自主（即无意识的）神经系统。

755 **inhibitory** /ɪn'hɪbɪtərɪ/ **post-synaptic** /ˌpost sɪ'næptɪk/ **potential** 抑制性突触后电位

[E] a postsynaptic potential that makes a postsynaptic neuron less likely to generate an action potential.

[释] 抑制性突触后电位是一种突触后电位，使突触后神经元更难产生动作电位。

## 756 iodopsin /ˌaɪəˈdɒpsɪn/　　　　　　　　　　*n.* 碘蛋白

- **E** the visual pigment in the cones
- **释** 碘蛋白是视锥细胞中的视色素。

## 757 lidocaine /ˈlaɪdəˌkeɪn/　　　　　　　　　　*n.* 利多卡因

- **E** a drug used as a local anaesthetic by blocking voltage-gated sodium channels in post-synaptic in sensory neurones
- **释** 利多卡因是通过阻断感觉神经元突触后电压门控钠通道从而使局部麻醉的一种药物。

## 758 medulla /mɪˈdʌlə/ oblongata /ˌɒblɒŋˈɡɑːtə/　　延髓

- **E** the most primitive part of the brain that controls reflex centres controlling functions such as the breathing rate, heart rate, blood pressure, coughing, sneezing, swallowing, saliva production and peristalsis
- **释** 延髓是大脑中控制反射中心的最原始部分,控制呼吸频率、心率、血压、咳嗽、打喷嚏、吞咽、唾液生成和消化道蠕动等功能。

## 759 nerve　　　　　　　　　　　　　　　　　　*n.* 神经

- **E** bundles of nerve fibres
- **释** 神经即神经纤维束。

## 760 neurone /ˈnjʊərɒn/　　　　　　　　　　　　*n.* 神经元

- **E** a nerve cell; rapidly transmit impulses through an organism
- **释** 神经元即神经细胞, 能够在生物体内快速传播冲动。

## 761 neurotransmitter /ˈnjʊərəʊtrænzmɪtə(r)/　*n.* 神经递质

- **E** a chemical which transmits an impulse across a synapse
- **释** 神经递质是一种通过突触传递脉冲的化学物质。

## 762 **nodes of Ranvier** 郎飞结点

☒ ⓔ gaps between Schwann cells on a myelinated neurone; allows saltatory conduction

☒ ㊉ 郎氏结点是有髓鞘覆盖的神经元上雪旺细胞之间的间隙，可实现跳跃式传导。

## 763 **parasympathetic** /ˌpærəˌsɪmpəˈθetɪk/ **nervous system** 副交感神经系统

☒ ⓔ involves autonomic motor neurones which produce acetylcholine as their neurotransmitter and often have a relatively slow, inhibitory effect on an organ system; these neurones have very long myelinated preganglionic fibres that leave the CNS and synapse in a ganglion very close to the effector organ; postganglionic fibres are very short and unmyelinated

㊉ 副交感神经系统包括可产生乙酰胆碱作为神经递质的自主运动神经元，其对器官系统通常具有相对较慢的抑制作用；自主运动神经元具有很长的髓鞘前神经节纤维，使 CNS 和突触位于非常靠近效应器官的神经节中，节后纤维非常短且没有髓鞘。

## 764 **reflex responses** 反射反应

☒ ⓔ rapid responses that occur without conscious thought

☒ ㊉ 反射反应是在没有意识思考的情况下发生的快速反应。

## 765 **refractory** /rɪˈfræktəri/ **period** 不应期

☒ ⓔ the time it takes for ionic movements to repolarise an area of the membrane and restore the resting potential after an action potential

㊉ 不应期是离子运动使膜的一个区域重新极化并在一个动作电位后恢复静息电位所需要的时间。

## 766 **relative refractory period** 相对不应期

☐
☐ **ᴇ** the period after the absolute refractory period where the fibre
☐ is difficult to reactivate, only possible when the stimulus is
much stronger

**释** 相对不应期是指在绝对不应期之后纤维难以再活化的时期，只
有当刺激更强时才有可能。

## 767 **resting potential** 静息电位

☐
☐ **ᴇ** the state and the potential difference across the plasma
☐ membrane of a neurone when it is not transmitting an
impulse; around -70mV

**释** 静息电位是神经元在不传递脉冲时在质膜上的状态和电位差，
大约为 -70 毫伏。

## 768 **rhodopsin** /rəʊˈdɒpsɪn/ *n.* 视紫红质

☐ **ᴇ** the visual pigment in the rods
☐ **释** 视紫红质是视杆细胞中的视觉色素。
☐

## 769 **rods** /rɒdz/ *n.* 视杆细胞

☐
☐ **ᴇ** rod shaped photoreceptors that contain rhodopsin; respond to
☐ low light intensity and gives black and white vision; sensitive
to movement

**释** 视杆细胞是含有视紫红质的杆状光感受器，对弱光有反应，并
产生黑白景象；视杆细胞对运动敏感。

## 770 **saltatory** /ˈsæltəˌtɔrɪ/ **conduction** 跳跃式传导

☐
☐ **ᴇ** the process by which action potentials are transmitted from
☐ one node of Ranvier to the next in a myelinated nerve

**释** 跳跃式传导是动作电位从有髓神经的一个兰维尔氏结点传递到
下一个结节的过程

**衍** saltatory adj. 跳跃的
of or related to leaping, rather than gradually transitioning
跳跃的即与跳跃相关，而不是逐渐过渡的。

## 771 **Schwann cell** 雪旺细胞

**E** the cell responsible for forming myelin sheath around PNS cells

**释** 雪旺细胞是在 PNS 细胞周围形成髓鞘的细胞。

## 772 **sympathetic** /ˌsɪmpəˈθetɪk/ **nervous system**
交感神经系统

**E** involves autonomic motor neurones which produce noradrenaline as their neurotransmitter and often have a rapid response, activating an organ system; these neurones have very short myelinated preganglionic fibres that leave the CNS and synapse in a ganglion very close to the CNS; postganglionic fibres are long and unmyelinated

**释** 交感神经系统包括可产生去甲肾上腺素作为神经递质的自主运动神经元，通常可以快速反应，从而激活器官系统；这些神经元具有非常短的髓鞘神经节前纤维，这些神经节前纤维离开 CNS 和非常靠近 CNS 的神经节中突触；节后纤维长而无髓。

## 773 **synapse** /ˈsaɪnæps/ *n.* 突触

**E** the junction between two neurones

**释** 突触是两个神经元之间的连接点。

## 774 **synaptic** /saɪˈnæptɪk/ **cleft** /kleft/ 突触裂

**E** the gap between the pre- and post-synaptic membranes in a synapse

**释** 突触裂是突触前和突触后膜之间的间隙。

## 775 **synaptic** /saɪˈnæptɪk/ **knob** /nɒb/ 突触小体

**E** the bulge at the end of a presynaptic neurone

**释** 突触小体是突触前神经元末端的凸起。

## 776 **synaptic vesicle** /'vesɪkl/

突触小泡

- 🇪 membrane-bound sac on the presynaptic knob, containing neurotransmitter molecules; they move to fuse with the presynaptic membrane to release the neurotransmitter
- 🇨 突触小泡是突触前小体上的膜结合囊，含有神经递质分子；突触小泡移动，与突触前膜融合可释放神经递质。

## 777 **thermoregulation** /ˌθɜːməʊreɡjʊˈleɪʃən/ *n.* 温度调节

- 🇪 the homeostatic regulation that controls the internal temperature of an organism
- 🇨 温度调节是控制生物体内部温度的体内稳态调节。

## 778 **thermoregulatory** /ˌθɜːməʊˈreɡjʊlətərɪ/ **centre**

温度调节中心

- 🇪 region of hypothalamus in the brain that monitors and regulates the temperature in body
- 🇨 温度调节中心是大脑中下丘脑的一个区域，该区域监视并调节人体的温度。

## 779 **vasoconstriction** /ˌveɪzəʊkənˈstrɪkʃn/ *n.* 血管收缩

- 🇪 the contraction of muscle walls around blood vessels, leading to reduced blood flow
- 🇨 血管收缩即血管周围肌肉壁的收缩，会导致血流减少。

## 780 **vasodilation** /ˌveɪzəʊdaɪˈleɪʃn/ *n.* 血管舒张

- 🇪 the relaxation of muscle walls around blood vessels, leading to reduced blood flow
- 🇨 血管舒张即血管周围肌肉壁的松弛，会导致血流减少。

## 781 **visual acuity** /əˈkjuːətɪ/

视力

- 🇪 the ability to see clearly in sharp focus
- 🇨 视力是清晰聚焦的能力。

## 782 voluntary nervous system 自愿神经系统

[E] involves motor neurones that are under voluntary or conscious control involving the cerebrum

[释] 自愿神经系统是指涉及自发或意识控制下的运动神经元，包括大脑。

## 783 white matter 白质

[E] the nerve fibres of neurones in the CNS

[释] 白质是 CNS 中神经元的神经纤维。

# 第七小节 Skeletomuscular System 肌肉骨骼系统

扫一扫
听本节音频

## 784 actin /'æktɪn/ *n.* 肌动蛋白

[E] a muscle protein involved in muscle contraction

[释] 肌动蛋白是一种参与肌肉收缩的肌肉蛋白。

## 785 actomyosin /ˌæktəʊ'maɪəsɪn/ *n.* 肌动球蛋白

[E] the chemical produced when cross-bridges form between actin and myosin in the contraction cycle

[释] 肌动球蛋白是肌动蛋白和肌球蛋白在收缩周期中形成交叉桥时产生的化学物质。

## 786 antagonistic /ænˌtægə'nɪstɪk/ pairs 拮抗对

[E] opposite pairs of muscles that pull in opposite directions

[释] 拮抗对是作用相反的肌肉对，向相反的方向牵引。

## 787 bone /bəʊn/ *n.* 骨

[E] strong, calcium-rich tissue that supports and connects in vertebrates

[释] 骨是坚硬的，富钙的组织，在脊椎动物体中起支撑和连接作用。

### 788 **cardiac** /ˈkɑːdiæk/ **muscle**　　　心肌

- **E** muscles which make up the heart; striated but not voluntary
- **释** 心肌是构成心脏的肌肉，有横纹，但不受意志控制。

### 789 **chondrocytes** /kʌdrɒsaɪts/　　　*n.* 软骨细胞

- **E** the cells that are responsible for cartilage synthesis
- **释** 软骨细胞是负责软骨合成的细胞。

### 790 **extensor** /ɪkˈstensə(r)/　　　*n.* 伸肌

- **E** muscle that extend a joint
- **释** 伸肌是伸展关节的肌肉。

### 791 **fast twitch muscle fibre**　　　快肌纤维

- **E** muscle fibre which contracts and fatigues quickly; has low myoglobin content and mitochondria count
- **释** 快肌纤维是一种收缩快、疲劳快、肌红蛋白含量低、线粒体数量少的肌肉纤维。

### 792 **flexor** /ˈfleksə(r)/　　　*n.* 屈肌

- **E** muscle that close or flex a joint
- **释** 屈肌即闭合或弯曲关节的肌肉。

### 793 **ligaments** /ˈlɪɡəmənts/　　　*n.* 韧带

- **E** elastic tissue which forms joint capsules
- **释** 韧带是形成关节囊的弹性组织。

### 794 **myofibril** /ˌmaɪəˈfaɪbrəl/　　　*n.* 肌原纤维

- **E** a long contracting fibre in skeletal muscle cells
- **释** 肌原纤维是骨骼肌细胞中的一种长收缩纤维。

## 795 **myosin** /'maɪəsɪn/                               *n.* 肌球蛋白

☐ **E** a muscle protein involved in muscle contraction
☐ **释** 肌球蛋白是一种参与肌肉收缩的肌肉蛋白。
☐

## 796 **sarcomere** /'saːkəʊˌmɪə/                          *n.* 肌节

☐ **E** a basic unit of muscle
☐ **释** 肌节是肌肉的基本单位。
☐

## 797 **sarcoplasm** /'saːkəʊˌplæzəm/                      *n.* 肌浆

☐ **E** the cytoplasm of a muscle cell
☐ **释** 肌浆是肌细胞的细胞质。
☐

## 798 **sarcoplasmic** /'saːkəʊˌplæzəmɪk/ **reticulum**
/rɪ'tɪkjʊləm/                                            肌浆网

☐ **E** the endoplasmic reticulum in muscle cells
☐ **释** 肌浆网是肌细胞的内质网。
☐

## 799 **skeletal** /ˌskelətl/ **muscle** /'mʌsl/            骨骼肌

☐ **E** muscle with a striped appearance; moves bones connected to
☐   it under voluntary control
☐ **释** 骨骼肌是具有条纹外观的肌肉，在自主控制下可移动与之相连
    的骨骼。
**同** striated muscle 横纹肌；voluntary muscle 随意肌，横纹肌

## 800 **slow twitch muscle fibre**                        慢肌纤维

☐ **E** muscle fibre which contracts and fatigues slowly; has high
☐   myoglobin content and mitochondria count
☐ **释** 慢肌纤维是一种收缩和疲劳较慢的肌纤维，具有较高的肌红蛋
    白含量和线粒体数量。

## 801 **striated** /straɪ'eɪtɪd/ **muscle** 横纹肌

- 圃 skeletal muscle
- 释 横纹肌即骨骼肌。

## 802 **synovial** /saɪ'nəʊvɪəl/ **fluid** 滑液

- E fluid found in joints which provide lubrication
- 释 滑液是关节内的液体，起润滑作用。

## 803 **tendon** /'tendən/ *n.* 肌腱

- E inelastic connective tissues joining muscles to bones
- 释 肌腱是连接肌肉和骨骼的非弹性结缔组织。

## 804 **tropomyosin** /ˌtrɒpəʊ'maɪəsɪn/ *n.* 原肌球蛋白

- E the long chain molecule that covers up myosin binding sites when a muscle is relaxed
- 释 原肌球蛋白是肌肉放松时覆盖肌凝蛋白结合位点的长链分子。

## 805 **troponin** /'træʊpənɪn/ *n.* 肌钙蛋白

- E proteins attached to tropomyosin; change shape with calcium presence to pull away tropomyosin coverage
- 释 肌钙蛋白是附着在原肌凝蛋白上的蛋白质，当钙离子出现时，形状会发生改变，拉开原肌凝蛋白的覆盖。

## 806 **voluntary** *adj.* 自主性的，随意的

- 释 (muscles) controlled consciously
- 释 自主性的即肌肉受意识所控制。

## 807 **white fibrous** /'faɪbrəs/ **tissue** 白色纤维组织

- E inelastic connective tissue made up of bundles of collagen fibres
- 释 白色纤维组织是由胶原纤维束组成的非弹性结缔组织。

## 第八小节 Endocrine System 内分泌系统

扫一扫
听本节音频

808 **antidiuretic** /ˌæntɪˌdaɪjʊˈretɪk/ **hormone** /ˈhɔːməʊn/ 抗利尿激素

[E] hormone produced in the hypothalamus and stored in the posterior pituitary; increases kidney water reabsorption

[释] 抗利尿激素是下丘脑分泌的激素，储存在垂体后叶，可增加肾脏对水的再吸收。

[同] ADH 抗利尿激素

809 **cyclic AMP** 环磷酸腺苷

[E] compound formed from ATP that acts as a intracellular second messenger

[释] 环磷酸腺苷是由作为细胞内第二信使的一种化合物，由 ATP 形成。

810 **exocrine** /ˈeksəʊkraɪn/ *n.* 外分泌

[释] (glands) secreting products onto an epithelium, usually mucus membrane or skin

[释] 外分泌是（腺体）将产物分泌到上皮，通常是黏膜或皮肤上。

811 **growth hormone** /ˈhɔːməʊn/ 生长激素

[E] the hormone secreted by the pituitary gland which stimulates growth

[释] 生长激素是脑下垂体分泌的一种刺激生长的激素。

[同] somatotropin 生长激素

812 **hyperthyroidism** /ˌhaɪpəˈθaɪrɔɪdɪzəm/

*n.* 甲状腺功能亢进症

[E] overactivity of the thyroid gland, resulting in a rapid heartbeat and an increased rate of metabolism

[释] 甲状腺功能亢进症即甲状腺的过度活跃，会导致心跳加速，新陈代谢异常加快。

813 **hypothyroidism** /ˌhaɪpəʊˈθaɪrɔɪdɪzəm/

*n.* 甲状腺功能减退症

[E] abnormally low activity of the thyroid gland, resulting in retardation of growth and mental development in children and adults

[释] 甲状腺功能减退症是指甲状腺功能异常低下，导致儿童和成人生长发育迟缓和智力发育迟缓的病症。

814 **leptin** /ˈleptɪn/ *n.* 瘦素

[E] a protein produced by fat cells that is a hormone acting mainly in the regulation of appetite and fat storage

[释] 瘦素是一种由脂肪细胞产生的蛋白质，是一种主要作用于调节食欲和脂肪储存的激素。

815 **melatonin** /ˌmeləˈtəʊnɪn/ *n.* 褪黑激素

[E] a hormone secreted by the pineal gland which inhibits melanin formation and is thought to be concerned with regulating the reproductive cycle

[释] 褪黑激素是松果体分泌的一种激素，能抑制黑色素的形成，被认为与调节生殖周期有关。

816 **neurosecretory** /ˌnjʊərəʊsɪˈkriːtərɪ/ **cells**

神经分泌细胞

[E] nerve cells that produce secretions that stimulate or inhibit hormone release, or are hormones themselves

[释] 神经分泌细胞是产生特定分泌物的神经细胞，这些分泌物刺激或抑制激素释放，或者本身就是激素。

## 817 paracrine /ˈpærəˌkriːn/ *adj.* 旁分泌的

- Ⓔ (glands) secreting hormones only influencing cells in the gland's proximity
- ㊟ 旁分泌的即（腺体）分泌的激素只影响腺体附近的细胞。

## 818 pineal /paɪˈniːəl/ gland /glænd/ 松果体

- Ⓔ a pea-sized conical mass in the brain, secreting a hormone-like substance in some mammals
- ㊟ 松果体是大脑中一个豌豆大小的圆锥形组织，在一些哺乳动物体内分泌一种类似激素的物质。

## 819 pituitary /pɪˈtjuːɪtəri/ gland 脑垂体

- Ⓔ a pea-sized body attached to the base of the brain; the major endocrine gland. controlling growth and development and the functioning of the other endocrine glands
- ㊟ 脑垂体是一个豌豆大小的部位，位于大脑的底部，是主要的内分泌腺，可控制其他内分泌腺的生长发育和功能。

## 820 release-inhibiting factor 释放抑制因子

- Ⓔ substances that inhibit hormone release in the anterior pituitary
- ㊟ 释放抑制因子是抑制垂体前叶中激素释放的物质。

## 821 releasing factor 释放因子

- Ⓔ substances that stimulate hormone release in the anterior pituitary
- ㊟ 释放因子是刺激垂体前叶中激素释放的物质。

## 822 sensor /ˈsensə(r)/ *n.* 感受器

- Ⓔ a specialised cell that is sensitive to particular changes in the environment; generally, a structure that senses environmental information and feed it to the processor
- ㊟ 感受器是一种特殊的细胞，对环境的特定变化非常敏感，通常是一种感知环境信息并将其输入处理器的结构。

823 **thyroid** /ˈθaɪrɔɪd/　　　　　　　　　　*n.* 甲状腺

☐
☐　🅔 a large ductless gland in the neck which secretes hormones
☐　　regulating growth and development through the rate of
　　metabolism
　🅡 甲状腺是颈部的巨大的无导管腺体，通过代谢率分泌激素以调
　　节生长发育。

824 **thyroxine** /θaɪˈrɒksiːn/　　　　　　　　*n.* 甲状腺素

☐
☐　🅔 a hormone that regulates metabolism rate
☐　🅡 甲状腺素是一种调节代谢率的激素。

扫一扫
听本节音频

**第九小节　Reproductive System 生殖系统**

825 **acrosome** /ˈækrəˌsəʊm/　　　　　　　　*n.* 顶体

☐
☐　🅔 an organelle covering the head of animal sperm and
☐　　containing enzymes that digest the egg cell coating
　🅡 顶体是一种覆盖在动物精子头部的细胞器，含有能消化卵细胞
　　外壳的酶。

826 **corpus** /ˈkɔːpəs/ **luteum** /ˈluːtɪəm/　　　黄体

☐
☐　🅔 the temporary structure developed from the follicle post
☐　　ovulation, involved in the production of progesterone and
　　oestradiol
　🅡 黄体是卵泡在排卵后形成的临时结构，参与生成黄体酮和雌二醇。

827 **acrosome** /ˈækrəˌsəʊm/ **reaction**　　　顶体反应

☐
☐　🅔 the reaction before fertilisation where the contents of the
☐　　acrosome are released outward to dissolve the zona pellucida
　🅡 顶体反应是受精前的反应，顶体的内容物释放而出以溶解透明带。

## 828 **cortical** /ˈkɔːtɪkl/ **reaction** 皮质反应

- ☐ **E** the process initiated during fertilization by the release of cortical granules from the egg, which prevents polyspermy; creates an impermeable cortical granule layer
- **释** 皮质反应是受精过程中由卵细胞释放皮质颗粒所引发的过程，可阻止多精子的形成，形成不渗透的皮质颗粒层。

## 829 **androgen** /ˈændrədʒən/ *n.* 雄激素

- ☐ **E** a male sex hormone
- **释** 雄激素是一种雄性激素。

## 830 **oestradiol** /ˌiːstrəˈdaɪɒl/ *n.* 雌二醇

- ☐ **E** the most important type of oesterogen; a steroid hormone
- **释** 雌二醇是最重要的雌激素类型，是一种类固醇激素。

## 831 **follicle** /ˈfɒlɪkl/ *n.* 卵泡

- ☐ **E** a cell aggregation found in the ovaries, capable of releasing an egg cell during a menstrual cycle
- **释** 卵泡是在卵巢中发现的一种细胞聚集，能够在月经周期中释放一个卵细胞。

## 832 **follicle** /ˈfɒlɪkl/ **stimulating hormone**
/ˈhɔːməʊn/ 卵泡刺激素

- ☐ **E** one of the hormones essential to pubertal development; during a menstrual cycle, stimulate the growth of follicles before the ovulation and enhance oestradiol production
- **释** 卵泡刺激素是青春期发育所必需的激素之一，在月经周期内，刺激卵泡在排卵前生长，并促进雌二醇的产生。

## 833 **gonadotropin** /ˌgəʊˌnædəʊˈtrəʊpɪn/ *n.* 促性腺激素

- ☐ **E** a hormone that stimulate the gonad to release sex hormones
- **释** 促性腺激素是一种刺激性腺释放性激素的激素。

## 834 gonadotropin releasing hormone 促性腺激素释放激素

[E] the hormone released by the hypothalamus that targets the anterior pituitary gland to stimulate LH and FSH release

[释] 促性腺激素释放激素是下丘脑释放的激素，作用于脑下垂体前叶，刺激促黄体激素和卵泡刺激素的释放。

## 835 internal fertilisation /ˌfɜːtəlaɪˈzeɪʃn/ 体内受精

[E] a mode of reproduction in which a male organism's sperm fertilizes a female organism's egg inside of the female's body

[释] 体内受精是一种利用男性的精子使女性体内的卵子受精的生殖方式。

## 836 external fertilisation 体外受精

[E] a mode of reproduction in which a male organism's sperm fertilizes a female organism's egg outside of the female's body

[释] 体外受精是一种雄性生物体的精子与雌性生物体的卵子在雌性体外受精的生殖方式。

## 837 luteinising /ˈluːtiːnˌaɪzɪŋ/ hormone 促黄体激素

[E] a hormone produced by gonadotropic cells in the anterior pituitary gland; in the menstrual cycle, triggers ovulation and stimulates the development of the corpus luteum

[释] 促黄体激素是由脑下垂体前叶促性腺细胞在月经周期内产生的一种激素，能触发排卵，刺激黄体发育。

## 838 menstrual /ˈmenstruəl/ cycle 月经周期

[E] the process of ovulation and menstruation in women and other female primates

[释] 月经周期是女性和其他雌性灵长类动物排卵和月经的过程。

## 839 oestrogen /ˈiːstrədʒən/ *n.* 雌激素

[E] a female hormone

[释] 雌激素是一种女性荷尔蒙。

## 840 **ovulation** /ˌɒvjuˈleɪʃn/      *n.* 排卵

- **E** discharge of ova or ovules from the ovary
- **释** 排卵是从卵巢排出的卵子或胚珠。

## 841 **placenta** /pləˈsentə/      *n.* 胎盘

- **E** a flattened circular organ in the uterus of pregnant mammals, nourishing and maintaining the fetus through the umbilical cord, developed from the fertilized egg
- **释** 胎盘是怀孕的哺乳动物子宫内扁平的圆形器官，由受精卵发育而来，通过脐带滋养和维系胎儿生长。

## 842 **polyspermy** /ˈpɒlɪspɜːmɪ/      *n.* 多精受精

- **E** the fertilisation of an egg by multiple sperm, resulting an abnormal zygote
- **释** 多精受精是由多个精子受精而产生的异常受精卵。

## 843 **progesterone** /prəˈdʒestərəun/      *n.* 黄体酮

- **E** a steroid hormone released by the corpus luteum that stimulates the uterus to prepare for pregnancy
- **释** 黄体酮是一种由黄体释放的类固醇激素，促进子宫为怀孕作准备。

## 844 **testosterone** /teˈstɒstərəun/      *n.* 睾丸素

- **E** a steroid hormone that stimulates development of male secondary sexual characteristics; also present in the ovaries
- **释** 睾丸素是一种甾体激素，刺激男性第二性征的发育；也存在于卵巢中。

## 845 **zona** /ˈzouna/ **pellucida** /pəˈlusɪda/      透明带

- **E** the thick transparent membrane surrounding a mammalian ovum before implantation
- **释** 透明带是哺乳动物卵子着床前的一层厚厚的透明膜。

第一小节　Structure and Transport in Plants
植物结构与运输

扫一扫
听本节音频

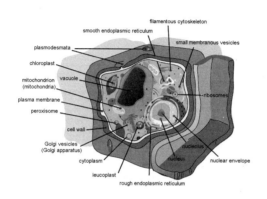

filamentous cytoskeleton
smooth endoplasmic reticulum
small membranous vesicles
plasmodesmata
chloroplast
mitochondrion (mitochondria)
vacuole
ribosomes
plasma membrane
peroxisome
cell wall
Golgi vesicles (Golgi apparatus)
nucleolus
cytoplasm
nucleus
nuclear envelope
leucoplast
rough endoplasmic reticulum

---

846　**aerenchyma** /eə'reŋkɪmə/　　　　　　*n.* 气孔

- **E** plant tissue containing air spaces
- **译** 气孔是含有空隙的植物组织。

847　**amyloplast** /'æmɪləʊ,plæst/　　　　　　*n.* 淀粉质体

- **E** an organelle that produce and store starch within internal membrane compartments
- **译** 淀粉质体是一种内部膜室产生和储存淀粉的细胞器。

848　**apoplast** /'æpə,plæst/　　　　　　*n.* 质外体

- **E** the apoplast is the space outside the plasma membrane within which material can diffuse freely
- **译** 质外体是质膜外的空间，在质膜内物质可以自由扩散。

## 849 **cambium** /ˈkæmbɪəm/　　　　　　　　　　　　n. 形成层

- **E** a cellular plant tissue from which phloem, xylem, or cork grows by division
- **释** 形成层是一种细胞构成的植物组织，韧皮部、木质部或软木都是通过分裂从中生长出来的。

## 850 **middle lamella** /ləˈmelə/　　　　　　　　　　　中胶层

- **E** a layer which cements the cell walls of two adjoining plant cells together; contains magnesium and calcium pectates
- **释** 中胶层是将两个相邻植物细胞的细胞壁黏合在一起的一层，含有镁和果胶酸钙。

## 851 **carbon** /ˌkɑːbən/ **neutral** /ˈnjuːtrəl/　　　　碳中性

- **E** making no net release of carbon dioxide to the atmosphere
- **释** 碳中性是指不向大气中排放二氧化碳。

## 852 **Casparian** /kæˈspɛərɪən/ **strip**　　　　　　　凯氏带

- **E** a band of cell wall material deposited in the radial and transverse walls of the endodermis, filled with suberin to break the apoplast water transport
- **释** 凯氏带是一条环绕在根内皮层的径向壁和横向壁上的木栓质带状细胞壁物质，其木栓质可破坏质外体的水传输。

## 853 **cell sap**　　　　　　　　　　　　　　　　　　细胞液

- **E** The liquid inside the large central vacuole of a plant cell, serves as material storage and provides support
- **释** 细胞液是植物细胞中央大液泡内的液体，起着物质储存和给养的作用。

## 854 **collenchyma** /kəˈleŋkɪmə/　　　　　　　　　n. 厚角组织

- **E** a type of ground tissue strengthened by the thickening of cell walls, as in young shoots.
- **释** 厚角组织是一种像幼芽一样通过细胞壁增厚而增强的基质组织。

## 855 **dermal** /'dɜːməl/ **tissue** 真皮组织

☐ **E** the plant tissue system that protects the soft tissues of plants
☐ and controls interactions with the plants' surroundings
☐ **释** 真皮组织是保护植物软组织和控制与植物周围环境相互作用的
植物组织系统。

## 856 **ground tissue** 基本组织

☐ **E** all tissues that are neither dermal nor vascular
☐ **释** 基本组织是指既不是皮肤组织也不是血管组织的所有组织。
☐

## 857 **endodermis** /ˌendəʊˈdɜːmɪs/ *n.* 内皮

☐ **E** a single layer of cells that borders the cortex of a root
☐ **释** 内皮是与根的皮层相邻的单层细胞。
☐

## 858 **flaccid** /'flæsɪd/ *adj.* 松弛的

☐ **E** soft and weak; not hard
☐ **释** 软弱的；不结实的
☐ **回** floppy *adj.* 松弛的

## 859 **hemicellulose** /ˌhemɪˈseljʊˌləʊz/ *n.* 半纤维素

☐ **E** a class of substances which occur as constituents of the cell
☐ walls of plants and are polysaccharides of simpler structure
☐ than cellulose
**释** 半纤维素是一类组成植物细胞壁的物质，是比纤维素结构简单
的多糖。

## 860 **lignin** /'lɪgnɪn/ *n.* 木质素

☐ **E** a complex organic polymer deposited in the cell walls of many
☐ plants, making them rigid and woody
☐ **释** 木质素是一种复杂的有机聚合物,沉积在许多植物的细胞壁上,
使它们变得坚硬和木质化。

## 861 **monocotyledon** /ˌmɒnəʊˌkɒtɪˈliːdn/    *n.* 单子叶植物

- 🇪 a flowering plant with an embryo that bears one cotyledon
- 🇨 单子叶植物是一种有花植物，其胚胎有一个子叶。

## 862 **dicotyledon** /ˌdaɪkɒtɪˈliːdən/    *n.* 双子叶植物

- 🇪 a flowering plant with an embryo that bears two cotyledons
- 🇨 双子叶植物是一种有花植物，其胚胎有两个子叶。

## 863 **parenchyma** /pəˈreŋkɪmə/    *n.* 薄壁组织

- 🇪 a type of ground tissue that is typically soft and succulent, found chiefly in the softer parts of leaves
- 🇨 薄壁组织是一种以柔软多汁为典型特征的基本组织，主要存在于叶子组织柔软的部分。

## 864 **sclerenchyma** /sklɪəˈreŋkɪmə/    *n.* 厚壁组织

- 🇪 a type of ground tissue that is the main strengthening tissue in a plant, formed from cells with thickened, typically lignified, walls
- 🇨 厚壁组织是一种基质组织，是植物的主要增强组织，由壁增厚的细胞形成，通常是木质化的。

## 865 **pectin** /ˈpektɪn/    *n.* 果胶

- 🇪 a structural acidic polysaccharide contained in the primary cell walls of terrestrial plants
- 🇨 果胶是陆生植物原细胞壁中所含的一种结构酸性多糖。

## 866 **pericycle** /ˈperɪˌsaɪkəl/    *n.* 中柱鞘

- 🇪 a thin layer of plant tissue between the endodermis and the phloem
- 🇨 中柱鞘是位于内胚层和韧皮部之间的一层薄薄的植物组织。

## 867 **pit** /pɪt/         *n.* 孔隙

- **E** thin portions of the cell wall that adjacent cells can communic ate or exchange fluid through
- **释** 孔隙是细胞壁的薄层，相邻细胞可以通过它交流或交换液体。

## 868 **pith** /pɪθ/         *n.* 髓

- **E** the spongy cellular tissue in the stems and branches
- **释** 髓是茎和分枝上的海绵状细胞组织。

## 869 **plasmodesma** /ˌplæzməˈdezmə/         *n.* 胞间连丝

- **E** a narrow thread of cytoplasm that passes through the cell walls of adjacent plant cells and allows communication between them
- **释** 胞间连丝是一种细胞质的细线，穿过邻近植物细胞的细胞壁，使它们之间得以交流。
- **复** plasmodesmata

## 870 **potometer** /pəˈtɒmɪtə/         *n.* 蒸腾计

- **E** a device used for measuring the rate of water uptake of a plant, to measure transpiration rate
- **释** 蒸腾计是一种用来测量植物吸收水分速率的仪器，用来测量蒸腾速率。

## 871 **primary cell wall**         初生细胞壁

- **E** a structural layer surrounding some types of cells, just outside the cell membrane
- **释** 初生细胞壁是围绕着某些类型细胞的结构层，就在细胞膜的外面。

## 872 **secondary cell wall**         次生细胞壁

- **E** a structure found in many plant cells, located between the primary cell wall and the plasma membrane
- **释** 次级细胞壁是许多植物细胞中存在的一种结构，位于初级细胞壁和质膜之间。

## 873 **sclereid** /'sklɪərɪɪd/　　　　　　*n.* 石细胞

- ☐
- ☐　**E** a reduced form of sclerenchyma cells with highly thickened,
- ☐　lignified cellular walls that form small bundles of durable
  layers of tissue in most plants
- **释** 石细胞是厚壁组织细胞的一种简化形式，其细胞壁高度增厚、木质化，在大多数植物中形成小束持久的组织层。

## 874 **suberin** /'sjuːbərɪn/　　　　　　*n.* 木栓质

- ☐
- ☐　**E** an inert impermeable waxy substance present in the cell walls
- ☐　of corky tissues
- **释** 木栓质是一种惰性的不渗透的蜡质物质，存在于软木组织的细胞壁中。

## 875 **symplast** /'sɪmplæst/　　　　　　*n.* 共质体

- ☐　**E** a continuous network of interconnected plant cell protoplasts
- ☐　**释** 共质体是由相互连接的植物细胞原生质体组成的连续网络。
- ☐

## 876 **tensile** /'tensaɪl/ **strength**　　　　　　抗拉强度

- ☐
- ☐　**E** the resistance of a material to breaking under tension; the
- ☐　stress required to break a material
- **释** 抗拉强度是指材料在拉力作用下抵抗断裂的能力，等于破坏该材料所需的应力。

## 877 **tonoplast** /'təʊnə,plæst/　　　　　　*n.* 液泡膜

- ☐　**E** the membrane of vacuoles in plant cells
- ☐　**释** 液泡膜是植物细胞中液泡的膜。
- ☐

## 878 **translocation** /,trænzləʊ'keɪʃən/　　　　　　*n.* 易位

- ☐　**E** the transport of sugar in phloem
- ☐　**释** 易位是糖在韧皮部的运输。
- ☐

879 **turgid** /ˈtɜːdʒɪd/                                                      *adj.* 鼓胀的

- ☐ **⒠** swollen
- ☐ **⒭** 鼓胀的即肿胀。
- ☐

880 **vascular** /ˈvæskjələ(r)/ **bundle**                              维管束

- ☐ **⒠** a strand of conducting vessels in the stem or leaves of a plant,
- ☐   typically with phloem on the outside and xylem on the inside
- ☐ **⒭** 维管束是植物茎部或叶部的一束传导血管，通常韧皮部在外部，
      木质部在内部。

881 **vascular tissue**                                                          血管组织

- ☐ **⒠** the tissue in higher plants that constitutes the vascular
- ☐   system, consisting of phloem and xylem
- ☐ **⒭** 血管组织是高等植物中构成维管系统的组织，由韧皮部和木质
      部组成。

882 **xerophyte** /ˈzɪərəˌfaɪt/                                          *n.* 旱生植物

- ☐ **⒠** a plant which needs very little water, adapted to arid environment
- ☐ **⒭** 旱生植物是一种需水量少，适应干旱环境的植物。
- ☐

## 第二小节　Reproduction in Plants 植物繁殖

扫一扫
听本节音频

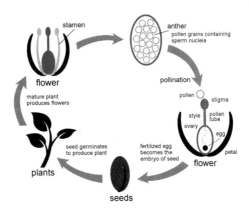

---

### 883 **double fertilisation** 双受精

- **E** the fertilisation mechanism of flowering plants, involving joining of a female gametophyte with two male gametes
- **释** 双受精是开花植物的受精机制，包括一个雌配子体与两个雄配子的结合。

---

### 884 **gametophyte** /gəˈmiːtəʊˌfaɪt/ *n.* 配子体

- **E** the sexual phase in the life cycle of plants and algae
- **释** 配子体是植物和藻类生命周期中的有性阶段。

---

### 885 **pollen** /ˈpɒlən/ **tube** /tjuːb/ 花粉管

- **E** a hollow tube which develops from a pollen grain when deposited on the stigma of a flower
- **释** 花粉管是由花粉粒在花柱头上沉积而成的中空管。

---

886 **sporophyte** /'spɔːrəʊ,faɪt/      *n.* 孢子体

释 (in the life cycle of plants with alternating generations) the asexual and usually diploid phase, producing spores from which the gametophyte arises

释 孢子体是（在植物世代交替的生命周期中）无性世代中产生孢子的和具二倍体染色体的植物体，孢子形成配子体。

**第三小节　Plant Coordination 植物协调**

扫一扫
听本节音频

887 **abscisic** /æb'sɪsɪk/ **acid**      脱落酸

E a plant hormone which promotes leaf detachment; a stress hormone

释 脱落酸是一种促进叶片脱落的植物激素，是一种应激激素。

888 **day-neutral plants**      日中性植物

E plants whose flowering is not affected by the length of time they are exposed to light or dark

释 日中性植物是指开花时间不受光照或黑暗影响的植物。

889 **short-day plants**      短日照植物

E plants that flower when days are short and nights are long

释 短日照植物是指白天短而夜晚长时开花的植物。

例 SDPs 短日照植物

890 **long-day plants**      长日照植物

E plants that flower when days are long and nights are short

释 长日照植物是指白天长而夜晚短时开花的植物。

891 **red light**      红光

E light with a wavelength of 620-700 nm, which is detected by plants using phytochromes

释 红光是波长为 620-700 纳米的光，由植物利用光敏色素来检测。

## 892　far red light

远红光

☐
☐
☐

**(E)** light with a wavelength of 700-800 nm, which is detected by plants using phytochromes

**(释)** 远红光是波长为 700-800 纳米的光，植物利用光敏色素对其进行检测。

## 893　florigen /ˈflɒrɪdʒən/

*n.* 荧光素

☐
☐
☐

**(E)** plant hormone which appears to be involved in the photoperiodic response; it may be FTmRNA

**(释)** 荧光素是一种参与光周期反应的植物激素，可能是南芥信使 RNA（核糖核酸）。

## 894　gibberellins /ˌdʒɪbəˈrelɪns/

*n.* 赤霉素

☐
☐
☐

**(E)** plant hormones that act as growth regulators, particularly in the internodes of stems, by stimulating elongation of the growing cells; they also promote the growth of fruit and are involved in breaking dormancy in seeds and in germination

**(释)** 赤霉素是一种具有植物激素，可以通过刺激细胞的伸长进行生长调节，尤其是节间伸长过程；赤霉素可促进果实的生长，发芽过程中解除种子休眠的过程也有赤霉素参与。

## 895　green fluorescent /ˌflɔːˈresnt/ protein

绿色荧光蛋白

☐
☐

**(E)** the product of a gene often used as a marker in the production of recombinant DNA

**(释)** 绿色荧光蛋白是一种基因产物，在重组 DNA 的生产过程中常起到标记物的作用。

## 896　phytochrome /ˈfaɪtəʊˌkrəʊm/

*n.* 植物色素

☐
☐

**(E)** a plant pigment that reacts with different types of light, and as a result affects the responses of the plant

**(释)** 植物色素是一种细胞液色素，能与不同类型的光发生反应，从而影响植物反应。

## Ecology 生态学

第一小节　Ecosystem and Conservation
生态系统与生态保护

扫一扫
听本节音频

### 897　**biotic factor**　　　　生物因子

- ⓔ the living elements of a habitat
- 釋 生物因子是栖息地的生存要素。

### 898　**abiotic** /ˌeɪbaɪˈɒtɪk/ **factor**　　　　非生物因子

- ⓔ the non-living elements of the habitat of an organism
- 釋 非生物因子是生物栖息地的非生物元素。

### 899　**biome** /ˈbaɪəʊm/　　　　*n.* 生物群落

- ⓔ the major types of ecosystems
- 釋 生物群落是生态系统的主要类型。

### 900　**biosphere** /ˈbaɪəʊsfɪə(r)/　　　　*n.* 生物圈

- ⓔ the collective space around the Earth where all living organisms survive
- 釋 生物圈是地球周围所有生物生存的集体空间。

### 901　**captive breeding programme**
圈养繁殖计划

- ⓔ the process of maintaining plants or animals in controlled environments; a form of ex-situ conservation
- 釋 圈养繁殖计划是在受控环境中维持动植物的过程，是迁地保护的一种形式。

## 902 **climate** /ˈklaɪmət/     *n.* 气候

- ☐ Ⓔ the average weather in a relatively large area
- ☐ Ⓡ 气候是一个（范围较大的）地区的天气平均状况。
- ☐

## 903 **microclimate** /ˈmaɪkrəʊklaɪmət/     *n.* 小气候

- ☐ Ⓔ a small area with a distinct climate that is different from surrounding areas
- ☐ Ⓡ 小气候是指气候与周围地区不同的一个小区域的气候。
- ☐

## 904 **community** /kəˈmjuːnəti/     *n.* 群落

- ☐ Ⓔ all the populations of different species in a habitat
- ☐ Ⓡ 群落是指一个栖息地内所有不同种群的集合。
- ☐

## 905 **climax community**     顶极群落

- ☐ Ⓔ a self-sustaining community with relatively constant biodiversity and species range
- ☐ Ⓡ 顶极群落是一个具有相对恒定的生物多样性和物种范围的可自给自足的群落。
- ☐

## 906 **climatic climax community**     气候顶极群落

- ☐ Ⓔ the climax community at a certain given climate
- ☐ Ⓡ 气候顶极群落是指一定气候条件下的顶极群落。
- ☐

## 907 **colonisation** /ˌkɒlənaɪˈzeɪʃn/     *n.* 定植

- ☐ Ⓔ the process of species spreading to new areas
- ☐ Ⓡ 定植是物种向新地区扩张的过程。
- ☐

## 908 **dendrochronology** /ˌdendrəʊkrəˈnɒlədʒi/     *n.* 树木年代学

- ☐ Ⓔ the dating of past events using tree growth
- ☐ Ⓡ 树木年代学是以树木生长来测定过去事件所发生年代的一门学科。
- ☐

## 909 **density dependent factor**     密度依赖性因子

- ☐ **Ⓔ** a factor limiting the size of a population whose effect vary with
- ☐ the population density
- ☐ **㉑** 密度依赖性因子是限制种群规模的因子，其影响随种群密度的
  变化而变化。

## 910 **density independent factor**     密度无关因子

- ☐ **Ⓔ** a factor limiting the size of a population whose effect is not
- ☐ dependent on the number of individuals in the population
- ☐ **㉑** 密度无关因子是限制种群规模的因素，种群中个体的数量与该
  因素的影响无关。

## 911 **edaphic** /ɪ'dæfɪk/ **factors**     土壤因素

- ☐ **Ⓔ** factors that relate to the structure of the soil
- ☐ **㉑** 土壤因素是与土壤结构有关的因子。
- ☐

## 912 **ex-situ** /eks sɪtju:/ **conservation**     迁地保护

- ☐ **Ⓔ** conservation outside of natural habitats, in zoos and labs and
- ☐ alike
- ☐ **㉑** 迁地保护是指把动物迁移到自然栖息地以外加以保护，如动物
  园、实验室等。

## 913 **food chain** /'fu:d tʃeɪn/     n. 食物链

- ☐ **Ⓔ** a model of modelling feeding relationships in an ecosystem as
- ☐ a chain of predation
- ☐ **㉑** 食物链是将生态系统中的捕食关系构成食物链的一种模型。

## 914 **greenhouse** /ˌgri:nhaʊs/ **gases** /'gæsɪz/     温室气体

- ☐ **Ⓔ** a group of gas that are involved in the greenhouse effect,
- ☐ including carbon dioxide, methane, water, etc.
- ☐ **㉑** 温室气体是一组与温室效应有关的气体，包括二氧化碳、甲烷、
  水等。

## 915 **gross primary productivity** 总初级生产力

- 🅔 the rate at which new material (mass) is made, measured as mass per unit area per year
- 🅡 总初级生产力是生产新材料（质量）的速度，以每年每单位面积的质量来衡量。

## 916 **secondary production** 次级生产

- 🅔 the process of making new animal biomass from plant mineral
- 🅡 次级生产是从植物矿物中提取新的动物生物量的过程。

## 917 **habitat** /ˈhæbɪtæt/ *n.* 栖息地

- 🅔 the place where an organism lives
- 🅡 栖息地是生物生存的地方。

## 918 **in-situ** /ɪn sɪtjuː/ **conservation** 原位保护

- 🅔 conservation in the natural habitats of the organism
- 🅡 原位保护是指将生物在原本的自然栖息地进行保护的过程。

## 919 **interglacial** /ˌɪntəˈɡleɪsɪəl/ *n.* 间冰期

- 🅔 the relatively warm periods in between ice ages
- 🅡 间冰期是冰期之间相对温暖的时期。

## 920 **interspecific** /ˌɪntəspəˈsɪfɪk/ *adj.* 种间的

- 🅔 in between different species
- 🅡 种间的即不同物种之间的。

## 921 **intraspecific** /ˌɪntrəspəˈsɪfɪk/ *adj.* 种内的

- 🅔 within a species
- 🅡 种内的即一个物种内的。

## 922 **leaching** /li:tʃɪŋ/    *n.* 浸出

- 🇪 the loss of minerals from soil as water passes through
- 🇨 浸出是当水流过时土壤中矿物质的丧失。

## 923 **microhabitat** /ˌmaɪkrəʊˈhæbəˌtæt/    *n.* 微生境

- 🇪 a small habitat
- 🇨 微生境是指小的生态环境。

## 924 **net primary productivity**    净初级生产力

- 🇪 the material produced by photosynthesis and stored as new tissues; NPP = GPP - loss from respiration
- 🇨 净初级生产力是指光合作用产生的物质以新的组织形式储存起来，即净初级生产力 = 总初级生产力 - 呼吸作用损失。

## 925 **niche** /niːʃ/    *n.* 生态位

- 🇪 the role of an organism within its habitat
- 🇨 生态位是生物体在其栖息地内所起的作用。

## 926 **nitrogen** /ˈnaɪtrədʒən/ **cycle**    氮循环

- 🇪 the recycling between living things and the environment by the action of microorganisms
- 🇨 氮循环是生物与环境在微生物作用下的再循环。

## 927 **pioneer species**    先锋物种

- 🇪 species that are first to colonise a new ecosystem
- 🇨 先锋物种是第一个在新的生态系统中定植的物种。

## 928 **plagioclimax** /ˌpleɪdʒɪəʊˈklaɪmæks/    *n.* 偏斜顶极

- 🇪 a climax community that has human activity involved
- 🇨 偏斜顶极是一个涉及人类活动的顶极群落。

## 929 **population** /ˌpɒpjuˈleɪʃn/  *n.* 种群

- ⓔ a group of organisms of the same species, living and breeding together in a habitat
- ㉑ 种群是属于相同物种的一群生物体，他们（它们）在同一个栖息地共同生活和繁衍。

## 930 **predator** /ˈpredətə(r)/  *n.* 捕食者

- ⓔ an organism which hunts and eats other organisms
- ㉑ 捕食者是指以其他生物体为食的生物体。

## 931 **prey** /preɪ/  *n.* 猎物

- ⓔ an organism which is hunted and eaten by predators
- ㉑ 猎物是指被捕食者捕食的生物体。

## 932 **succession** /səkˈseʃn/  *n.* 演替

- ⓔ the process by which a community change over time
- ㉑ 演替是一个群落随时间变化的过程。

## 933 **weather** /ˈweðə(r)/  *n.* 天气

- ⓔ the conditions in the atmosphere at a particular time
- ㉑ 天气是某一特定时间的大气状态。

---

第二小节　Ecological Study and Biostatistics
　　　　　生态研究与生物统计学

扫一扫
听本节音频

## 934 **abundance** /əˈbʌndəns/  *n.* 丰度

- ⓔ the relative representation of a species in a particular ecosystem
- ㉑ 丰度是物种在特定生态系统中的相对表现程度。

## 935 **relative species abundance** 相对物种丰度

- 🇪 the relative number of species in an area
- 🇨 相对物种丰度是指一个地区物种的相对数量。

## 936 **species richness** 物种丰富度

- 🇪 the number of different species in an area
- 🇨 物种丰富度是指一个区域内不同物种的数量。

## 937 **allele** /əˈliːl/ **frequency** 等位基因频率

- 🇪 the relative frequency of an allele at a particular locus in a population
- 🇨 等位基因频率是等位基因在种群中特定位点的相对频率。

## 938 **belt transect** /trænˈsekt/ 样带

- 🇪 an approach to sample quadrats below a line transect
- 🇨 样带是在样线下方取样方的一种采样方法。

## 939 **chi squared test** 卡方检验

- 🇪 a statistical test to determine whether the distribution of a group is the same as a given value
- 🇨 卡方检验是一种统计检验，用来确定一组的分布是否与给定值相同。

## 940 **biodiversity** /ˌbaɪəʊdaɪˈvɜːsəti/ **hotspot** 生物多样性热点

- 🇪 an area with a particular high level of biodiversity
- 🇨 生物多样性热点即生物多样性程度很高的地区。

## 941 **diversity index** 多样性指数

- 🇪 a quantitative measure that reflects how many different types (such as species) there are in a dataset (a community)
- 🇨 多样性指数是反映一个数据集（如一个群落）中有多少不同类型（如物种）的定量度量。

## 942 **genetic diversity**　　　遗传多样性

- **E** the diversity of genes within a population
- **释** 遗传多样性是指一个种群中基因的多样性。

## 943 **habitat diversity**　　　生境多样性

- **E** the diversity of types of habitats in an ecosystem
- **释** 生境多样性是指生态系统中生境类型的多样性。

## 944 **endemic** /en'demɪk/　　　*adj.* 地方性的

- **E** a species that evolves in geographical isolation and is found in only one place
- **释** 地方性的即一个物种在隔离的地理环境中进化，只在一个地区出现。

## 945 **null** /'nʌl/ **hypothesis** /haɪpɒθəsɪs/　　　零假设

- **E** the hypothesis that is made to perform calculations for the statistical test
- **释** 零假设是为进行统计检验所需的计算而做出的假设。

## 946 **quadrat** /'kwɒdrət/　　　*n.* 样方

- **E** a sample area used in measurement in ecology studies
- **释** 样方是生态学研究中用于测量的取样区域。

## 947 **line transect** /træn'sekt/　　　样线

- **E** a systematic approach to collect data with a stretched tape, and individual organisms that touch the tape is recorded
- **释** 样线是一种用测绳收集数据并把接触到测绳的生物个体记录下来的系统化取样方法。

948 **Spearman's rank correlation** /ˌkɒrəˈleɪʃn/
**coefficient** /ˌkəʊɪˈfɪʃnt/ 斯皮尔曼等级相关系数

- **E** a statistical tool used to test whether two groups of data are significantly correlated
- **释** 斯皮尔曼等级相关系数是检验两组数据是否显著相关的统计工具。

949 **student's t-test** 学生 t 检验

- **E** a statistical test to determine whether the mean of two sets of data are significantly different
- **释** 学生 t 检验是确定两组数据的均值是否存在显著性差异的统计检验。

## 第十节

# Medical Science 医学

### 第一小节　Medical Science, Medical Study and Drugs 医学，医学研究与药物

扫一扫
听本节音频

950 **acquired immunodeficiency** /ˌimjʊnəʊdɪˈfɪʃənsɪ/ **syndrome** /ˈsɪndrəʊm/ 获得性免疫缺陷综合征

[E] the disease which results from the destruction of the T helper cells as a result of HIV infection

[释] 获得性免疫缺陷综合征是因感染艾滋病病毒，使 T 辅助细胞受损而导致的疾病。

951 **anthropogenic** /ˌænθrəpəʊˈdʒenɪk/ *n.* 人为的

[E] produced by human

[释] 人为的即由人类造成的。

952 **aseptic** /ˌeɪˈseptɪk/ **technique** 无菌技术

[E] the series of techniques that concerns the state of being free from disease-causing micro-organisms

[释] 无菌技术是指一系列营造不存在致病微生物状态的技术。

953 **bacterial** /bækˈtɪəriəl/ **flora** /ˈflɔːrə/ 细菌菌群

[E] the sum of all microorganism species in a specific region of a body

[释] 细菌菌群是人体某一特定区域内所有微生物物种的集和。

## 954 bias /'baɪəs/

n. 偏见

- **E** prejudice in favour of or against one thing, person; in the context of medical studies, may influence the outcome of a study
- **释** 偏见是指对某物或某人有利或不利的预设看法；进行医学研究时，偏见可能对研究结果造成影响。

## 955 blood-brain barrier

血脑屏障

- **E** a barrier formed by the endothelial cells that line the capillaries of the brain which are very tightly joined together, making it difficult for bacteria to cross into the brain but also making it difficult for therapeutic drugs to enter brain
- **释** 血脑屏障是由排列在大脑毛细血管周围的内皮细胞形成的屏障，这些细胞紧密相连，不仅使细菌难穿透该屏障抵达大脑，治疗药物也因此很难进入大脑。

## 956 calibration /ˌkælɪ'breɪʃn/

n. 校准

- **E** checking measurement values given by one system against another with known accuracy
- **释** 校准是依据已有标准检验两个不同系统所给值是否准确的方法。

## 957 capsid /'kæpsɪd/

n. 衣壳

- **E** the protein coat of a virus
- **释** 衣壳是病毒的蛋白质外壳。

## 958 capsomere /'kæpsə,mɪə/

n. 壳粒

- **E** the repeating protein that makes up the capsid
- **释** 壳粒是构成衣壳的重复蛋白质。

## 959 causation /kɔː'zeɪʃn/

n. 因果关系

- **E** logical relationship between two events in which one directly causes the other
- **释** 因果关系是两个事件之间的逻辑关系，即其中一个事件直接导致另一个事件的发生。

960 **communicable** /kə'mjuːnɪkəbl/ *adj.* 可传染的

[E] (diseases) that are caused by pathogens and may passed from one infected organism to another

[释] 可传染的即由病原体引起的（疾病），可从一个受感染的有机体传染给另一个。

961 **non-communicable condition** 非传染病

[E] a disease that is not transmissible directly from one person to another

[释] 非传染病是一种在人际间不会发生传染的疾病。

962 **correlation** /ˌkɒrə'leɪʃn/ *n.* 相关性

[E] statistical tendency of two sets of data changing together or varying dependently

[释] 相关性是两组数据同时变化或相互依赖变化的统计趋势。

963 **culture** /'kʌltʃə(r)/ *vt.* 培育 *n.* 菌落

[E] growing microorganisms in the laboratory, providing nutrients and controlling conditions so they can be observed

[释] 培育是在实验室中培养微生物，提供营养和控制条件以便观察。

964 **dilution** /daɪ'luːʃn/ **plating** 稀释平板法

[E] the method to obtain a countable plated culture through culturing diluted samples

[释] 稀释平板法是通过培养稀释后的样品来获得可计数的培养基的方法。

965 **dopamine** /'dəʊpəmiːn/ *n.* 多巴胺

[E] the neurotransmitter produced by nerve cells in the substantia nigra, which is closely involved in the control and coordination of movement

[释] 多巴胺是黑质神经细胞产生的神经递质，与运动的控制和协调密切相关。

## 966 **dopamine** /'dəupəmiːn/ **agonists** /'ægənɪsts/

多巴胺激动剂

- **E** chemicals that bind to dopamine receptors in brain synapses and mimic the effect of dopamine
- **释** 多巴胺激动剂是一种化学物质，与大脑突触中的多巴胺受体结合，可模仿多巴胺的功用。

## 967 **double-blind trial**

双盲试验

- **E** denoting a test or trial, especially of a drug, in which any information which may influence the behaviour of the tester or the subject is withheld until after the test
- **释** 双盲试验是一种试验，特别指对一种药物的试验，任何可能影响试验人员或受试者行为的信息都被保留到试验后通知。

## 968 **ecstasy** /'ekstəsi/ **(MDMA)**

n. 安非他命

- **E** an illegal drug that acts as a stimulant and has a psychotropic effect by blocking the serotonin reuptake transport system
- **释** 安非他命是一种非法药物，具有兴奋剂的作用，通过阻断血清素再摄取运输系统而产生精神治疗的作用。
- **同** 3,4-methylene dioxy methamphetamine 二亚甲基双氧苯丙胺；摇头丸

## 969 **endotoxins** /ˌendəʊˈtɒksɪnz/

n. 内毒素

- **E** lipopolysaccharides that are an integral part of Gram-negative bacteria cell walls that act as a toxin to other cells
- **释** 内毒素是脂多糖，是革兰氏阴性细菌细胞壁的组成部分，对其他细胞起着毒素的作用。

## 970 **exotoxins** /ˌeksəʊˈtɒksɪnz/

n. 外毒素

- **E** proteins secreted by bacteria as they metabolise; act as toxins in different ways
- **释** 外毒素是细菌代谢时分泌的蛋白质，以不同的方式发挥着毒素的作用。

971 **envelope** /ˈenvələup/      *n.* 衣壳

**E** a coat around some virus derived from the lipids of the host cell

**释** 衣壳是由宿主细胞的脂质形成的病毒外壳。

972 **epidemiology** /ˌepɪˌdiːmiˈɒlədʒi/      *n.* 流行病学

**E** the branch of medicine which deals with the incidence, distribution, and possible control of diseases and other factors relating to health

**释** 流行病学是医学的一个分支,研究与健康有关的疾病的发病率、分布以及控制疾病的方法。

973 **extrapolation** /ɪkˌstræpəˈleɪʃn/      *n.* 外推

**E** the action of estimating or concluding something by assuming that existing trends will continue or a current method will remain applicable

**释** 外推是通过假设现有趋势将继续或现有方法将继续适用来估计或总结某事物的行为。

974 **generation time**      代际时间

**E** the time span between bacterial divisions

**释** 代际时间是细菌分裂间的时间跨度。

975 **haemocytometer** /ˌhiːməusaɪˈtɒmɪtə/      *n.* 血细胞计数器

**E** a thick microscope slide with a rectangular indentation and engraved grids to count cells

**释** 血细胞计数器是一种厚的、带有长方形压痕并刻有网格来给细胞计数的显微镜载玻片。

976 **horizontal** /ˌhɒrɪˈzɒntl/ **gene transfer**      水平基因转移

**E** the movement of genetic material between organisms, instead of passage from parent to offspring

**释** 水平基因转移是指遗传物质在生物体之间的移动,而不是从亲代转移到子代。

977 **human immunodeficiency** /ˌɪmjʊnəʊdɪˈfɪʃənsi/
**virus**
人类免疫缺陷病毒（HIV）

- **E** a retrovirus that causes AIDS in human
- **释** 人类免疫缺陷病毒是一种引起人类艾滋病的反转录病毒。

978 **inoculation** /ɪˌnɒkjuˈleɪʃn/ *n.* 接种

- **E** the transfer of microorganisms into a culture medium
- **释** 接种是将微生物转移到培养基中。

979 **interpolation** /ɪnˌtɜːpəˈleɪʃn/ *n.* 插值

- **E** the insertion of an intermediate value or term into a series by estimating or calculating it from surrounding known values
- **释** 插值是将一个中间值或项插入到一个序列中，借助周围的已知值进行估计或计算。

980 **levodopa** /ˌliːvəʊˈdəʊpə/ *n.* 左旋多巴

- **E** a precursor of dopamine which can cross the blood-brain barrier and has been in use since the 1960s to treat Parkinson's disease
- **释** 左旋多巴是多巴胺的一种前体，可穿过血脑屏障，自 20 世纪 60 年代以来一直被用于治疗帕金森氏症。

981 **stationary phase** 稳定期

- **E** the growth phase when the bacteria growth is limited by environment factors, leading to a zero net growth rate
- **释** 稳定期是细菌受环境因素限制而导致净增长率为零的生长阶段。

982 **log phase** 对数期

- **E** the growth phase when the bacteria reproduction as at or close to the theoretical maximum
- **释** 对数期是细菌繁殖达到或接近理论最大值时的生长阶段。

## 983 **lag phase** 滞后期

☐
☐ **E** the growth phase when bacteria are adapting to a new
environment and reproducing slowly
☐ **释** 滞后期是细菌适应新环境并缓慢繁殖的生长阶段。

## 984 **death phase** 死亡期

☐
☐ **E** the growth phase when reproduction is halted and the death
rate increases, leading to a negative net growth rate
☐ **释** 死亡期是指繁殖停止、死亡率上升，以至于净增长率为负的生长阶段。

## 985 **longitudinal** /ˌlɒŋɡɪˈtjuːdɪnl/ **study** 纵向研究

☐
☐ **E** a research design that involves repeated observations of the
same variables (e.g., people) over periods of time
☐ **释** 纵向研究是一种研究设计，即在一段时间内重复观察相同变量（如人）的研究方法。

## 986 **lysogeny** /laɪˈsɒdʒəni/ *n.* 溶原

☐ **E** the period when a virus is part of the reproducing host cell
☐ **释** 溶原是指病毒复制宿主细胞并成为宿主细胞的一部分。
☐

## 987 **lysogenic** /ˌlaɪsəʊˈdʒenɪk/ **cycle** 溶原性循环

☐
☐ **E** one of the two cycles of viral reproduction; results in the
integration of the viral nucleic acid into the host bacterium's
genome
☐ **释** 溶原性循环是病毒繁殖的两个周期之一，引起病毒核酸整合到宿主细菌的基因组中。

## 988 **lytic** /ˈlɪtɪk/ **cycle** 溶菌性循环

☐
☐ **E** one of the two cycles of viral reproduction; results in the
destruction of the infected cell and its membrane
☐ **释** 溶菌性循环是病毒繁殖的两个周期之一，导致被感染细胞及其细胞膜被损害。

## 989 **metadata** /ˈmetəˌdeɪtə/ **analysis** 元数据分析

- [ ] 🄔 a statistical analysis that combines the results of
- [ ] multiple scientific studies
- [ ] 🄡 元数据分析是一种结合多个科学研究结果的统计分析。
- 🄘 meta-analysis 荟萃分析

## 990 **monoamine** /ˌmɒnəʊˈeɪmiːn/ **oxidase** /ˈɒksɪˌdeɪs/ **B inhibitors** 单胺氧化酶 B 抑制剂

- [ ] 🄔 drugs which inhibit the enzyme monoamine oxidase B (MAOB),
- [ ] which breaks down dopamine in brain synapses; thus, MAOB
- [ ] inhibitors reduce the destruction of the dopamine made by the
  cells
- 🄡 单胺氧化酶 B 抑制剂是一种抑制单胺氧化酶 B 的药物,该酶可
  分解脑突触内的多巴胺;因此,单胺氧化酶 B 抑制剂可减少细
  胞引起的多巴胺的受损。

## 991 **multifactorial** /ˌmʌltɪfæk'tɔːrɪəl/ **disease** 多因素疾病

- [ ] 🄔 disease that is caused by or is related to many contributing
- [ ] factors
- [ ] 🄡 多因素疾病是由多种因素引起或与多种因素相关的疾病。

## 992 **nutrient** /ˈnjuːtrɪənt/ **medium** 营养培养基

- [ ] 🄔 a mixture for the culture of microorganisms; can be solid (agar)
- [ ] or liquid (broth)
- [ ] 🄡 营养培养基是微生物培养的混合物,可以是固体,也可以是液体。

## 993 **pathogen** /ˈpæθədʒən/ *n.* 病原

- [ ] 🄔 microorganism that causes diseases
- [ ] 🄡 病原是引起疾病的微生物。
- [ ]

994 **placebo** /plə'siːbəʊ/ *n.* 安慰剂

[E] a harmless pill, medicine, or procedure prescribed more for the psychological benefit to the patient than for any physiological effect

[释] 安慰剂是一种不会造成伤害的药物或治疗手段，相比于生理上的治疗效果，安慰剂更多的是给患者带来心理上积极影响。

995 **precise** /prɪ'saɪs/ *n.* 精确

[释] (measurements) with small error, shown in repeated trials seeing small variations

[释] 精确是误差小的(测量)，在反复的试验中会显示出的变化微小。

996 **primary infection** 原发感染

[E] the first exposure to and infection of a pathogen

[释] 原发感染是指首次接触病原体，并被感染。

997 **provirus** /prəʊ'vaɪrəs/ *n.* 前病毒

[E] the DNA inserted to the host cell by a virus

[释] 原病毒是由病毒插入宿主细胞的 DNA。

998 **reliable** /rɪ'laɪəbl/ *adj.* 可靠的

[E] (evidence or study) can be repeated by several different parties

[释] 可靠的即（证据或研究结果）可以由多方多次得出的。

999 **retrovirus** /'retrəʊvaɪrəs/ *n.* 反转录病毒

[E] a type of RNA virus that controls the production of DNA corresponding to the viral RNA

[释] 反转录病毒是一种 RNA 病毒，控制着与病毒 RNA 相对应的 DNA 的生成。

## 1000 **reverse transcriptase** /træn'skrɪpteɪz/ 反转录酶

- ☐
- ☐ **(E)** an enzyme synthesised by a retrovirus which makes DNA molecules according to the viral RNA
- ☐ **(释)** 反转录酶是反转录病毒合成的一种酶，可根据病毒 RNA 生成 DNA 分子。

## 1001 **risk** /rɪsk/ *n.* 风险

- ☐ **(E)** the chance or probability of an event
- ☐ **(释)** 风险是事件发生的机会或概率。
- ☐

## 1002 **sebum** /'siːbəm/ *n.* 皮脂

- ☐ **(E)** the oily substance secreted by skin that inhibits bacterial growth on skin
- ☐ **(释)** 皮脂是皮肤分泌的油性物质，可以抑制皮肤上的细菌生长。
- ☐

## 1003 **selective medium** 选择培养基

- ☐ **(E)** a growth medium containing a very specific mixture of nutrients to limit the type of microorganism that may grow
- ☐ **(释)** 选择培养基是一种生长培养基，含有一种非常特殊的混合营养物，以限制可能生长的微生物类别。
- ☐

## 1004 **SSRIs** 选择性 5- 羟色胺再摄取抑制剂

- ☐ **(E)** antidepressant drugs that inhibit the reuptake proteins in the presynaptic membrane so more serotonin remains in the synaptic cleft and more impulses travel along the post-synaptic axon, reducing the symptoms of depression by producing a more positive mood and improving the ability to sleep
- ☐ **(释)** 选择性 5- 羟色胺再摄取抑制剂是一种抗抑郁药物，抑制突触前膜的再摄取蛋白，所以更多的血清素留在突触间隙，更多的冲动沿着突触后轴突传递，通过产生更积极的情绪和改善睡眠来减轻抑郁症状。
- ☐

## 1005 **sterile** /ˈsteraɪl/                                    *adj.* 无菌的

- **E** free of living organisms and their spores
- **释** 无菌是指没有存活的有机体及其孢子。

## 1006 **substantia nigra** /səbˈstænʃəˈnaɪɡrə/              黑质

- **E** the area of the midbrain involved in the control and coordination of movement; it is affected by Parkinson's disease
- **释** 黑质是中脑中控制和协调运动的区域，帕金森症会对该区域的功能造成影响。

## 1007 **tobacco mosaic** /məʊˈzeɪɪk/ **virus** 烟草花叶病毒

- **E** a virus that infects the leaves of tobacco plants and similar species. Causing a mosaic patterning on leaves and decrease yield
- **释** 烟草花叶病毒是一种可以令烟草植物和类似品种植物的叶片染病的病毒，会在叶片上形成花叶图案，造成花叶病，进而破坏植物的生长。

## 1008 **total viable cell**                                    总活细胞数

- **E** the count of the total number of cells that are alive in a specific volume of culture
- **释** 总活细胞数是指在特定的培养体积内存活的细胞总数。

## 1009 **tricyclic** /traɪˈsaɪklɪk/ **antidepressants**
/ˌæntɪdɪˈpresənts/                                              三环抗抑郁药

- **E** antidepressant drugs that work by increasing the levels of serotonin and noradrenalin in the brain
- **释** 三环抗抑郁药是一种抗抑郁药物，通过提高大脑中血清素和去甲肾上腺素的水平来起效。
- **同** TCA 三环抗抑郁药

## 1010 **tubercle** /'tju:bəkl/     *n.* 结核

- **E** a localised mass of tissue containing dead bacteria and macrophages resulted from immune response to M. tuberculosis infection
- **释** 结核是指对结核分枝杆菌感染的免疫反应引发的局部组织块，内含死细菌和巨噬细胞。

## 1011 **turbid** /'tɜ:bɪd/     *adj.* 混浊的

- **释** (liquid) opaque from suspended matter
- **释** 混浊是有悬浮物质，不透明的（液体）。

## 1012 **turbidimetry** /ˌtɜ:bɪ'dɪmɪtrɪ/     *n.* 比浊法

- **E** the measurement of concentration of a solution through measuring its turbidity, usually through measuring light passage through it
- **释** 比浊法是通过测量溶液的浑浊度来测量溶液的浓度，通常是用透明度来衡量。

## 1013 **valid** /'vælɪd/     *adj.* 有效的

- **E** (an investigation) well designed to answer the research question
- **释** 有效的即为了回答研究问题而精心设计的（调查）。

## 1014 **virus attachment particles**     病毒附着颗粒

- **E** specific protein that target protein surface membrane
- **释** 病毒附着颗粒是以蛋白表面膜为目标的特异性蛋白。

## 第二小节 Infectious and Non-infectious Diseases 传染性及非传染性疾病

扫一扫
听本节音频

### 1015 **ACE inhibitor** ACE抑制剂

[E] heart medications that widen or dilate your blood vessels through the blockage of ACE receptors

[释] ACE 抵制剂是心脏病药物，通过抑制血管紧张素转换酶达到扩张血管的目的。

### 1016 **anticoagulant** /ˌæntikəʊˈægjələnt/ *adj.* 抗凝的 *n.* 抗凝剂

[释] (of a drug) having the effect of retarding or inhibiting the coagulation of the blood

[释] 抗凝的即（一种药物）具有延缓或抑制血液凝固的作用。

### 1017 **antihypertensive** /ˌæntɪˌhaɪpərˈtensɪv/ *adj.* 降压的 *n.* 降压药

[释] (of a drug) used to lower high blood pressure; an antihypertensive drug

[释] 降压的是可以降低血压的(药物)；降压药是一种抗高血压药物。

### 1018 **antioxidant** /ˌæntiˈɒksɪdənt/ *n.* 抗氧化剂

[E] a substance that inhibits oxidation

[释] 抗氧化剂是一种能够抑制氧化的物质。

### 1019 **aspirin** /ˈæsprɪn/ *n.* 阿司匹林

[E] a synthetic compound used medicinally to relieve mild or chronic pain and to reduce fever and inflammation

[释] 阿司匹林是一种用于医学上缓解轻微或慢性疼痛、退烧和消炎的复方剂。

## 1020 **beta blocker** /'biːtə blɒkə(r)/     β 受体阻滞剂

☐☐☐ **ⓔ** a class of drugs that prevent the stimulation of the adrenergic receptors responsible for increased cardiac action; controls heart rhythm, treats angina, and reduces high blood pressure
**㊒** β 受体阻滞剂是一类可阻止肾上腺素能受体的刺激、增加心脏活动、控制心律、治疗心绞痛和降血压的药物。

## 1021 **cardiac** /'kɑːdiæk/ **arrest** /ə'rest/     心脏骤停

☐☐ **ⓔ** a sudden, sometimes temporary, cessation of function of the heart
**㊒** 心脏骤停是指心脏功能突然停止，有时只是暂时停止。

## 1022 **cardiovascular** /ˌkɑːdiəʊ'væskjələ(r)/ **disease**
心血管疾病；冠心病

☐☐☐ **ⓔ** Damage or disease of coronary arteries, blood vessels responsible for blood transport to heart
**㊒** 冠状动脉心脏疾病（冠心病）是指负责将血液输送到心脏的血管——冠状动脉的损伤或疾病。
**㊐** coronary heart disease 冠心病

## 1023 **cholera** /'kɒlərə/     *n.* 霍乱

☐☐☐ **ⓔ** an infectious and often fatal bacterial disease of the small intestine, typically contracted from infected water supplies and causing severe vomiting and diarrhoea
**㊒** 霍乱是一种因摄入受细菌污染的水引起小肠感染的传染性、致命性疾病，患者会出现严重的呕吐和腹泻现象。

## 1024 **choleratoxin** /kɒlərə'tɒksɪn/     *n.* 霍乱毒素

☐☐☐ **ⓔ** a protein complex that causes intestine walls to excrete Cl ions, leading to impaired osmoregulation and water loss in intestine
**㊒** 霍乱毒素是一种蛋白质复合物，会导致肠壁分泌 Cl 离子，导致肠道渗透调节受损和水分流失。
**㊐** choleragen 霍乱肠菌素

## 1025 **chronic** /ˈkrɒnɪk/ **bronchitis** /brɒŋˈkaɪtɪs/ 慢性支气管炎

- ⓔ chronic inflammation of the lining of bronchial tubes; a type of COPD
- ⓡ 慢性支气管炎是支气管内膜的慢性炎症，是 COPD 的一种。

## 1026 **chronic obstructive** /əbˈstrʌktɪv/ **pulmonary** /ˈpʌlmənəri/ **disease** 慢性阻塞性肺疾病

- ⓔ chronic inflammatory lung disease that causes obstructed airflow from the lungs; causes breathing difficulty and other symptoms
- ⓡ 慢性阻塞性肺疾病是一种慢性炎症性肺病，可导致肺部气流受阻，引起呼吸困难和其他症状。
- ⓔ COPD 慢性阻塞性肺疾病

## 1027 **cystic** /ˈsɪstɪk/ **fibrosis** /faɪˈbrəʊsɪs/ 囊性纤维化

- ⓔ a hereditary disorder affecting the exocrine glands, causes the production of abnormally thick mucus, leading to the blockage of the pancreatic ducts, intestines, and bronchi and often resulting in respiratory infection
- ⓡ 囊性纤维化是一种遗传性疾病，影响外分泌腺，导致形成的黏液异常黏稠，致使胰管、肠及支气管堵塞，时常引发呼吸道感染。

## 1028 **digitalis** /ˌdɪdʒɪˈteɪlɪs/ n. 洋地黄

- ⓔ a drug prepared from the dried leaves of foxglove and containing substances (notably digoxin and digitoxin) that stimulate the heart muscle
- ⓡ 洋地黄是一种从毛地黄的干叶子中提取的药物，含有刺激心肌的物质（特别是地高辛和洋地黄素）。

## 1029 **digitoxin** /ˌdɪdʒɪˈtɒksɪn/ n. 洋地黄毒

- ⓔ a compound with similar properties to digoxin and found with it in the foxglove and similar plants
- ⓡ 洋地黄毒是一种在毛地黄以及类似植物中，与地高辛具有相似特性的化合物。

## 1030 **diuretic** /ˌdaɪjuˈretɪk/

*adj.* 利尿的
*n.* 利尿剂

- (adj.) causing increased passing of urine; (n.) a diuretic drug
- 利尿的即导致排尿增加的；利尿剂是一种利尿的药物。

## 1031 **emphysema** /ˌemfɪˈsiːmə/

*n.* 肺气肿

- long term lung damaged caused by over-inflation and breaking of alveoli, impairing the gas exchange capability of the patient
- 肺气肿是由于肺泡的过度膨胀和破坏，使患者的气体交换能力受到损害而导致的长期肺损伤。

## 1032 **haemophilia** /ˌhiːməˈfɪliə/

*n.* 血友病

- a disease where the patient cannot produce a blood clotting factor, leading to clotting failure; a sex-linked condition
- 血友病是一种患者不能产生凝血因子的疾病，会导致凝血功能衰竭，是一种性染色体相关疾病。

## 1033 **high-density lipoprotein**

高密度脂蛋白

- lipoproteins which transport cholesterol from body tissues to the liver
- 高密度脂蛋白是一种将胆固醇从身体组织运输到肝脏的脂蛋白。

## 1034 **low-density lipoprotein**

低密度脂蛋白

- lipoproteins which transport lipids around the body
- 低密度脂蛋白是在体内运输脂质的一种脂蛋白。

## 1035 **malaria** /məˈleəriə/

*n.* 疟疾

- a mosquito-carried infectious disease incurring fever and headaches among many symptoms, caused by the death of red blood cells invaded by the protoctist pathogen
- 疟疾是一种由蚊子携带，因原生病原体入侵的红细胞死亡而引起多种症状（包括发烧和头痛）的传染病。

## 1036 **measles** /ˈmiːzlz/      *n.* 麻疹

**ⓔ** an infectious viral disease causing fever and a red rash on the skin, typically occurring in childhood

**㊗** 麻疹是一种传染性的病毒性疾病，会引起发烧和皮肤红疹，通常发生在儿童时期。

## 1037 **multiple** /ˌmʌltɪpl/ **sclerosis** /skləˈrəʊsɪs/    多发性硬化

**ⓔ** a chronic, typically progressive disease involving damage to the sheaths of nerve cells in the brain and spinal cord, whose symptoms may include numbness, impairment of speech and of muscular coordination, blurred vision, and severe fatigue

**㊗** 多发性硬化是一种慢性的、典型的渐进性疾病，累及大脑的神经细胞鞘和脊髓，其症状可能包括麻木、言语和肌肉协调障碍、视力模糊及严重疲劳。

## 1038 **myasthenia** /ˌmaɪəsˈθiːnɪə/ **gravis** /ˈɡrɑːvɪs/
重症肌无力

**ⓔ** a rare chronic autoimmune disease marked by muscular weakness without atrophy, and caused by a defect in the action of acetylcholine at neuromuscular junctions

**㊗** 重症肌无力是一种罕见的慢性自身免疫性疾病，以不出现萎缩的肌无力为症状，由乙酰胆碱在神经肌肉接点的动作缺陷引起。

## 1039 **oedema** /ɪˈdiːmə/      *n.* 浮肿

**ⓔ** a condition characterized by an excess of watery fluid collecting in the cavities or tissues of the body

**㊗** 浮肿是一种以体内腔或组织中积聚过多的水状液体为特征的疾病。

## 1040 **oral rehydration** /ˌriːhaɪˈdreɪʃən/ **therapy**
口服补液疗法

**ⓔ** fluid replacement used to prevent and treat dehydration, commonly used for cholera care, through ingestion of sugar-salt solution, drunk or fed through nasogastric tube

🔄 口服补液疗法是一种用于预防和治疗脱水的液体替代疗法，通常用于霍乱护理，患者可直接饮用糖盐溶液或通过鼻饲管摄取。

## 1041 **phenylketonuria** /ˌfiːnaɪlˌkiːtəˈnjʊərɪə/ *n.* 苯丙酮尿症

☐
☐ 🅔 an inherited inability to metabolize phenylalanine that causes brain and nerve damage if untreated
☐ 🔄 苯丙酮尿症是一种遗传性的苯丙氨酸代谢障碍，如果不治疗会导致大脑和神经损伤。

## 1042 **premature** /ˈpremətʃə(r)/ **ventricular** /venˈtrɪkjʊlə/ **contraction** 室性早搏

☐ 🅔 extra heartbeats that begin in one of your heart's two lower pumping chambers, leading to disruption in the regular heart rhythm, causing unpleasant skilled beat sensations
☐
☐ 🔄 室性早搏是在心脏两个较低的泵血腔之一处开始的额外心跳，导致常规心律失常，搏动频率令人不适。

## 1043 **red-green colour blindness** 红绿色色盲

☐ 🅔 an infliction that affects one's ability to distinguish colour tones of green and red; a sex-linked condition
☐
☐ 🔄 红绿色色盲是一种影响一个人分辨绿色和红色色调的能力的病症，是一种伴性疾病。

## 1044 **rheumatoid** /ˈruːməˌtɔɪd/ **arthritis** /ɑːˈθraɪtɪs/ 类风湿关节炎

☐ 🅔 a chronic progressive disease causing inflammation in the joints and resulting in painful deformity and immobility
☐
☐ 🔄 类风湿关节炎是一种慢性进行性疾病，可引起关节炎症，导致关节畸形和行动不便。

## 1045 **smallpox** /ˈsmɔːlpɒks/ *n.* 天花

☐ 🅔 an acute viral disease causing fever and pustules, usually leaving permanent scars
☐
☐ 🔄 天花是一种引起发烧和脓疱的急性病毒性疾病，通常会留下永久性的疤痕。

## 1046 **stanol** /ˈstænɒl/

n. 甾烷醇

- ☐ **E** a heterogeneous group of chemical compounds known to reduce the level of LDL cholesterol in blood when ingested
- ☐ **释** 甾烷醇是一组异质化合物，在摄入时会降低血液中的 LDL 胆固醇水平。

## 1047 **statin** /ˈstætɪn/

n. 他汀

- ☐ **E** a class of drugs often prescribed by doctors to help lower cholesterol levels in the blood, lowering CVD risks
- ☐ **释** 他汀是医生经常开的一种帮助降低血液中胆固醇水平、降低 CVD 风险的药物。

## 1048 **sterol** /ˈsterɒl/

n. 甾醇

- ☐ **E** a group of naturally occurring unsaturated steroid alcohols, known to reduce the level of LDL cholesterol in blood when ingested
- ☐ **释** 甾醇是一组天然存在的不饱和类固醇醇，可降低血液中 LDL 胆固醇的水平。

## 1049 **systemic lupus** /ˈluːpəs/ **erythematosus**
/ˌerɪθiːməˈtəʊsʌs/

系统性红斑狼疮

- ☐ **E** an autoimmunity condition where tissues around the body are attacked by the immune system, primarily skin, kidney and joints
- ☐ **释** 系统性红斑狼疮是一种自身免疫性疾病，机体周围组织受到免疫系统的攻击，会累及皮肤、肾脏和关节。

## 1050 **tuberculosis** /tjuːˌbɜːkjuˈləʊsɪs/

n. 结核

- ☐ **E** a lung infection caused by mycobacterium, characterized by the growth of nodules (tubercles) in the tissues
- ☐ **释** 结核是一种由分枝杆菌引起的肺部感染，其特征是肺组织内长出结节。

## 第十一节
### Biotechnology 生物技术

**1051 amniocentesis** /ˌæmniəʊsenˈtiːsɪs/     *n.* 羊膜穿刺术

- **🇬🇧** a type of screening done through sampling the pregnant mother's amniotic fluid to screen for abnormalities
- **释** 羊膜穿刺术是一种通过抽取孕妇羊水样本来筛查异常的筛查方法。

**1052 amplification** /ˌæmplɪfɪˈkeɪʃn/     *n.* 扩增

- **🇬🇧** the process by which DNA is replicated repeatedly to quickly produce a much larger sample
- **释** 扩增是指 DNA 被重复复制以快速产生更大样本的过程。

**1053 bioinformatics** /ˌbaɪəʊˌɪnfəˈmætɪks/     *n.* 生物信息学

- **🇬🇧** the development of the software and computing tools needed to organise and analyse large amounts of raw biological data (e.g. the results from microarray analysis of DNA)
- **释** 生物信息学是组织和分析大量原始生物数据（如 DNA 微阵列分析结果）所需的软件和计算工具的学科。

**1054 chorionic** /ˌkɔːrɪˈɒnɪk/ **villus** /ˈvɪləs/ **sampling**
绒毛膜绒毛取样

- **🇬🇧** a type of screening in which a small piece of placenta tissue as taken
- **释** 绒毛膜绒毛取样是取一小块胎盘组织进行筛选的一种方法。

**1055 complementary** /ˌkɒmplɪˈmentri/ **DNA** 互补 DNA

- **🇬🇧** DNA which can act as an artificial gene, made by reversing the transcription process from mRNA using reverse transcriptase
- **释** 互补 DNA 是一种可以作为人工基因的 DNA，是通过反转录酶将信使 RNA 的转录过程逆转而形成的。

1056 **computed** /kəm'pjuːtid/ **tomography** /tə'mɒgrəfi/ **scans** 计算机断层扫描

[E] scans using the thousands of tiny beams of X-rays which are passed through an area of the body such as the head to produce an image of the brain

[释] 计算机断层扫描是指使用成千上万的微小的x射线束进行扫描，这些射线通过身体的某个部位（如头部）产生大脑的图像。

1057 **DNA profiling** /'prəʊfaɪlɪŋ/ DNA 分析

[E] the process of determining an individual's DNA characteristics, usually without working out the full sequence of the DNA; the identification of DNA through repeating patterns in the non-coding regions or other methods

[释] DNA 分析是确定一个人的 DNA 特征的过程，通常不需要计算出 DNA 的完整序列；DNA 分析是通过非编码区域或其他方法的重复模式来识别 DNA。

1058 **DNA sequencing** /'siːkwənsɪŋ/ DNA 测序

[E] the process of determining the nucleic acid sequence

[释] DNA 测序是确定核酸序列的过程。

1059 **microinjection** /ˌmaɪkrəʊɪn'dʒekʃən/ **(DNA injection)** 微注入（DNA 注入）

[E] a technique for producing recombinant DNA that involves injecting DNA into a cell through a very fine micropipette

[释] 微注入（DNA 注入）是一种生产重组 DNA 的技术，包括通过非常细的微移液管将 DNA 注入细胞。

1060 **recombinant** /riː'kɒmbɪnənt/ **DNA** 重组 DNA

[E] new DNA produced by genetic engineering technology that combines genes from the DNA of one organism with the DNA of another organism

[释] 重组 DNA 是通过基因工程技术将一个生物体的 DNA 基因与另一个生物体的 DNA 结合而产生的新的 DNA。

## 1061 **endosymbionts** /ˌendəʊˈsɪmbɪˌɒnts/     *n.* 内共生体

- **E** any organism that lives within the body or cells of another organism most often, though not always, in a mutualistic relationship
- **释** 内共生体是一种生活在另一种生物体内或细胞内的生物，通常是一种互惠关系，也有非互惠关系的存在。

## 1062 **forensic** /fəˈrenzɪk/ **entomology** /ˌentəˈmɒlədʒi/     法医昆虫学

- **E** the study of insect life relating to forensic science
- **释** 法医昆虫学是研究与法医科学有关的昆虫生命的科学。

## 1063 **forensic** /fəˈrenzɪk/ **science**     法医学

- **E** the application of scientific techniques to the investigation of a crime
- **释** 法医学是科学技术在罪案调查中的应用。

## 1064 **functional magnetic resonance** /ˈrezənəns/ **imaging scans**     功能磁共振成像扫描

- **E** scans which monitor the uptake of oxygen in different brain areas, making it possible to watch the different areas of the brain in action while people conduct different tests
- **释** 功能磁共振成像扫描是一种监测大脑不同区域对氧的吸收的扫描，这使得人们在接受不同检查时观察大脑不同区域的活动成为可能。

## 1065 **gel electrophoresis** /ɪˌlektrəʊfəˈriːsɪs/     凝胶电泳

- **E** a method for separation and analysis of macromolecules and their fragments, based on their size and charge
- **释** 凝胶电泳是一种根据大分子及其碎片的大小和电荷进行分离和分析的方法。

## 1066 **gene guns** 基因枪

- **E** a technique to produce recombinant DNA by shooting the desired DNA into the cell at high speed on very small gold or tungsten pellets (balls)
- **释** 基因枪是一种通过将所需的 DNA 以极小的球状金粉或钨粉高速射入细胞来重组 DNA 的技术。

## 1067 **genetic engineering** /dʒə,netɪk endʒɪ'nɪərɪŋ/
基因工程

- **E** the insertion of genes from one organism into the genetic material of another organism or changing the genetic material of an organism
- **释** 基因工程是指把一个有机体的基因插入另一个有机体的遗传物质中，或改变一个有机体的遗传物质。

## 1068 **hybridoma** /,haɪbrə'dəʊmə/ *n.* 杂交瘤

- **E** a hybrid cell used as the basis for the production of antibodies in large amounts, made through fusing a plasma cell with a cancerous myeloma cell
- **释** 杂交瘤是一种通过融合浆细胞和癌性骨髓瘤细胞而产生大量抗体的杂交细胞。

## 1069 **knockout** /'nɒkaʊt/ **organism** /'ɔːgənɪzəm/
顶出

- **E** an organism with one or more genes silenced (knocked out) so they no longer work; they are often used to identify the function of a gene, to investigate disease and to test potential treatments
- **释** 顶出是指一个或多个基因被沉默（敲除），因此不再起作用的生物体，通常被用来识别基因的功能，调查疾病和测试潜在的治疗方法。

## 1070 liposome /ˈlɪpəsəʊm/ wrapping /ˈræpɪŋ/ 脂质体包裹

**E** a technique for producing recombinant DNA that involves wrapping the gene to be inserted in liposomes, which combine with the target cell membrane and can pass through it to deliver the DNA into the cytoplasm

**释** 脂质体包裹是一种生产重组 DNA 的技术，包括将基因包裹在脂质体中插入，脂质体与目标细胞膜结合，并通过它将 DNA 传递到细胞质中。

## 1071 magnetic resonance /ˈrezənəns/ imaging scans 磁共振成像扫描

**E** scans produced using magnetic fields and radio waves to image the soft tissues; they produce images showing much finer detail than CT scans

**释** 磁共振成像扫描是利用磁场和无线电波对软组织进行成像扫描，所生成图像比 CT 扫描所呈现的细节要精细得多。

**同** MRI scans 磁共振成像扫描

## 1072 microarray /ˌmaɪkrəʊəˈreɪ/ *n.* 微阵列

**E** a very useful laboratory tool which allows scientists to detect thousands of active genes at the same time

**释** 微阵列是一个非常有用的实验室工具，科学家可借此同时检测成千上万的活跃基因。

## 1073 micro-satellite /ˌmaɪkrəʊˈsætəˌlaɪt/ *n.* 微随体

**E** a repeating DNA section with a 2-6 base sequence repeated 5 to 100 times

**释** 微随体是一个重复的 DNA 片段，2-6 个碱基序列重复 5 到 100 次。

## 1074 mini-satellite /ˌmɪnɪˈsætəˌlaɪt/ *n.* 小随体

**E** a repeating DNA sequence with a 10-100 base sequence repeated 50 to several hundred times

**释** 小随体是一个重复的 DNA 序列，10-100 个碱基序列重复 50 到几百次。

## 1075 **monoclonal** /ˌmɒnəʊˈkləʊnəl/ **antibody** /ˈæntibɒdi/
### 单克隆抗体

- ❷ antibodies that are made by identical immune cells that are all clones of a unique parent cell
- ❸ 单克隆抗体是由相同的免疫细胞产生的抗体，这些免疫细胞都是一个独特的母细胞的克隆。

## 1076 **phylogenetic** /ˌfaɪləʊdʒɪˈnetɪk/ **tree**　　系统树

- ❷ a branching diagram or "tree" showing the evolutionary relationships among various biological species
- ❸ 系统树是一种显示各种生物物种间进化关系的分枝图或 "树"。

## 1077 **polymerase** /pəˈlɪməreɪz/ **chain reaction**
### 聚合酶链反应

- ❷ the process to amplify (multiply) a DNA sample rapidly
- ❸ 聚合酶链反应是快速扩增 DNA 样品的过程。

## 1078 **positive emission** /iˈmɪʃn/ **tomography**
## /təˈmɒɡrəfi/ **scans**　　正发射断层扫描

- ❷ scans produced by detecting the radiation given off by a radiotracer injected into a patient; computer analysis shows areas in which the radiotracer builds up, so detailed three-dimensional images of the inside of the body, including the brain, are formed
- ❸ 正发射断层扫描是通过检测注入病人体内的放射性示踪剂所发出的辐射而产生的扫描，计算机分析显示了放射性示踪剂所形成的区域，这些区域形成了包括大脑在内的人体内部的详细三维图像。

## 1079 **preimplantation** /ˌpriːɪmplɑːnˈteɪʃən/ **genetic diagnosis**　　植入前遗传学诊断

- ❷ the genetic profiling of embryos prior to implantation
- ❸ 植入前遗传学诊断是胚胎植入前的基因图谱分析。

## 1080 prenatal /ˌpriːˈneɪtl/ screening　　　产前检查

- **E** screening of an embryo or fetus before birth
- **释** 产前检查是指在出生前对胎儿进行检查。

## 1081 radiotracer /ˈraɪdɪəʊˌtreɪsə/　　　n. 放射性示踪剂

- **E** any radioactive isotope introduced into the body to study metabolic processes
- **释** 放射性示踪剂是被引入体内研究新陈代谢过程的任何放射性同位素。

## 1082 recognition /rekəɡˈnɪʃn/ site　　　识别位点

- **E** specific base sequences where restriction endonucleases cut the DNA molecule
- **释** 识别位点是限制性内切酶切割 DNA 分子的特定碱基序列。

## 1083 replica /ˈreplɪkə/ plating　　　复制平板法

- **E** a process used to identify recombinant cells that involves growing identical patterns of bacterial colonies on plates with different media
- **释** 复制平板法是一种用于鉴定重组细胞（包括在不同培养基上培养相同模式的菌落）的过程。

## 1084 restriction /rɪˈstrɪkʃn/ endonuclease
/ˌendəʊˈnjuːklɪˌeɪz/　　　限制性核酸内切酶

- **E** enzyme that cut up DNA at particular points
- **释** 限制性核酸内切酶是在特定位点上切割 DNA 的酶。

## 1085 rigor /ˈrɪɡə/ mortis /ˈmɔːtɪs/　　　尸僵

- **E** temporary muscle contraction after death leading to the body becoming rigid
- **释** 尸僵是死后暂时性的肌肉收缩，可导致身体僵硬。

## 1086 **sequencing** /ˈsiːkwənsɪŋ/     *n.* 排序

**🄔** the analysis of single base sequences along a DNA strand

**🄒** 排序是沿着 DNA 链分析单基序列。

## 1087 **sticky end**     粘性端

**🄔** the name given to the area of base pairs left longer on one strand of DNA than the other by certain restriction endonucleases, making it easier to attach new pieces of DNA

**🄒** 粘性端是利用某种限制核酸内切酶使碱基对在一条 DNA 链上停留的时间比另一条更长，从而更容易附着新的 DNA 片段的区域。

## 1088 **tandem** /ˈtændəm/ **repeat**     串联重复

**🄔** repeating region widely used in DNA profiling, usually microsatellite

**🄒** 串联重复是 DNA 分析中广泛使用的重复区域，通常是微卫星。

## 1089 **transgenic** /ˌtrænzˈdʒenɪk/ **animals**     转基因动物

**🄔** animals which have been genetically modified to produce proteins from another organism, often a human being

**🄒** 转基因动物通过基因改造，一种动物体内可以产生其他生物体（通常是人类）体内蛋白质的动物。

## 1090 **transgenic** /ˌtrænzˈdʒenɪk/ **plants**     转基因植物

**🄔** plants which have been genetically modified to produce proteins from another organism

**🄒** 转基因植物是通过转基因手段，一种植物体内产生另一种生物体内的蛋白质的植物。

# A

# B

# C

# D

# E

# F

# G

# H

# O

# S

# T

# 生物常用缩略语

| 缩写 | 全称 | 释义 |
|---|---|---|
| ABA | abscisic /æb'sɪsɪk/ acid /'æsɪd/ | 脱落酸 |
| ACE | angiotensin-converting /ˌændʒɪə'tensɪn kən'vɜːtɪŋ/ enzyme /'enzaɪm/ | 血管紧张素转化酶 |
| Ach | acetylcholine /ˌæsɪtaɪl'kəʊliːn/ | 乙酰胆碱 |
| ADP | adenosine /æ'denə,siːn/ diphosphate /daɪ'fɒsfeɪt/ | 腺苷二磷酸 |
| AIDS | acquired immune /ɪ'mjuːn/ deficiency /dɪ'fɪʃnsi/ syndrome /'sɪndrəʊm/ | 艾滋病 |
| AMP | adenosine /æ'denə,siːn/ monophosphate /ˌmɒnəʊ'fɒsfeɪt/ | 腺苷一磷酸 |
| APC | antigen-presenting /'æntɪdʒən–/ cell | 抗原呈递细胞 |
| AQP | aquaporin /ˌækwə'pɔːrɪn/ | 水通道蛋白 |
| ATP | adenosine /æ'denə,siːn/ triphosphate /traɪ'fɒsfeɪt/ | 腺苷三磷酸 |
| ATPase | adenosine /æ'denə,siːn/ triphosphatase /trɪ'fɒsfə,teɪs/ | ATP 酶；三磷酸腺苷酶 |
| AVN | atrioventricular /ˌeɪtrɪəʊven'trɪkjʊlə/ node /nəʊd/ | 房室结 |
| cAMP | cyclic /'saɪklɪk/ adenosine /æ'denə,siːn/ monophosphate /ˌmɒnəʊ'fɒsfeɪt/ | 环磷酸腺苷 |
| CDK | cyclin-dependent kinase /'kaɪneɪz/ | 细胞周期蛋白依赖性激酶 |
| cDNA | complementary /ˌkɒmplɪ'mentri/ DNA | 互补脱氧核糖核酸 |
| CF | cystic /'sɪstɪk/ fibrosis /faɪ'brəʊsɪs/ | 囊性纤维化；囊性纤维变性 |

| 缩写 | 全称 | 释义 |
|------|------|------|
| CHD | coronary /'kɒrənri/ heart disease | 冠状动脉心脏疾病（冠心病）；心血管疾病 |
| CNS | central nervous system | 中枢神经系统 |
| CoA | coenzyme /'kəʊ'enzaɪm/ A | 辅酶 A |
| COPD | chronic /'krɒnɪk/ obstructive /əb'strʌktɪv/ pulmonary /'pʌlmənəri/ disease | 慢性阻塞性肺病 |
| CT | cholera /'kɒlərə/ toxin /'tɒksɪn/ | 霍乱毒素 |
| CT (scan) | computed tomography /tə'mɒɡrəfi/ | 计算机断层扫描 |
| DNA | deoxyribonucleic /di,ɒksɪ,raɪbəʊnjuː'kleɪɪk/ acid /'æsɪd/ | 脱氧核糖核酸 |
| DNPs | day-neutral plants | 日中性植物 |
| ECG | electrocardiogram /ɪ,lektrəʊ'kɑːdɪəʊ,ɡræm/ | 心电图 |
| EPSP | excitatory /ɪk'saɪtətəri/ post-synaptic /pəʊst saɪ'næptɪk/ potential | 兴奋性突触后电位 |
| ER | endoplasmic /,endə'plæzmɪk/ reticulum /rɪ'tɪkjʊləm/ | 内质网 |
| ERV | expiratory /ɪk'spaɪərətəri/ reserve volume | 呼气储备量 |
| FAD | flavin /'fleɪvɪn/ adenine /'ædənɪn/ dinucleotide /daɪ'njuːklɪə,taɪd/ | 黄素腺嘌呤二核苷酸 |
| fMRI | functional magnetic resonance /'rezənəns/ imaging | 功能磁共振成像 |
| FSH | follicle /'fɒlɪkl/ stimulation /,stɪmju'leɪʃn/ hormone /'hɔːməʊn/ | 卵泡刺激素 |
| G3P/GA3P | glycerate /'ɡlɪsəreɪt/ 3-phosphate /θriː'fɒsfeɪt/ | 3-磷酸甘油酯 |
| GFP | green fluorescent /flɔː'resnt/ protein /'prəʊtiːn/ | 绿色荧光蛋白 |
| GH | growth hormone /'hɔːməʊn/ | 生长激素 |

| 缩写 | 全称 | 释义 |
|---|---|---|
| GM | genetically /dʒəˈnetɪkli/ modified /ˈmɒdɪfaɪd/ | 转基因的 |
| GnRH | gonadotropin /gəʊˌnædəʊˈtrəʊpɪn/ releasing hormone /ˈhɔːməʊn/ | 促性腺激素释放激素 |
| GPP | gross primary /ˈpraɪməri/ productivity /ˌprɒdʌkˈtɪvəti/ | 总初级生产力 |
| HAI | hospital-acquired infection /ɪnˈfekʃn/ | 医院获得性感染 |
| HB | haemoglobin /ˌhiːməˈɡləʊbɪn/ | 血红蛋白 |
| HDL | high-density /haɪ ˈdensəti/ lipoprotein /ˈlɪpəprəʊtiːn/ | 高密度脂蛋白 |
| HIV | human immunodeficiency /ˌɪmjʊnəʊdɪˈfɪʃənsi/ virus | 人类免疫缺陷病毒 |
| IAA | indoleacetic /ɪndəʊˈliːsiːtɪk/ acid /ˈæsɪd/ | 吲哚乙酸 |
| IC | inspiratory /ɪnˈspaɪərətəri/ capacity /kəˈpæsəti/ | 吸气量 |
| iPS cells | induced /ɪnˈdjuːst/ pluripotent /ˌplʊrɪˈpəʊtənt/ stem cells | 诱导多能干细胞 |
| IPSP | inhibitory /ɪnˈhɪbɪtəri/ post-synaptic /pəʊst saɪˈnæptɪk/ potential | 抑制性突触后电位 |
| IRV | inspiratory /ɪnˈspaɪərətəri/ reserve /rɪˈzɜːv/ volume | 吸气储备量 |
| LDL | low-density /ləʊ ˈdensəti/ lipoprotein /ˈlɪpəprəʊtiːn/ | 低密度脂蛋白 |
| L-dopa | levodopa /ˌliːvəʊˈdəʊpə/ | 左旋多巴 |
| LDPs | long-day plants | 长日照植物 |
| LH | luteinizing /ˈluːtiːnˌaɪzɪŋ/ hormone /ˈhɔːməʊn/ | 促黄体激素 |
| MAOB | monoamine /ˌmɒnəʊˈeɪmiːn/ oxidase /ˈɒksɪˌdeɪs/ B | 单胺氧化酶B |
| MDMA | 3, 4-methylene /ˈmeθɪˌliːn/ dioxy /daɪˈɒksi/ methamphetamine /ˌmeθæmˈfetəmiːn/ | 二亚甲基双氧苯丙胺；摇头丸 |

| 缩写 | 全称 | 释义 |
|---|---|---|
| **MHC** | major histocompatibility /ˌhɪstəʊkəmˌpætɪˈbɪlɪtɪ/ complex /ˈkɒmpleks/ | 主要组织相容性复合体 |
| **MRI** | magnetic resonance /ˈrezənəns/ imaging | 磁共振成像 |
| **mRNA** | messenger /ˈmesɪndʒə(r)/ ribonucleic /raɪbənjuːˈkleɪɪk/ acid /ˈæsɪd/ | 信使核糖核酸 |
| **MRSA** | methicillin-resistant /ˌmeθɪˈsɪlɪn rɪˈzɪstənt/ Staphylococcus /ˌstæfɪləʊˈkɒkəs/ aureus /ˈɔːrɪəs/ | 耐甲氧西林金黄色葡萄球菌 |
| **NAD** | nicotinamide /ˌnɪkəˈtɪnəˌmaɪd/ adenine /ˈædənɪn/ dinucleotide /daɪˈnjuːklɪəˌtaɪd/ | 烟酰胺腺嘌呤二核苷酸 |
| **NADP** | nicotinamide /ˌnɪkəˈtɪnəˌmaɪd/ adenine /ˈædənɪn/ dinucleotide /daɪˈnjuːklɪəˌtaɪd/ phosphate /ˈfɒsfeɪt/ | 烟酰胺腺嘌呤二核苷酸磷酸 |
| **NPP** | net primary /ˈpraɪmərɪ/ productivity /ˌprɒdʌkˈtɪvətɪ/ | 净初级生产力 |
| **PCR** | polymerase /pəˈlɪməreɪz/ chain reaction | 聚合酶链反应 |
| **PET** | positron /ˈpɒzɪtrɒn/ emission tomography /təˈmɒgrəfɪ/ | 正电子发射断层扫描 |
| **pH** | potential /pəˈtenʃl/ of hydrogen /ˈhaɪdrədʒən/ | 酸碱度；ph 值 |
| **PKU** | phenylketonuria /ˌfiːnaɪlˌkiːtəˈnjʊərɪə/ | 苯丙酮尿症 |
| **PNS** | peripheral /pəˈrɪfərəl/ nervous system | 外周神经系统 |
| **Rf value** | retention /rɪˈtenʃn/ factor value | $R_f$ 值；比移值 |
| **RNA** | ribonucleic /raɪbənjuːˈkleɪɪk/ acid /ˈæsɪd/ | 核糖核酸 |
| **rRNA** | ribosomal /ˌraɪbəˈsəʊməl/ RNA | 核糖体核糖核酸 |
| **RQ** | respiratory /rəˈspɪrətrɪ/ quotient /ˈkwəʊʃnt/ | 呼吸商 |

| 缩写 | 全称 | 释义 |
|---|---|---|
| **RUBISCO** | ribulose /ˈrɪbjuləus/ bisphosphate /ˌbɪsˈfɒsfeɪt/ carboxylase /kɑːˈbɒksɪˌleɪz/ | 二磷酸核酮糖羧化酶 |
| **RuBP** | ribulose /ˈrɪbjuləus/ bisphosphate /ˌbɪsˈfɒsfeɪt/ | 核酮糖二磷酸 |
| **RV** | residual /rɪˈzɪdjuəl/ volume | 残气量 |
| **SAN** | sinoatrial /ˌsaɪnəʊˈeɪtrɪəl/ node /nəʊd/ | 窦房结 |
| **SCID** | severe /sɪˈvɪə(r)/ combined immune /ɪˈmjuːn/ deficiency /dɪˈfɪʃnsi/ | 重症联合免疫缺陷 |
| **SDPs** | short-day plants | 短日照植物 |
| **SEM** | scanning electron /ɪˈlektrɒn/ microscope /ˈmaɪkrəskəup/ | 扫描电子显微镜 |
| **ssDNA** | single-stranded /ˈsɪŋgl strændɪd/ DNA | 单链 DNA |
| **SSRIs** | selective /sɪˈlektɪv/ serotonin /ˌserəˈtəunɪn/ reuptake /riːˈʌpteɪk/ inhibitors /ɪnˈhɪbɪtə(r)z/ | 选择性 5-羟色胺再摄取抑制剂 |
| **STD** | sexually /ˈsekʃəli/ transmitted disease | 性传播疾病 |
| **TB** | tuberculosis /tjuːˌbɜːkjuˈləusɪs/ | 肺结核 |
| **TCA** | tricyclic /traɪˈsaɪklɪk/ antidepressants /ˌæntɪdɪˈpresənts/ | 三环抗抑郁药 |
| **TEM** | transmission /trænsˈmɪʃn/ electron /ɪˈlektrɒn/ microscope /ˈmaɪkrəskəup/ | 透射电子显微镜 |
| **TLC** | total lung capacity /kəˈpæsəti/ | 总肺活量 |
| **tRNA** | transfer /raɪbənjuːˈkleɪɪk/ acid /ˈæsɪd/ | 转移核糖核酸 |
| **VC** | vital /ˈvaɪtl/ capacity /kəˈpæsəti/ | 肺活量 |
| **VNTR** | variable number tandem /ˈtændəm/ repeat | 可变数目断层重复 |